计量检测技术与质量管理

赵文龙　郭雅楠　宋焕亭　著

吉林科学技术出版社

图书在版编目（CIP）数据

计量检测技术与质量管理 / 赵文龙，郭雅楠，宋焕亭著．-- 长春：吉林科学技术出版社，2024.5
ISBN 978-7-5744-1318-4

Ⅰ．①计… Ⅱ．①赵… ②郭… ③宋… Ⅲ．①计量管理—质量管理 Ⅳ．① TB9

中国国家版本馆 CIP 数据核字 (2024) 第 092112 号

计量检测技术与质量管理

著　　赵文龙　郭雅楠　宋焕亭
出版人　宛　霞
责任编辑　郭建齐
封面设计　刘梦杳
制　　版　刘梦杳
幅面尺寸　185mm × 260mm
开　　本　16
字　　数　375 千字
印　　张　19
印　　数　1~1500 册
版　　次　2024 年 5 月第 1 版
印　　次　2024 年10月第 1次印刷

出　　版　吉林科学技术出版社
发　　行　吉林科学技术出版社
地　　址　长春市福祉大路5788 号出版大厦A 座
邮　　编　130118
发行部电话/传真　0431-81629529 81629530 81629531
81629532 81629533 81629534
储运部电话　0431-86059116
编辑部电话　0431-81629510
印　　刷　廊坊市印艺阁数字科技有限公司

书　　号　ISBN 978-7-5744-1318-4
定　　价　98.00元

前言

计量是实现单位统一、保证量值准确可靠的活动，关系国计民生，计量发展水平是国家核心竞争力的重要标志之一。计量也是提高产品质量、推动科技创新、加强国防建设的重要技术基础，是促进经济发展、维护市场经济秩序、实现国际贸易一体化、保证人民生命健康安全的重要技术保障。因此，计量是科技、经济和社会发展中必不可少的一项重要技术。

随着我国经济和科技步入高质量发展阶段，目前计量发展面临新的机遇和挑战：世界范围内的计量技术革命将对各领域的测量精度产生深远影响；生命科学、海洋科学、信息科学和空间技术等的快速发展，带来了巨大计量测试需求；国民经济安全运行及区域经济协调发展、自然灾害有效防御等领域的量传溯源体系空白须尽快填补；促进经济社会发展、保障人民群众生命健康安全、参与全球经济贸易等，需要不断提高计量检测能力。夯实计量基础、完善计量体系、提高计量整体水平已成为提高国家科技创新能力、增强国家综合实力、促进经济社会又好又快发展的必然要求。

计量检测活动已成为生产性服务业、高技术服务业、科技服务业的重要组成内容。自“十三五”以来，我国相继出台了一系列深化检验检测改革、促进检验检测服务业发展的政策举措。随着计量基本单位的重新定义，智能化、数字化、网络化技术的迅速兴起，计量检测行业呈现高速发展的态势，竞争也将越来越激烈。这一系列变化让计量检测机构在人才、技术、装备等方面面临前所未有的严峻考验，特别是人才的培养已成为各计量检测机构最为迫切的需求。

城市燃气作为一种新型清洁能源，日益受到国家的重视，在国内各大中城市普遍使用，燃气计量是城市燃气企业的一个重要的基础管理工作，主要涉及贸易结算和安全防护等方面。为改善计量管理水平，促进计量技术进步，提高经济效益，杜绝安全事故，必须普及有关燃气计量知识，了解国家相关计量法律法规，积极探索新技术应用和推广，促进企业和社会的和谐发展。

城市燃气事业的蓬勃发展离不开计量仪表的准确计量，燃气仪表的计量准确性也直接影响人民的切身利益，维护量值统一和计量公平是所有计量人的职责和义务所在。燃气计量技术的飞速发展涉及机械、流量、通信、压力、温度、色谱以及信息化等诸多领域，传统的计量技术已不能满足行业的需求，综合了多领域技术的智能仪表成为应用热门，而NB-IOT（窄带物联网）等通信技术、信息化安全技术、大数据平台成为智能仪表的标准配置，使燃气行业走上了智慧燃气的道路。

本书以计量检测技术与质量管理为主线，对计量检测进行了系统化的论述，包含化学计量、计量质量管理、分析采样理论方法与测量数据分析等，基于天然气流量测量，进一步对计量管理进行深入地分析，多维度地探讨研究了燃气能量计量、天然气气质管理与颗粒物检测标准、天然气计量管理等内容。本书理论与实践相结合，旨在促进计量检测技术发展，提高质量管理水平，兼具理论参考和实际应用价值。

由于作者水平有限，书中难免有不妥之处，敬请读者指正。

目　录

第一章　化学计量 …… 1

第一节　化学计量及其任务 …… 1

第二节　熵——化学量测的“不确定度”的定量度量 …… 10

第三节　定性分析的信息理论和方法 …… 12

第四节　定量分析的信息理论和方法 …… 15

第五节　化学计量的发展 …… 17

第二章　化学计量技术研究 …… 21

第一节　化学计量学与现代分析化学的关系 …… 21

第二节　化学计量学解决问题的方法 …… 26

第三节　化学计量在化学分析中的应用 …… 29

第四节　化学计量学方法结合近红外光谱在化学分析中的应用 …… 32

第三章　计量标准研究 …… 43

第一节　计量基准与计量标准 …… 43

第二节　计量标准的建立 …… 50

第三节　计量标准的考核 …… 53

第四节　计量标准的使用 …… 67

第四章　计量质量管理 …… 70

第一节　计量管理的基本原理与方法 …… 70

第二节　计量技术机构质量管理体系的建立 …… 75
第三节　计量技术机构质量管理体系的运行 …… 78

第五章　分析采样理论方法与测量数据分析 …… 85

第一节　采样的基本概念和理论 …… 85
第二节　非均匀体系建模方法及大批物质 …… 89
第三节　质量检验的采样方法 …… 91
第四节　分析方法的品质因数及校验方法 …… 92
第五节　分析量测的数据统计评价与假设检验 …… 105

第六章　实用测温技术与应用 …… 107

第一节　固体内部温度测量 …… 107
第二节　固体表面温度测量 …… 108
第三节　气体温度测量 …… 117
第四节　真空炉温度测量 …… 123
第五节　高温熔体温度测量 …… 127
第六节　热量与热流测量仪表 …… 137
第七节　行业测温实用技术 …… 139

第七章　人工神经网络法及其在化学中的应用 …… 148

第一节　模式神经元网络的算法改进 …… 148
第二节　反向传输人工神经网络算法 …… 150
第三节　Kohonen 自组织特征映射模型 …… 154
第四节　Hopfield 神经网络 …… 155
第五节　人工神经网络的应用 …… 156
第六节　人工智能神经网络在新能源微电网中的运用 …… 161

第八章　天然气流量测量……165
第一节　容积式流量计测量天然气流量……165
第二节　气体涡轮流量计测量天然气流量……179
第三节　超声流量计测量天然气流量……187
第四节　涡街流量计测量天然气流量……194
第五节　临界流文丘里喷嘴测量天然气流量……201
第六节　标准孔板流量计测量天然气流量……205

第九章　燃气能量计量……209
第一节　化学计量与燃气组分……209
第二节　能量测量一般原理……211
第三节　热值测量与发热量计算……212
第四节　能量计算及其不确定度计算……214
第五节　常用热值计量仪表……215
第六节　热值计量仪表的量传……219

第十章　天然气气质管理与颗粒物检测标准……221
第一节　天然气气质管理……221
第二节　天然气输配系统气质管理方案的研究……224
第三节　天然气长输管道气质检测与管理……228
第四节　天然气中固体颗粒物的检测技术与标准……234

第十一章　天然气计量管理……239
第一节　燃气流量计量标准的建立……239
第二节　计量标准考核的申请……245
第三节　计量标准的考评、考评后的整改及后续监管……257

第十二章　实验室质量管理……265
第一节　实验室安全质量监控体系……265
第二节　CNAS 实验室管理……270
第三节　理化实验室的安全管理……278
第四节　化学类实验室安全预防管理……283

参考文献……294

第一章　化学计量

第一节　化学计量及其任务

化学计量是研究化学测量量值的准确、统一和量值溯源性的一门基础学科，它包括有关物质组成、结构及物理化学特性测量方面的理论和实践。

一、化学计量的基本概念

（一）化学量

化学量包括物质或材料的化学成分量和物理化学量。对化学量进行溯源，其源头涉及SI（国际单位制）单位中的多个基本单位和导出单位，其中主要有物质的量单位、质量单位、国际标准相对原子质量，以及温度、长度等有关的单位和常数。例如，物质的量单位摩尔（mol）的定义由第十四届国际计量大会决议给出。由定义可知，如果某个物质中所含基本单元的数目与0.012kg碳12的原子数目相等，则该物质的量就是1mol。已知0.012kg碳12中有$6.02214199 \times 10^{23}$个碳12原子，而这个数字正是阿伏伽德罗常数（$N_A$）。所以，对于摩尔的定义，也可以这样说明：如果物质中所含基本单元的数目为阿伏伽德罗常数时，则该物质中物质的量为1mol；如果某物质中所含基本单元的数目为阿伏伽德罗常数的若干倍时，则该物质中物质的量就是若干摩尔。例如，1molH_2含有N_A个H_2分子；3mol电子含有$3N_A$个电子。

由于物质类别的多样性，物质或材料的多种物理化学特性及化学组成决定了化学量的多样性，仅化学成分量就包括元素、化合物、离子、官能团等多种形式，因此化学量具有多样性和复杂性的特点。

（二）化学计量

迄今为止，没有一个权威的国际组织或机构对化学计量有过专门的定义。但从计量和计量学的定义延展来看，可以将化学计量理解为关于化学及其相关领域实现单位统一、量值准确可靠的活动。化学计量学是关于化学测量的科学，是研究化学测量理论和实践的综合性科学，是计量学的一个重要分支。而化学测量是以确定化学及其相关量值为目的的一组操作。这些量值可以是成分量、物理化学量或化学工程特性量，也可以是生物活性量。

基于摩尔的定义，摩尔的复现在实践上存在非常大的困难，大多数化学量的测量只能基于物质的物理和化学性质，通过对质量、相对原子质量等其他物理量的测量来实现。根据被测参量的特性，化学计量可以分为物理化学计量和分析化学计量两部分。

（三）化学计量标准

化学计量常常是对多个物理量进行综合测量，所以化学计量工作中常会使用许多物理和化学计量标准，如波长标准、透射比标准、分辨率标准、温度标准等，其中化学计量标准就是各种标准物质。许多化学量随物质或材料的形态、结构、成分含量、存在条件等的不同而不同，因此测量的标准物质也千差万别，种类繁多。又因为大多数的标准物质在使用过程中发生了化学和物理变化，无法重复使用，所以要求标准物质必须有一定的贮存量且容易复制。

二、化学计量的特点与任务

（一）化学计量的特点

1.难度大

由于化学物质种类多，性质差异大，测量的内容多，因而化学计量的内容十分丰富。加之影响测量结果的因素众多，使得化学计量研究的内容更加复杂，通常而言，化学测量的过程较之物理测量更为复杂。此外，化学测量多为相对测量，多数时候是破坏性的测量。测量时一般要进行样品前处理，必须与测量标准（通常情况下是标准物质）进行比较才能获得测量结果，而且标准物质无论在特性量、基体还是含量水平上均必须与待测物相匹配，使得标准物质需求数量巨大，因而标准物质的研究在化学计量中显得极为重要。

2.起步晚

不同于已存在100多年的物理计量，化学计量的工作还处于起步阶段。化学计量起步晚、内容多，涉及许多尚无定论的、国际上共性的难题。比如，如何构建国际化学计量完整框架？什么是核心测量能力？如何定义？如何以最有效的方式实现量值溯源？如何以最少数量的国际关键比对覆盖所有的化学测量范围？如何以最少量的标准物质涵盖最广泛的化学测量范围？如何评价化学测量结果的有效性？所有这些问题的解决，很大程度上需要集合国际上所有化学计量和化学测量的专家之智慧。

（二）化学计量的基本任务

化学计量的基本任务是发展化学测量的理论与技术，实现化学测量结果在国际上的可比性；国家范围内的准确一致；保证法律法规的正确贯彻；为生产、贸易、人民生活和科学技术的发展提供化学测量的基础。

三、化学计量的基本原理和方法

（一）物理化学计量

物理化学计量研究物化特性量的计量问题，主要包括酸度、电导、黏度、湿度计量等。

1.酸度（pH）计量

（1）pH的定义。pH是表征溶液中氢离子活度大小的量，其定义是氢离子活度的负对数。

在实际测量中，测定溶液的pH常用对氢离子可逆的电极做指示电极，与参比电极和待测溶液组成工作电池，通过测量两种溶液pH工作电池的电动势确定被测溶液的pH值。

（2）pH基准。pH基准由pH基准装置和pH基准物质组成。pH基准装置是按国际公认的pH标度复现和保存pH单位，由国家批准作为统一全国量值的最高依据。pH基准装置由氢气源、精密恒温槽、pH测量电池和电动势测量装置组成。pH测量电池是由氢电极和氯化银电极构成的无液接界电池。

2.黏度计量

（1）黏度的定义。黏度又称黏滞系数，是衡量流体黏滞性大小的量，用来表示流体反抗剪切变形的特性。一切流体都具有黏性，但只有在变形时才表现出来。

（2）黏度的计量。测量流体黏度的仪器称为黏度计，黏度计有毛细管黏度计、落球黏度计、旋转黏度计和流出杯黏度计等。毛细管黏度计的测量原理是测量一定体积的流体在外力或重力作用下流经毛细管的时间，根据哈根—泊肃叶定律计算黏度值。

（二）分析化学计量

分析化学计量主要研究与物质组成有关的化学成分量的计量问题。化学成分的分析方法可分为化学分析和仪器分析两大类。

化学分析是以化学反应为基础的分析方法，主要包括重量分析法和滴定分析法。化学分析中的计量问题包括称重仪器（分析天平）的计量问题、体积测量仪器（滴定管、移液管等）的计量问题以及标准溶液的制备和准确计量。

仪器分析是一类借助光电仪器测量试样溶液的光学性质（如吸光度或谱线强度）、电学性质（如电流、电位、电导）等物理或物理化学性质来求出待测组分含量的方法。仪器分析方法可大致分为电化学法、光谱分析法、色谱分析法、波谱分析法、质谱分析法等。下面简单介绍光谱计量方法和色谱计量方法。

1.光谱计量方法

当物质与辐射能相互作用时，物质内部发生能级跃迁，记录由能级跃迁所产生的辐射能强度随波长的变化所得的图谱称为光谱。利用物质的光谱进行定性定量和结构分析的方法称为光谱分析法。

光谱分析法的种类很多，吸收光谱法、发射光谱法和散射光谱法是光谱法的三种基本类型，应用广泛。

（1）紫外-可见分光光度法。研究物质在紫外-可见光区分子吸收光谱的分析方法称为紫外-可见分光光度法。紫外-可见吸收光谱属于电子光谱。由于电子光谱的强度较大，故紫外-可见分光光度法灵敏度较高，一般可达$10^{-4}\sim10^{-6}$g/mL，部分可达10^{-7}g/mL。准确度一般为0.5%，部分性能较好的仪器的准确度可达0.2%。

单色光照射到物质上，光被物质吸收的程度（吸光度）与在光路中被照射物质的粒子数（分子或离子）成正比，吸光度和物质浓度及光路长度成正比，即符合朗伯-比耳定律。

紫外-可见分光光度计是研究和测量紫外-可见光谱的仪器，由光源、单色器、吸收池和检测器及数据处理系统组成。

紫外-可见光分光光度计的光源应在较大范围内提供足够的光强度，且不随波长而变。常用的可见光源是钨灯、卤钨灯；紫外光源是氢灯和氘灯等。激光光源具有单色性好、谱线强度大、方向性好、时间和空间相干性强等特点，是一种很有前途的光源。单色器是把光源发出的连续光谱按波长顺序色散，并从中分离出一定宽度谱带的设备，通常由进口狭缝、准直镜、色散元件、聚焦透镜和出口狭缝组成。常用单色器是自准式棱镜和光栅。吸收池由能透过辐射的材料制成，可见光用玻璃，紫外光用石英。典型的吸收池光程为icm。紫外-可见光分光光度计的检测器要有较高的灵敏度，响应快，对光强度呈线性，噪声要小，稳定性要好。常用的检测器是光电管和光电倍增管。

（2）红外光谱分析。物质的分子有选择地吸收某些波长的红外光，引起分子内部振动能级和转动能级的跃迁，用适当的方式记录下能量随波长的变化，便得到了红外吸收光谱。几乎所有的有机化合物在红外区都有吸收。在不同化合物的分子中，同一种基团或化学键的某种振动频率总是出现在特定的波长范围内，分子其余部分对频率的影响较小。这种频率是该基团特有的。在红外谱图上，吸收所处的波长位置、谱带的形状和谱带的相对强度是指示该基团是否存在、存在方式等的有力特征，是红外光谱法进行定性、定量分析的依据。红外光谱法定量分析的依据，也是朗伯-比耳定律。红外光谱仪主要由光源、单色器、试样池、检测器和数据记录处理系统几部分构成。在中红外区，比较实用的光源是硅碳棒和能斯特灯。硅碳棒的工作温度为1200～1400℃，其发光面积大，操作方便，价格便宜；能斯特灯由混合的稀土金属氧化物制成，工作温度为1750℃，寿命长，稳定性好。红外分光光度计的单色器常用棱镜和光栅，光栅的分辨率好，价格合理。检测器主要是高真空热电偶、测热辐射计、气体检测器和光导电池等。

傅里叶变换红外光谱仪是新一代红外光谱仪。它具有扫描速度快、灵敏度高、分辨率和波数准确度高、光谱范围宽等优点，因此傅里叶变换红外光谱仪发展迅速，已逐步取代色散型仪器。

2.色谱计量方法

色谱分析法是一种利用物质在固定相和流动相之间的吸附、溶解或分配等物理化学作用的差异而将混合物分离的技术。在色谱分析中，装入玻璃（或不锈钢）管子中的静止不动的相称固定相，在管子中运动的相称为流动相。装有固定相的管子叫色谱柱。

色谱分析法中，按流动相的物理状态，分为气相色谱法和液相色谱法。按固定相的状态，气相色谱又分为气–液色谱法、气–固色谱法；液相色谱分为液–液色谱法、液–固色谱法。按分离过程操作形式，可分为柱色谱法（填充柱、毛细管柱）、平板色谱法（薄层色谱、纸色谱）、电泳法等。按分离原理可分为吸附色谱法、分配色谱法、离子交换色谱法、空间排斥色谱法等。

（1）气相色谱分析。气相色谱分析是在气相色谱仪上进行的。气相色谱的流动相称为载气。由高压气源提供载气，经减压阀减压后，通过净化器干燥、净化。用稳压阀调节并控制载气流速至所需值（由流量计及压力表显示柱前流量及压力），而到达汽化室。试样用注射器（气体试样也可用六通阀）由进样口注入，在汽化室内瞬间被汽化，由载气带入色谱柱，在柱内的两相间进行反复多次的分配，根据试样中各组分在固定相和流动相间的分配系数差异，达到平衡后先后流出色谱柱，进入检测器，检测器产生的电信号经放大输出给记录仪记录下来，得到色谱图。

色谱常用的载气有氢气、氮气、氦气和氩气等。进样系统包括进样装置和汽化室，其作用是将气体、液体或固体样品快速、定量地加到色谱柱上。色谱柱由柱管和填在其中的固定相组成，试样在柱上完成分离。色谱柱由玻璃、石英、金属管子做成，有“U”形和螺旋形等。色谱柱的选择性和分离效率取决于柱内固定相。气相色谱的固定相有液体和固体两类，固体固定相一般是表面具有一定活性的吸附剂，液体固定相由固定液和载体（或担体）构成。气相色谱仪的测温和控温系统是用来控制和测量柱箱、汽化室和检测室温度的。温度是气相色谱分析的重要操作控制参数之一，它直接影响色谱的选择性和检测器的灵敏度及稳定性。检测器是气相色谱仪的关键部件，它根据物质的物理或物理化学特性，识别出试样的组分及含量，实现定性和定量分析。常用的有热导池检测器、氢火焰离子化检测器、电子捕获检测器和火焰光度检测器。

色谱图是进行定性、定量分析的依据。在色谱条件一定时，每种物质都有确定的流出时间（称为保留时间），通过与纯物质的保留时间相比较，便可进行定性分析；定量分析的依据是峰面积（或峰高），方法主要有归一化法、内标法和外标法。

气相色谱具有灵敏度高、选择性好和分析速度快等优点，被广泛用于石油化工、食品卫生、环境监测等领域。

（2）高效液相色谱分析法。高效液相色谱法以液体为流动相，可用于高沸点、难挥发、热不稳定以及具有生理活性物质的分析。它利用物质的吸附、分配系数、离子强度等物理和物理化学性质的差异，将试样中各组分分开，再根据各组分的光学、热学、电学和电化学性质进行检测。依据出峰时间和峰面积进行定性、定量测定。根据分离机理的不同，高效液相色谱法可以分为液–固色谱法、液–液色谱法、离子交换色谱法和空间排阻色谱法。

液–固色谱是以硅胶等吸附剂为柱内固定相，正己烷、异丙醇等溶剂或它们的混合物为流动相的色谱。试样中各组分在固定相和流动相间反复地被吸附和脱附以达到平衡。由于组分在吸附剂上吸附能力强弱不同，故它们在固定相上停留的时间也不同。吸附力强的在柱中停留时间长，后被冲出色谱柱；吸附能力弱的在柱中保留时间短，先被冲出来。液固色谱有两种硅胶固定相：一种是薄壳微珠，即在直径为30～40μm的玻璃微珠表面附上一层厚度为1～2μm的多孔硅胶吸附剂，传质速度快，装填容易，重现性好，但由于试样容量小，需配用高灵敏度的检测器；另一种是全多孔型硅胶微粒，是由纳米级硅胶微粒堆积而成的≤10μm的全多孔型固定相，传质距离短，柱效高，柱容量大，近年来应用广泛。

液–液色谱也称液–液分配色谱，试样随流动相流动时，在流动相与固定液之间进行分配，从而使分配系数不同的各组分得到分离。液–液色谱除了可选用不同极性的固定液，还可以改变流动相的极性达到良好的分离效果。液–液色谱能分离官能团不同和官能团数目不同的化合物，而且可以分离仅差一个碳原子的同类化合物，稳定性好，重现性也好。

离子交换色谱特别适宜分离离子型和可离解的化合物。离子交换色谱的固定相为离子交换树脂，其上可离解的离子与流动相中具有相同电荷的离子可以进行交换。各种离子根据它们对交换树脂亲和能力的不同而得以分离。

空间排阻色谱法以凝胶为固定相，凝胶是一种经过交联而有立体网状结构的多聚体，具有数纳米到数百纳米大小的孔径。当试样随流动相进入色谱柱，在凝胶间隙及孔穴旁流过时，试样中的大分子、中等大小的分子和小分子或直接通过色谱柱，或进入某些稍大的孔穴，有的则能渗透到所有孔穴，因而它们在柱上的保留时间各不相同，最后使大小不同的分子可以分别被分离。

进行高效液相色谱分析的仪器是高效液相色谱仪。它由高压输液系统、进样系统、色谱柱、检测器和数据采集处理系统构成。此外，根据特殊要求，液相色谱仪还配了自动脱气系统、柱恒温箱、梯度控制洗脱系统和自动进样装置等。

与气相色谱分析相比，液相色谱法不受样品挥发性、热不稳定性等限制，非常适合分离生物大分子、离子型化合物及一些天然产物。液相色谱法在石油化工、环境监测、食品卫生等方面使用广泛。

（3）薄层色谱法。薄层色谱是液相色谱的一种，它是将固定相（主要是吸附剂）涂到具有光洁表面的玻璃板或其他载体上形成薄层，将待分离样品溶液点在薄板的一端，在密闭的容器中以适当的溶剂（称为展开剂）展开，此时混合组分不断地被吸附剂吸附，又被展开剂所溶解而解吸，且随之向前移动。由于吸附剂对各组分具有不同的吸附能力，展开剂对各组分的溶解、解吸能力也不相同，从而使各组分的迁移速率产生差异，得到分离。

此法速度快，效率高，样品用量少，灵敏度较高，且设备简单，操作方便，被广泛地应用于医药、生化环保、农业、化工等领域。

（4）纸色谱法。纸色谱法是以纸作为载体的色谱法。通常纸色谱法的固定相为纸纤维上吸附的水分，纸纤维只是起到一个惰性支持物的作用，流动相为不与水相混溶的有机溶剂。除水以外，纸也可以吸留其他物质，如甲酰胺、缓冲溶液等。

四、化学计量的传递与溯源

（一）化学测量仪器的检定与校准方法

化学测量仪器在化学分析测试领域被广泛使用。化学测量仪器计量特性的好坏直接关系到化学分析测试结果的可靠性。

1.化学测量仪器的特点

与一般的物理量测量仪器不同，化学测量仪器尤其是大型分析测试仪器是比较测量装置，其示值仅仅是一个信号，并不是被测量的量值。只有当用已知量值（如标准物质的量值）进行标定，建立起已知量值与示值信号的函数关系后，才能将信号大小转换成被测量的量值。

由于化学量的复杂性和多样性，决定了化学测量仪器的种类非常繁多。近年来，许多大型分析测试仪器被引入化学计量领域，这些分析测试仪器集中了光、机、电、计算机等高新技术，结构复杂，不易掌握，对使用者和检定人员的技术和知识水平都提出了较高的要求。

2.化学测量仪器的检定方法

化学测量仪器的检定一般分为两步：首先进行分项检定，对仪器所涉及的计量参数逐一检定，对仪器各部件性能做出评价；然后进行整机检定，整机检定结果反映仪器整机性能，也最能反映出仪器实际使用中的情况，是判断被检仪器合格与否的主要依据。例如，气相色谱仪检定中首先对载气流速、柱箱控温准确度、程序升温重复性等进行分项检定，然后再对表征整机性能的灵敏度、检测限和重复性进行评价。

化学测量仪器检定用的计量标准装置一般由独立保存不同量值的一系列标准器和标准物质组成。分项检定仪器部件性能是对计量参数的检定，所用的计量标准多为物理量计量标准。如气相色谱仪载气流速检定时使用标准皂膜流量计。整机检定时使用的计量标准一般是标准物质。使用标准物质作为检定标准时的检定过程与使用仪器进行测量时的过程基本一致，可以如实反映仪器测量时的实际情况，对仪器的整机性能做出准确评价。

（二）物理化学计量仪器的检定与校准

1.酸度计的检定

pH测量在工业、农业、环保、食品卫生等国民经济和人民生活各领域应用广泛。电位法测量pH的原理是，一支对氢离子可逆的指示电极和一支参比电极浸入待测溶液中组成工作电池，通过测量电池电动势，确定待测溶液的pH值。

pH计（酸度计）是日常测量pH值的仪器，它是根据pH的实用定义设计的以玻璃电极作为指示电极的一种测量水溶液酸度的专用仪器。玻璃电极有较高的内阻，为保证测量误差小于1%，要求pH计输入阻抗达到$10^{11}\Omega$以上，在pH测量的闭合回路中电流很小，一般小于10^{-11}A。由于溶液的pH值和电动势受温度的影响，为适应不同温度下的pH测量，pH计上设置了温度补偿器。常用的参比电极为甘汞电极。

为了保证pH测量结果准确一致，原国家质量技术监督局制定了pH计量器具检定系统，规定了由pH基准向pH标准及工作仪器传递pH量值的程序、检定误差和基本检定方法。

2.黏度计的检定

绝大多数的黏度测量都是采用相对测量法，是与纯水的黏度值相比较而实现的，以纯水的黏度作为起始标准来传递黏度的量值。黏度基准器由27支（9组，每组3支）不同内径的毛细管黏度计组成。利用阶升法，借助一系列不同黏度的标准黏度液，定出每组黏度计常数。

黏度量值的传递是依据黏度计量器具检定系统图进行的，它借助国家一级和二级标准物质以及标准毛细管黏度计，由国家基准向各工作计量器具传递量值。

（三）分析化学计量仪器的检定与校准

1.紫外-可见光分光光度计的检定

紫外-可见光分光光度计主要用于物质的定量分析，其分析结果的测量不确定度受很多因素的影响，如样品处理的影响、标准溶液浓度的不确定度、分析方法的误差等，其中仪器自身的不确定度是影响分析结果的重要因素，因此必须对紫外-可见光分光光度计的性能进行计量检定。

检定周期一般为两年。仪器如经修理、搬动或发现仪器工作状态不正常时，都应进行重新检定。检定文件应妥善保管，以供查验。

2.红外光谱仪的检定

色散型红外分光光度计的检定参数有仪器外观、波数正确度与波数重复性、透射比正确度与透射比重复性、杂散辐射分辨率、100% 线平直度、噪声等共 6 个项目。仪器外观包括仪器名称、型号、制造厂名，出厂年、月和仪器编号等标志，以及仪器机械部件检查和仪器记录部分的检查。按照波数不同，仪器分为 A、B、C 三类，波数范围分别是 4000 ~ 650cm^{-1}，4000 ~ 400cm^{-1}，4000 ~ 200cm^{-1}。波数正确度与波数重复性的技术指标依光谱范围不同而有所不同，波数范围在 4000 ~ 2000cm^{-1} 的仪器波数正确度要求 ± 8cm^{-1}，波数重复性不大于 8cm^{-1}；2000cm^{-1} 以下要求正确度不大于 4cm^{-1}，波数重复性不大于 4cm^{-1}。透射比正确度与透射比重复性的技术指标依仪器的不同原理来确定，光学零位平衡式仪器要求不大于 1.0%，比例记录式仪器要求不大于 0.5%。杂散辐射根据仪器的不同类型和波数范围而有所不同，如 A 类仪器在（4000 ~ 680）cm^{-1} 波数范围要求小于等于 1%，在 680 ~ 650cm^{-1} 波数范围要求小于等于 1%。分辨率要求峰—峰间的分辨深度大于 1%，100% 线的平直度应不大于 4%，噪声不大于 1%。

3.气相色谱仪的检定

主要检定项目如下：

（1）一般性检查：包括检查铭牌、管道接头气密性等。

（2）载气气流速的稳定性：要求6次测量的平均相对标准偏差不大于1%。

（3）温度检定采用铂电阻和多位数字表来进行，规程规定了柱箱中部的温度。

（4）检测器性能检定：规程给出了热导、火焰离子化、火焰光度等检测器的检定条件。

（5）定性定量重复性是考查仪器综合性能的唯一指标，是比较关键的指标，定量重复性的计算以溶质峰面积测量的相对标准偏差RSD表示。

4.液相色谱仪的检定

检定项目有：泵的耐压、泵流量设定偏差及稳定性偏差、梯度淋洗的准确度、柱箱温度设定偏差及控温稳定性偏差、液相色谱仪检测器的性能。对于检测器的性能，主要检定项目有：定性测量重复性、定量测量重复性、波长示值偏差、波长重复性偏差、基线漂移、基线噪声、最小检测器浓度线性范围和输出换挡偏差。

第二节　熵——化学量测的“不确定度”的定量度量

一、分析试验与“不确定度”

分析工作的目的是取得有关未知试样的化学成分与结构的相关信息。所以，在进行分测试之前，必然存在某种不确定性或称“不确定度”。设有一份试样，其中可能含有k种中的某一种，定性分析的任务就是确定这一离子是何种离子。在分析测试之前，存在k种可能性，或者称分析实验有k个可能的结局。如将上述情况用数学式表示，并设上述种可能结局为α_1，α_2，…，α_k，发生这k种可能结局的概率为P_1，P_2，…，P_k，则有

$$A = \begin{matrix} \alpha_1, & \alpha_2, \cdots, & \alpha_k \\ P_1, & P_2, \cdots, & P_k \end{matrix}$$

式中，A表示发生上述定性分析实验的一个事件。如果存在有两个不同定性分析实验的事件，分别记为A_1和A_2，并由以下的两个数表示出，即

$$A_1 = \begin{matrix} \alpha_1, & \alpha_2, \cdots, & \alpha_k \\ 1, & 0, \cdots, & 0 \end{matrix}, \quad A_2 = \begin{matrix} \alpha_1, & \alpha_2, \cdots, & \alpha_k \\ 1/k, & 1/k, \cdots, & 1/k \end{matrix}$$

很明显，因为对于事件A_1，它发生的可能性实际上只有一种，即只可能发生α_1，而发生α_2，…，α_k的概率都等于零，所以，此事件的“不确定度”实际上不存在，如果存在这样一种“不确定度”的定量度标准的话，对于事件A_1，其值应为零；然而，对于事件，它发生的可能性就有k种，即发生α_1，α_2，…，α_k的概率都相等，故此事件的“不确定度”很大，如存在一种“不确定度”的度量标准的话，对于事件A_2，其值应该很大或至少要大于零。以下将要讨论的熵的概念，就是这种“不确定度”的一种定量度量。

二、“不确定度”与仙农熵

仙农熵的定义如下：

$$H = -\sum_{i=1}^{k} P_i \log P_i \qquad (1\text{–}1)$$

仙农给出了上述定义并称H为熵。log一般表示以e为底，此时所得熵的单位为奈特（nat）；如果以10为底，其单位为的特（dit）；以2为底，其单位为比特（bit）。从上式可知，如对前述的两个实例，用式（1–1）计算可得

$$H(A_1)=-1\log 1=0$$

$$H(A_2)=-\sum(1/k)\log(1/k)=-\log(1/k)=\log(k)$$

从上述结果明显可知，事件A_2的不确定度大于事件A_1的不确定度。

三、仙农熵的性质

（1）非负性，即

$$H(P_1, P_2, \cdots, P_k)\geqslant 0$$

这是因为P_i（i=1，2，…，k）为概率，故有$1\geqslant P_i\geqslant 0$，所以log（$P_i$）不可能取正值，$(-\sum P_i \log P_i)$ 才取正值。

（2）对于确定性事件，其熵为零。即

$$H(1, 0, \cdots, 0)=0$$

所谓确定性事件，即该事件只有一种可能结果，如用数学语言表述则为：对于发生某一可能结果的概率为1，而发生其他可能结果的概率都为零。前面讨论的事件A_1就是确定性事件的一个例子。注意在此实际上是引入了一个人为的假设，即

$$\lim_{P\to 0}(-P\log P)=0 \tag{1–2}$$

式中，P表示概率的实数。

引入这一假设是因为log（0）在数学上为一无意义的数。可是，如从极限的角度来看，引入（1–2）在数学上是完全合理的。如假设$P=1/e^n$，此时

$$-P\log P=n/e^n\to 0$$

而

$$-\log P=n \tag{1–3}$$

随着n的增大，n/e^n将很快接近于零。实际上，因为此时P是一个比（$-\log P$）更高阶的无穷小，所以上式实际上是用极限的概念来避免对log（0）的直接计算。有了式（1–3）的定义，所以有

$$H(1, 0, \cdots, 0) = -1\log(1) - \sum 0\log 0 = -1\log(1) = 0$$

（3）对于等概率结果的事件，其熵最大。即

$$H(P1, P2, \cdots, Pk) \leqslant H(1/k, 1/k, \cdots 1/k) = \log k \qquad (1\text{–}4)$$

所谓等概率结果的事件，即该事件有k种可能结果，而且发生k种结果的概率都相等，即发生某一可能结果的概率都为$1/k$。由此性质可知，等概率结果事件的不确定度最大。

第三节　定性分析的信息理论和方法

定性分析作为分析工作的重要组成部分，提供的是关于物质成分、结构特征方面的化学信息，回答的是"是什么"这一问题。在这一节，将就有关定性鉴定方法的信息量评价方法、色谱及色谱分离方法实验调优的信息理论和方法、质谱及红外光谱的编码与检索的信息理论和方法等方面分别加以介绍。

一、不同定性分析鉴定方法的信息量估价

在定性分析鉴定方法的信息量估价中，一般可分为两种不同的方法，其中一种是针对一具体定性实验而言，以实验前的结果"不确定度"与实验后的结果"不确定度"之差别来估价此定性实验的信息量，亦即用前节所讨论的实验前与实验后的熵之差来估价实验的信息量，这样的信息量估价包括以下三种情况。

（一）结构定性分析的信息量

关于结构分析结果信息量计算十分简单。

作为分析仪器或方法的输入，可以是m个等概率的可能化学结构。而分析仪器或分析方法的输出，可能给出n种尚不能分辨的结构。每种结构的验后概率一般是不相等的。结构分析提供的信息量可按下式来进行计算。

$$I(A/\!/B) = H(A) - H(B)$$

式中，A表示试验前可能存在不同化学结构的事件；B表示进行了分析仪器或分析方法试验后可能存在不同化学结构的事件；而$I(A/\!/B)$则表示在进行了分析仪器或分析方

法的试验B后所获得的信息量。很明显，进行了分析仪器或分析方法的试验B后所获得的信息量应为A、B两事件的“不确定度”，即熵之差。

（二）定性化学反应分析的信息量

设有一纯溶液，它可能是下述离子之一的试液：Ag^+、Pb^{2+}、Al^{3+}、Zn^{2+}、Na^+或K^+。今用经典定性分析方法进行分离鉴定。设加入试剂盐酸，如何估算正反应（发生沉淀）及无反应时的信息量？

正反应（发生沉淀）时，因在6种离子中可与盐酸产生白色沉淀的只可能是Ag^+和Pb^{2+}，所以经此反应后，离子的范围可能从6种变成2种，根据式$I(A/\!/B)=\ln(m/n)$，其化学反应过程所得的信息量为：

$$I(A/\!/B)=H(A)-H(B)=\ln(6/2)=\ln 3\ (\mathrm{nat})$$

无反应时，因在6种离子中不与盐酸产生白色沉淀的可能为Al^{3+}、Zn^{2+}、Na^+或K^+中任何一种，所以经此反应后，离子的范围可能从6种变成4种，根据式$I(A/\!/B)=\ln(m/n)$，其化学反应过程所得信息量为：

$$I(A/\!/B)=\ln(6/4)=\ln 1.5\ (\mathrm{nat})$$

（三）测定物理常数鉴定有机化合物

有机化合物的鉴定常用测定熔点、沸点、折射率、密度等物理性质的方法。以纯物质的熔点测定为例，来测定物理常数测定所得到的信息量。设所测物质在分析之前已知是属于熔点温度为100℃～200℃的一种物质，又已知在这个温度范围之内存在200种有机化合物，设它们是等概率分布在此温度区间，则在测定前的不确定度，即熵为

$$H(A)=\ln 200\ (\mathrm{nat})$$

经量测后知，其熔点为（100±1）℃，从已知在此温度范围之内可能存在200种有机化合物且它们将等概率分布于此温度区间，则测定后的熵为：

$$H(B)=\ln[(200/100)\times 2]=\ln 4\ (\mathrm{nat})$$

此实验的信息量为：

$$H(A)-H(B)=\ln(200/4)=\ln 50\ (\mathrm{nat})$$

二、仪器定性分析的信息量

如前所述，在定性分析的信息量估价中，一般可分为两种不同的方法，前面已经讨论了针对某一具体定性实验信息量估价方法，亦即用实验前与实验后的熵之差来估价实验的信息量，在这里，我们将讨论另一种专门针对仪器定性分析的信息量估价方法。这类方法的主要思路是直接估价仪器信号的熵，亦即该仪器可获得的信息量。化学计量学方法就是通过采用化学实验的方法努力增大仪器分析所能给出的信息量或是采用编码的方式使得仪器分析的结果能尽量多给出信息，以达到用信息量作为目标函数，从而提高仪器定性分析的效率。

（一）薄层及纸上色谱分离与定性鉴定

薄层色谱与纸色谱分离一般以R_f值表述，不同的化学物质具有不同的R_f值。如将薄层色谱分成m个间距，对落入每个间距的R_f值的个数n_k计数，薄层色谱及纸上色谱分离与定性鉴定的信息量可由下式给出：

$$I = -\sum_{k=1}^{m}(n_k / n)\ln(n_k / n) \qquad (1\text{–}5)$$

此式是较早将信息理论引入薄层色谱的马萨特（Massart）所用的式子，它的物理意义是很直观的。如n个化合物均落在某个间距中，则此时I为零，未获得如何分离的信息。I值只有在n个化合物均匀分布在m个间距时最大。此信息量可用作寻找最佳展开试剂的目标函数。

（二）色谱分离鉴定的信息量

在色谱分析中，一般是利用保留指数来进行定性分析，与薄层色谱和纸色谱的不同之处是，每一个化合物都用一个色谱峰来表示，存在着色谱峰相互重叠的问题。所以，色谱分离鉴定的信息量比起薄层色谱和纸色谱的信息量计算多了一项。仿薄层色谱的处理方法，是将保留时间进行区间离散化，即划分为等长（Δy）的m段，统计一定数量的化合物（总数为n）的保留指数落入不同段的频数，则有

$$I = -\sum_{k=1}^{m}(n_k / n)\ln(n_k / n) + \ln(\Delta y) - \ln\sqrt{2\pi e\sigma_e^2} \qquad (1\text{–}6)$$

式中，$\ln(\Delta y)$为一个常数，所以对于不同的色谱柱，此项没有差别，一般可采用将Δy取为1而去掉。式中的第三项$\ln\sqrt{2\pi e\sigma_e^2}$，实际是来自可疑度，在此表述了在进行色谱分离后的化合物靠保留指数来定性时的“不确定度”，即色谱峰的熵，其中σ_e为色谱峰的标准差。注意，此处假设了每一种物质的色谱峰的标准差都是一样的。由下式定义的可

疑度为

$$H(A/B)=-\sum\sum P(B_k)P(A_i|B_k)\log\left[P(A_i|B_k)\right]$$

式中，$P(B_k)$表示第k种化合物出现的概率，在此假设为等概率，即（$1/n$），$P(A_i|B_k)$为第k种化合物在色谱仪中的信号，一般假设为标准差为σ_e的高斯色谱峰。对此积分所得结果就是$-\ln\sqrt{2\pi e\sigma_e^2}$。由式（1–5）定义的信息量标准，可用于选择不同流动相或色谱柱。

（三）质谱定性鉴定的信息原理

质谱是20世纪出现的分析方法。质谱仪的功能是产生带电离子，包括母离子和原分子的离子碎片，并按离子的质荷比（m/z）对化合物进行区分，“质谱”是不同离子数目的记录，每种离子的相对数目对每种化合物（包括同分异构体）将是特征的。质谱仪能提供关于有机化合物结构和固态试样元素分析的大量信息。“化合物的质谱”包含大量的离子碎片，且这些碎片离子的相对丰度时常超过母离子。分子碎片化的独特性有助于化合物的鉴别工作。质谱鉴定可用不同的方法进行。一种是解析法，即研究与假设破碎模式，并反过来从纯化合物质谱中的碎片离子来构思分子的结构。另一种办法是检索，即不管质谱图的含义，从已有的数据库中检索。这里主要讨论信息理论在质谱检索中的应用。

利用质谱进行定性鉴定，首先对其信号能提供的信息量做一粗略估计。假设用一低分辨率质谱仪，其质荷比区间仅为200原子质量单位，如用信息论的观点就是200个信道。又假设每一质量数位置我们仅区别有峰（其编码为1）与无峰（其编码为0），使用这种0–1编码时，每个信道的最大可提供的信息量为一个比特（1bit），如果做到每个信道都相互不相关，则这一低分辨率的质谱仪理论上可提供200bit的信息量，即能分辨0 ~ 22种不同化合物，这个数目当然远远大于目前已知的有机化合物的个数。

第四节　定量分析的信息理论和方法

一、定量测定的信息量

在进行定量测定之前，对被分析试样的成分的浓度范围往往并非完全一无所知。一般可假设待测组分x的含量在〈x_1，x_2〉区间内，服从均匀分布，故其验前概率分布为：

$$P_0 = \frac{1}{x_2 - x_1}$$

若试样成分的浓度范围不明确，则有x_1=0%、x_2=100%，上述假设仍成立。

在完成定量分析之后，分析结果一般服从正态分布，即$x \sim N(\mu, \sigma^2)$。此处μ为试样中待测组分含量的真值，σ^2为总体方差，则验后分布$P(x)$是正态概率密度函数。用散度或卡尔贝克（Kullback）信息量的定义：

$$I（P//P_0）=\int_{x_1}^{x_2} P(x)\ln\left[P(x)/P_0(x)\right]dx \tag{1-7}$$

为积分方便均取自然对数，故其单位为奈特（nat）。对式（1–7）积分得

$$I（P//P_0）=\ln\left[(x_2+x_1)/(\sigma\sqrt{2\pi e})\right] \tag{1-8}$$

实际上，在完成定量分析之后，分析结果一般用均值用$\bar{x}$表示，则此时可用学生分布来代替正态分布，当测定次数为n，分析结果的置信区间为：

$$x \pm t_{a,\phi}(s/\sqrt{n})$$

式中，均分差s（s为σ的样本估计）可由下式求得

$$s=\sqrt{1/(n-1)}\sum(x_1-x)^2$$

$t_{a,\varphi}$为学生分布的临界值，α为置信率，$\varphi=n-1$为自由度。近似的，可认为分析测定后的验后分布为：

$$P'(x)=1/\left[2t_{a,\phi}(s/\sqrt{n})\right]$$

由此求得的信息量为：

$$I（P'//P_0）=\ln\left[(x_2-x_1)\sqrt{n}\right]/(2st_{\alpha,\phi}) \tag{1-9}$$

从式（1–9）可以看出，由学生分布求出的信息量是一个测定次数的函数。一般来说，测定次数的增加且精密度高（测定次数增加时，s不增大）可增加定量分析的信息量。

二、提高分析精密度与准确度的信息量

前面已述及分析方法的精密度与准确度对信息量的影响。再进一步考察，当用一精密度较差的分析方法（如半定量分析方法）进行初步分析后，再用具有较高精密度与准确度

的方法进行分析，将获得信息量。

设对未知样本作初步检验时，如无机物分析，常用的半定量分析方法是发射光谱分析，初步分析所用方法的标准差为s，所得分析结果均值为μ_0，分析结果服从正态分布。如再以一精度较高的分析方法对试样做精密分析，如所得结果的均值为μ，标准差为σ，显然$\sigma \leqslant \sigma_0$，此时

$$P_0(x)=\int 1/(\sqrt{2\pi\sigma_0})\exp\left\{-1/2\left[(x-\mu_0)/\sigma_0\right]^2\right\}$$

而

$$P(x)=\int 1/(\sqrt{2\pi\sigma})\exp\left\{-1/2\left[(x-\mu)/\sigma\right]^2\right\}$$

散度或卡尔贝克信息量为：

$$I(P/\!/P_0)=\begin{aligned}&=\int_{-\infty}^{\infty}P(x)\ln\left[P(x)/P_0(x)\right]dx\\&=\ln(\sigma_0/\sigma)+\left[(\mu-\mu_0)^2+\sigma^2-\sigma_0^2\right]/(2\sigma_0^2)\end{aligned} \quad (1\text{–}10)$$

式中，σ/σ_0反映了精密度提高的程度，记为A，A值恒小于1，其值越小，说明分析方法精密度提高越多；$(\mu-\mu_0)^2/(\sigma_0^2)$则表征了提高精密度对准确度的提高程度，记为$B$。这样，式（1–10）可改写为：

$$I(P/\!/P_0)=1/2(A_2+B_2-1)-\ln(A) \quad (1\text{–}11)$$

此式表述了与精密度及准确度相关的因子A和B对信息量的影响。

第五节　化学计量的发展

化学计量和测量技术在当今世界的高科技发展，如在新材料、生物技术、航天技术等领域都起着关键的作用。同时，高科技的发展，如新材料、新器件的不断涌现，微电子技术和仪器自动化的进一步发展及数字图像处理功能的引入等，都大大推进了化学计量和测量技术的发展。

一、新测量方法与技术

（一）质谱法

质谱法是分离和记录离子化的原子或分子的方法，具体方法是以某种方式使有机分子电离、碎裂，然后按质荷比大小把各种离子分离，检测它们的强度，并排列成谱。质谱法能提供有机物的相对分子质量、分子式、所含结构单元及连接次序等重要信息。

用于检测有机化合物质谱的仪器称为质谱仪。质谱仪由离子源、质量分析器、离子检测器、进样系统和真空系统5个部分组成，另外还配有控制系统和数据处理系统。试样由进样系统导入离子源，在离子源中被电离和碎裂成各种离子，离子进入质量分析器，按质荷比大小被分离后依次到达检测器，检测到的信号经数据处理成质谱图或以质量数据表的形式输出。

由于质谱可以提供相对分子质量、分子式等重要信息，所以质谱技术的研究和应用一直是比较活跃的领域。目前质谱的新技术及新仪器主要针对生物分析及生命科学领域，已经成为这方面的前沿，扩大质量范围及提高灵敏度，使其应用于生物大分子及热不稳定化合物是研究的一个热点方向。

（二）扫描探针显微技术

化学物质的成像离不开显微技术。正常人眼睛的分辨率为0.2mm，光学显微镜的最高分辨率为200nm，而组成物质世界的基本单元——分子的大小一般为几纳米到几十纳米，原子的典型尺寸为0.2～0.3nm。因此，要想在单分子和单原子层次观察世界，就必须发展新的显微技术。

扫描隧道显微镜（STM）的出现，使人类第一次能够实时地“观察”（实际上并没有真正看到，只是用探针扫描探测到）单个原子在物质表面的排列状态和与表面电子行为有关的物理、化学性质。

与其他的显微技术相比，STM具有以下特点：在原子分辨率方面，横向分辨率可达0.1～0.2nm，深度分辨率高达0.01nm；能够实时获得表面三维图像；能够观测最表面层的局部结构信息，而不是体相的平均信息；可在大气、真空、常温、低温甚至液体中工作；对样品无损伤；配合扫描隧道谱可获得有关表面电子结构信息。

（三）采用各种联用技术

随着各种现代分析技术的发展，虽然出现了一些对复杂及难分离样品分辨率特别高的分析仪器，但在许多情况下，仅靠一种方法还是难以完成对复杂样品的分析。近年来发展起来的联用技术是将两台或两台以上的相同或不同原理的仪器组合起来，充分发挥各自的特点和长处，以提高和改善分辨率和选择性。

率先推出的是色谱和有机质谱的联用系统。色谱技术能有效地将试样中各组分分离，但常用检测器能给出的结构信息却很少。质谱技术则有丰富的结构信息和很高的灵敏度，但只能分析很纯的试样。将两者结合起来，实现色谱–质谱联用，就能充分发挥色谱和质谱技术各自的优势，形成一种强有力的分析手段。气相色谱–质谱联用、高效液相色谱–质谱联用、气相色谱–红外联用、气相色谱–红外–质谱联用技术等都有了成熟的商品仪器。

二、化学计量面临的挑战和任务

（一）化学计量面临的挑战

我国已形成一套具有中国特色的化学计量体系，制定各类分析仪器检定规程100多个。国家标准物质研究中心作为国家级化学计量实验室，对保证全国范围内量值统一起到重要作用，为我国化学计量的国际互认奠定了基础。目前化学计量面临的挑战和问题如下。

1.科技发展带来的挑战

以信息科学、生命科学和材料科学为代表的现代科技给化学计量提出了挑战。生命科学中基因组数据库的测序结果的错误率高达4%，生化计量刚刚起步，没有相应的溯源体系，材料方面的纳米测量技术和标准的起点也非常低。

2.全球化经济对化学计量的挑战

在全球化经济下，保护国家利益的关键是技术壁垒，目前我国对痕迹、农药残留、药物残留、重金属等的准确检测技术和标准物质的缺陷，难以应对发达国家的技术壁垒，使我国在农业产品等领域的进出口受到巨大损失。

3.可持续发展战略的挑战

我国生态基础薄弱、环境污染严重，要求我国环保部门随时对可能受到污染的大气、土壤、水体、生物体等进行全面的监测。随着环境治理的深入推进，控制的污染物种类逐渐增多，涉及行业增多，目前我国的测量技术和标准物质很难满足上述要求。

4.国际化学计量发展形成的挑战

近年来，许多国家对化学计量部门进行调整和加强，赋予更明确的职责和义务以适应形势发展的需要。国际比对涉及的面和数量都有明显的增加。如国际计量委员会物质量咨询委员会制订的比对计划有200余项，涉及生物、环境、健康、食品安全、高新技术材料等，就目前我国的测量能力而言，有1/3的项目不能参加。此外，国际及区域计量组织活动异常活跃，以促进本国或地区经济贸易的发展。

（二）化学计量的主要任务

（1）建立和完善化学量、物理化学量、化学工程的国家计量基、标准。研究新的化学计量标准装置，拓宽化学计量标准体系，重点突破生化、医疗卫生等领域化学计量工作的滞后。

（2）开展化学计量的基础研究。继续开展相对原子质量测量工作。开展物理化学常数测量的探索性基础研究，关注国际上对化学量基本单位——摩尔复现的探索性研究工作。

（3）开展化学计量的理论研究。研究国家化学测量体系的构架、化学测量溯源比较链各环节及其作用。

（4）建立化学计量信息体系。通过建立标准物质数据库和标准方法库、仪器检定（校准）规程资源库，建立完善的标准物质信息网。

（5）拓宽化学计量研究领域。开展生化计量、表面化学计量、物特性化学计量研究工作，初步建立这些领域的化学计量技术基础。

第二章　化学计量技术研究

第一节　化学计量学与现代分析化学的关系

一、现代分析化学——化学测量与化学信息的新兴学科

（一）现代分析化学

有机化学与分析化学的交叉热门边缘学科便是现代有机分析化学，它是连接有机化学与分析化学的桥梁，也是人们通过科学实验认识世界的重要方式及手段。现代有机分析主要研究的是有机化合物的元素组成、定性定量测定、分子结构、理化性质等新兴边缘热门学科，目前已经被广泛地应用于有机物科学研究及生产实践中。随着近年来现代仪器分析及新技术的发展，现代分析化学与有机分析化学已经将计算机、物理学、生物学以及数学有机地结合起来，形成一个综合性学科。

分析化学学科正经历着巨大的变革。由于近年来物理学和电子学的发展，各种新型分析仪器相继问世，昔日以化学分析为主的经典分析化学已发展成为一门包括众多仪器分析（色谱分析、电化学分析、光化学分析、波谱分析、质谱分析、热分析、放射分析、表面分析等）为主的现代分析化学。正因为分析手段的不断扩展，广大分析化学家感到以“溶液平衡”为基础的经典分析化学已不能代表现代分析化学学科发展的全貌，致使雷海斯基（Rehesky）提出的“不管你喜欢不喜欢，化学正在走出分析化学”的论点广为流传。分析化学界出现了“化学正在走出分析化学”，分析化学应重名为“分析物理”“分析科学”的议论。1985年11月和1989年10月在维也纳分别召开了第一次和第二次“国际分析化学的哲学和历史会议”，探讨分析化学的某些基本哲学问题。这说明分析化学学科正处在一个急剧分化的发展时期。美国《分析化学》的主编默里（Murray）在题为《化学量测科学》一文中指出，用拓展的眼光来看待今天的分析化学是有益的，它的发展已使之成为一门创造和应用新概念、新原理和仪器的策略来测量化学体系及其组分的学科。简言之，分析化学已成为一门化学量测科学，如果我们遵循着“分析化学是一门化学量测科学”的思

路，就可以发现，分析化学学科当今的变革不是“化学正在走出分析化学”，而是“物理和新仪器正在走进分析化学”，它使分析化学家手中拥有更多的化学测量工具和手段，为分析化学家解决各学科发展所需解决的复杂的分析难题提供了更有力的武器。如何更有效地使用和发展这些新的分析手段和工具，怎样有效地从这些新的化学测量工具和手段中获取化学家所需的有关的化学组成和结构信息以及其他各种有用的化学信息，当是目前分析化学家亟须解决的一个新问题。

分析化学作为一门化学测量和化学信息科学，对其量测过程有效性及效率的估计和评价就显得十分重要了。分析信息理论从信息理论的角度来研究化学测量过程①。如果我们将通信处理信息的过程与化学分析中的化学量测过程进行比较，就很容易发现这两个过程十分相似。

进行化学测量的目的就在于消除或减少被量测的化学系统在化学成分、结构及其他相关信息的“不确定度”。分析信息理论和方法可提供相应的概念和方法来定量表征化学量测系统的“不确定度”及化学量测过程中体系之“不确定度”的消除或减少的定量度量（或称化学量测过程的信息量之获取）。它不但可以对不同的分析过程，如分离、定性鉴定、定量测定等进行信息理论分析，还可对现代分析化学中各类复杂分析仪器提供信息的能力进行合理评价，为分析化学量提供了一套选择不同分析过程或不同分析仪器的理论基础和具体定量方法。

（二）定量分析的信息理论和方法

1.分析仪器与分析方法的通信能力

分析仪器的发展历史与分析化学的发展密切相关，21世纪将进一步迈进信息智能化和仿生化。21世纪分析化学的发展方向是高灵敏度、高选择性（复杂体系）、快速、自动、简便、经济。对于分析仪器而言，一方面要降低仪器的信噪比；另一方面是各类分析仪器的联用，特别是分离仪器和检测器的联用，如色谱仪（气相色谱、液相色谱或超临界流体色谱仪以及多维色谱仪）和各种分析仪器（质谱、核磁共振波谱、傅里叶红外光谱、原子吸收光谱和原子发射光谱）的联用，使前者的分离功能和后者的识别功能很好地结合。

从目前到未来的一段时间里，近红外光谱化学计量学软件设计及其在各行业的应用软件（包括建模、校准、评价、数据优化等软件和软件包）的开发和完善也将成为国内外分析仪器发展的另一个热点。

2.分析仪器的信道容量

一个分析仪器的输出，必须考虑这些认作信道的分析仪器或计算机传输与接收信息的

① 刘德芳，刘蓉，李红陵，等.基于创新人才培养的分析化学教学改革研究[J].西南师范大学学报（自然科学版），2014，39（10）：166-170.

能力即所谓信道容量，或信道能传送信息的最大速率。

本段所讨论的问题的焦点就在于研究几个分析仪器联用或分析仪器与计算机联机时从信道容量角度相互兼容的问题。这一问题与过滤分析试液时，将其倾至漏斗中的情况颇为类似。若滤纸折叠得当或漏斗的水柱效率高，可较快地将溶液滤过，否则速度减慢。若倾液速度超过滤纸和漏斗能接受与流过的容量，必然造成分析溶液的溢失。溢失分析试液即损失了化学信息，分析工作失败。在分析仪器之间或与计算机联机时，如信道容量不相匹配，会发生类似的损失分析信息的情况。接收前一个仪器送来的分析信息的仪器或计算机，其信道容量必须是不小于前一仪器的信道容量，否则将损失分析信息，整个分析系统无法提供正确的结果。

3.分析方法的信息效率

对分析方法做出比较全面的评价，需考虑其精密度、选择性、表面或空间的分辨能力、分析速度和成本等诸多因素。精密度涉及标准差或相对标准差，对于仪器分析而言，可以信噪比表述；选择性可以同时分析的元素或化合物的数目表述，亦可以共存物质的影响表述；表面或空间分辨能力对现代材料分析甚为重要，因材料科学研究的新进展表明，许多材料的特异性能不但取决于某些成分的总含量，而且与这些成分在材料中的空间分布有关，分析速度及分析成本等因素对于解决实际分析课题而言很重要。

二、化学计量学与现代分析化学的联系

化学计量学最初是从分析化学发展而来的一门交叉学科，因此有必要先回顾一下分析化学的发展历程。分析化学的发展经历了三次巨大的变革。第一次变革发生在20世纪初，物理化学的发展建立了溶液的四大平衡理论，使分析化学从一门技术发展成一门科学，这一阶段是分析化学与物理化学结合的时代，在这一时期分析化学作为化学的一个分支。第二次变革发生在20世纪60年代，物理学、电子学等学科的发展促进了分析中物理方法、仪器分析方法的大发展。化学分析方法在很多方面已无能为力，如半导体学科向分析化学提出砷化镓中砷常量分析的测定准确程度要达到10~6级别等。这一时期是分析化学与物理、电子学结合的时代。

从20世纪70年代以来，以计算机应用为主要标志的信息时代的来临，给分析化学带来了巨大的活力，目前分析化学已发展成为一门建立在化学、物理学、数学、计算机、精密仪器制造科学等学科之上的综合性的边缘学科。传统的分析化学中简单的实验设计及数据处理方法对于现代分析化学中大量复杂过程的处理显得无能为力，而化学计量学在这方面表现出极大的优越性。它涉及的问题很多是分析化学的基础性问题，或者说它是构成分析化学第二层次基础理论的重要组成部分。

显然，化学计量学与分析化学的信息化密切相关，在化学计量学的诞生、发展及成熟

过程中，分析化学工作者作出了重大贡献。化学计量学的许多基础性工作是由分析化学家完成的，许多高校的化学计量学课程也是由分析化学教师讲授。

但化学计量学发展至今，其涉及面已远远超出了分析化学范畴。近年来，除分析化学外，化学计量学在环境化学、材料领域、地球化学以及工业过程中的应用以惊人的速度增加，化学计量学呈现出交叉性和边缘性的特点。在我国，目前已将化学计量学列为分析化学的分支学科。长期以来，分析化学工作者一直以单纯的分析数据提供者的角色在化学学科发展中起作用。而现代分析化学的发展，不仅需要解决获得化学量测数据的问题，而且需要从大量分析数据中提取化学信息。化学计量学的兴起和发展，促进了分析化学与化学其他分支的结合，使分析化学工作者不再是单纯的分析数据提供者，而且是化学问题的直接参与和解决者。

三、实际的应用研究

（一）现代有机分析方法及应用

1.质谱裂解研究

由于双烯化合物结构所具有的特殊性，能很好地与过渡金属进行配位，从而生成的配合物能够用于有机催化反应，因而对其配合物的研究引起众多学者的兴趣。近年来，质谱技术已经成为双烯化合物分析的重要手段，且在实时监控双烯化合物的合成及配位反应机理上有一定的应用。鉴于此，有相关研究者利用电子轰击电离源高分辨质谱技术对7种双烯配体化合物的质谱裂解机理进行了研究，通过精确分子量获得了碎片离子的元素组成信息，并以此为依据推断了化合物的质谱裂解机理，为双烯化合物的合成路线及配位反应机理研究提供了依据。

2.转基因食品安全性

与传统非转基因作物相比，除草剂草甘膦或6N蛋白由于具有较强的金属络合能力而在本质上会促进土壤中金属离子较多地进入转基因作物体内，然后诱导D-海因酶的活性增加而产生更多D-氨基酸。考虑到草甘膦或At蛋白重金属离子和手性D-氨基酸等分别在转基因食品中客观相对高的含量及其致癌与绝育等毒理性效应，转基因食品与传统食品的成分与安全性不是实质等同的。在转基因食品的这些危险因素和其他未知危险因素未排除和研究透彻之前，建议慎重消费转基因食品。

（二）化学计量学的应用

1.化学计量学在化学定量构效关系方面的应用

化学计量学在化学领域得到了极为广泛的应用，比如在化学定量构效关系方面。在开展化学实验对化学知识进行研究时，主要是研究化学定量构效关系。将化学计量学应用到化学定量构效关系的研究中，对化学实验材料的结构、组成成分等进行分析，并利用相应的图标、数据关系表示出来，最终能够有效加强化学定量构效关系的应用，能够有效掌握反应物的构成、结构。

2.化学计量学在人工神经网络研究中的应用

化学计量学还在人工神经网络的研究中得到了广泛应用，随着现代生物学的不断发展，生物学家开始大力研究神经网络，在对神经网络进行研究的同时提出了人工神经网络这一概念。由于神经网络是十分复杂的，因此研究神经网络面临许多的困难，难度很高，研究神经网络最基础的问题就是对大脑网络的行为进行模拟。大脑网络的结构十分特殊，无时无刻不在处理着大量的信息，所以在对大脑网络的行为进行模拟时，就需要采集大量的实验数据，并对采集到的大量的实验数据进行分类和整理。在这种情况下，就可以运用化学计量学中的统计学方法、数学方法来对实验数据进行分析和处理，通过将化学计量学应用到人工神经网络的研究中，可以有效地对蛋白质结构进行预测，促进人工神经网络研究的发展。

3.化学计量学在抗氧化剂方面的应用

在我国的食品生产行业中大量地用到了抗氧化剂，通过向食物中添加一定量的抗氧化剂，可以增加食物的保质期，让食物不再那么容易变质，从而提高食品生产行业的经济效益。但如果向食物中添加的抗氧化剂的剂量、比例不正确，食用者的身体健康就会很容易受到破坏。所以，必须严格控制食物中抗氧化剂的添加比例和添加剂量，避免过量的抗氧化剂对人们的身体健康造成损害。我国通常采用光度法和色谱法来对抗氧化剂进行分析，但抗氧化剂的物质组成十分复杂，仅仅利用这两种方法无法有效对抗氧化剂进行分析，因此，就需要对抗氧化剂的分析方法进行不断的研究和改进，如运用化学计量学，将多元校正分析法引入抗氧化剂的分析中，将食物中的抗氧化剂提取出来，对其中所包含的各种物质含量进行细致、准确地分析，分析的效率、效果和准确性得以大大提高。

4.在食品分析中的应用

在食品分析研究的过程中，化学计量学方法在数据解析和分析中发挥了重要的作用，为分析复杂的食品体系提供了一个有别于传统食品研究的新思路。特别是基于二阶校正及更高阶校正的化学计量学方法，能够利用数学分离代替或部分代替物理及化学分离，进而直接进行食品中多个组分的同时分辨和直接定量表征和分析，为满足食品实际生产过程和质量安全监控等要求提供了一条简单、快速、有效的绿色节能新途径。然而，目前采用化学计量学进行食品分析的研究和应用还有待进一步扩大深度和空间。新的检测技术和新的化学计量学分析方法对丰富食品分析的内容显得极其重要。新的检测技术如高光谱成像技术、纳米材料传感新技术，为食品分析注入了新的活力，并在食品领域有着极大的潜在应用前景。

综上所述，在分析化学中应用化学计量学，能够对分析化学中存在的问题和不足进行有效解决，能够提高分析化学的研究效率和研究质量，比如应用在抗氧化剂的分析方面，可以有效提高对抗氧化剂分析结果的准确性，提高分析的效率。在新时代，相关科研人员应当对化学计量学进行不断的研究和发展，推动整个化学领域的发展。现代分析化学与化学计量学在产品的质量分析检测中得到了推广和应用，解决了现阶段产品检测仪器多维化和复杂化的难题，给产品分析带来了新方法，所以运用现代分析化学与化学计量学分析产品日益得到了重视。

在实行该方法的过程中出现了一系列的问题，所以对于该方法还需要进行进一步的分析研究。需要扩大现代分析化学与化学计量学在产品检测分析的影响力，丰富产品的检测方法，开拓出新的研究领域；化学计量仪器和现代分析化学与化学计量学的发展，可以促进更好的现代分析化学与化学计量学方法的产生。

第二节　化学计量学解决问题的方法

一、卡尔曼滤波法及应用

（一）卡尔曼滤波法

卡尔曼滤波法是递归型的线性状态估计方法，其基本思想是在状态模型、量测模型和预测模型基础上，根据获得的新数据对前面旧的量测数据所得估计值不断进行修正，进而预测新的估计值。该方法是借助递推算法解决线性参数统计问题的有效方法。通过递推算法，从一系列带有误差的实测数据中分离出各种所需要量的估计值。卡尔曼滤波光度法在解决多组分同时测定问题上进展迅速，在贵金属分析中也有广泛应用。

采用滤波光度法,不经分离同时测定金和银,Au平均回收率为97.2%,Ag平均回收率为98.5%,实验结果较为满意。采用时间分辨滤波法解析铂、钯混合动力学曲线,解决了实际样品测定时铂、钯相互干扰的问题,建立了Lumiere H_2O_2-OP-Pt(Pd)同时测定铂、钯的方法,铂的检出限为0.22 ng/L、钯的检出限为0.24 ng/L,铂、钯相对标准偏差分别为0.9%和3%,达到了良好的检测效果①。

① 杨圣，沈兰荪，姚士仲．卡尔曼滤波法的模型误差[J]．光谱学与光谱分析，1995（3）：67-73.

（二）卡尔曼滤波法的缺陷

卡尔曼滤波技术在解决线性参数统计问题时获得了良好的效果，然而在实际样品分析中，往往由于组分间的相互作用，而使测量信号不具有良好的加合性，从而使卡尔曼滤波技术受到限制。例如，实现了Cu（Ⅱ）、Ag（Ⅰ）的催化动力学分析法同时测定，并比较了多元线性回归（MLR）、卡尔曼滤波（KF）和人工神经网络（ANN）用于数据处理的优劣，分析6个合成混合样品分别采用MLR、KF和ANN法进行数据处理得到的预报结果，发现在处理非线性问题时ANN的相对误差明显小于MLR和KF。

二、遗传算法及应用

遗传算法（Genntic Algorithm，GA）是基于达尔文进化论和孟德尔、摩根的遗传学理论的一种优化算法，是通过模拟自然界生物进化机制的一种高度并行搜索算法，能以较大的概率搜索到全局最优解，其特点是自组织、自适应和学习性。近年来，遗传算法作为一种强有力的数学工具，逐步被应用于化学领域，如光谱模拟和光谱解析、参数优化、多变量分析、分子构象分析等。将遗传算法应用于贵金属多组分同时测定中，开辟了一个新的研究领域。该研究采用遗传算法（GA）进行了地质样品中的贵金属Pd、Ru、Au的同时测定，并将遗传算法与偏最小二乘法计算结果进行比较，发现遗传算法所得计算结果比偏最小二乘法更接近真值。遗传算法用于多组分同时测定，具有自身的优越性，不仅搜索效率高，不需要挑选校准矩阵，避免了矩阵的求逆计算过程，而且无须任何先验知识。

当组分数较少时，遗传算法完全能够实现优化的目的；但当组分数增加时，遗传算法的收敛速度呈指数下降，搜索效率大大降低，且局部极值点出现的概率也会大大增加，难以实现真正意义上的最优。将遗传算法与因子分析相结合，以因子分析受组分数的影响较小、运行速度快的特点，弥补遗传算法收敛慢的不足，用于地质样品中的15种稀土元素的同时测定，提高了分析结果的准确度。

此外，遗传算法还可与人工神经网络、偏最小二乘法等多种方法联合应用，方法之间取长补短，大大提高了计算的准确度和速度。这些改进技术虽未应用于贵金属分析领域，但均可对遗传算法在贵金属元素同时测定领域的发展产生良好的促进作用。阿科斯（Arcos）等采用了遗传算法对偏最小二乘法校正模型进行波长选择。他们对吲哚美辛和乙酰美沙醇混合物的紫外可见光谱图进行了研究，结果发现对校准样品来说，经过波长选择的模型所得到的浓度与全光谱模型所得到的浓度基本一致，证明了遗传算法有着良好的分析敏感性。

三、偏最小二乘法及其应用

偏最小二乘法属于多元校正方法，是一种经典的化学计量学算法，它将因子分析和回归分析相结合，可同时对测量数据X矩阵和浓度Y矩阵进行主成分分解，通过对主成分的合理选取，去掉干扰组分，仅选取有用的主成分参与样品质量参数的回归，从而得X矩阵与Y矩阵的数学校正模型。

PLS法主要用于以样品的质量参数为线性关系的关联，对实际样品很多质量参数的测定均能获得满意结果。方国桢以肉桂基荧光酮为显色剂，PLS同时分光光度测定茶叶中Al、Mn、Zn、Co、Cu，并与其他5种化学计量学法进行比较。王美全将LS—紫外分光光度法测定生活饮用水中的3种含氮化合物。戈早川以通用标准加入法—PLS分光光度法测定卤制品中硝酸根和亚硝根。胡小宇用二极管阵列检测—PLS吸光光度法测定粮食中Cu、Zn。李世琴以LS—紫外分光光度法测定食品中苯甲酸、糖精钠和山梨酸。崔香等研究采用偏最小二乘萃取分光光度法同时测定Rh、Ir、Pd，取得了满意的测定结果。张凤君等运用M273A电化学系统中的线性扫描技术，将偏最小二乘法应用到催化极谱法当中，确定了同时测定Pt、Pd、Rh的最佳极谱体系，Pt、Pd、Rh的线性范围分别为0至3.2 mg/L、0 ~ 15.0 mg/L和0 ~ 1.0 mg/L，回收率在90.3% ~ 107.7%。王淑兰等研究了贵金属Ru、Rh、Pd、Au-$SnCl_2$-RB体系及缔合物溶剂浮选的条件，采用偏最小二乘法对重叠光谱进行解析及数据处理对地质样品中Ru、Rh、Pd、Au同时进行了测定，标准偏差为0.0062 ~ 0.019，精密度与回收率均良好，方法可靠。陈淑桂等采用偏最小二乘法对贵金属Pt、Rh、Pd和Au混合体系重叠光谱进行解析及数据处理，混合试样平行9份测定，相对标准偏差分别为Pt4.3%、Rh1.0%、Pd4.0%、Au3.1%，方法稳定可靠。

偏最小二乘法还具有优良的解析性能，在紫外可见及导数光谱等方面的解析中取得了重大进展。导数荧光光谱具有峰数多、信息量大、能消除背景干扰等优点。丁亚平等用苯丙氨酸的最大荧光发射的激发波长为共激发波长，得到一阶导数荧光响应值的图谱后，结合应用PLS程序同时测定复合氨基酸注射液中能发荧光的三种组分，取得了满意的结果。当被测组分浓度范围较大时，PLS的预测效果会变差。白英奎等提出了一种误差逆传播神经网络（BPANN）与PLS结合应用的方法。先用BPANN进行非线性识别，把被测组分浓度分为多个子区间，再建立相应区间上的PLS模型，提高了PLS的预测精度，为近红外光谱的分析和处理提供了一种新方法。

虽然传统的偏最小二乘法在贵金属同时测定中得到了广泛的应用，但目前仍存在着一些困扰计算结果精密度而未获得较好解决的问题，如非线性校正问题、算法的稳健性问题、模型的优化问题等。非线性迭代偏最小二乘算法对未知样品特别是对因光谱重叠严重而造成的近奇异数据矩阵的解析能力很强，是解决非线性问题的重要手段。例如，宋浩威等将非线性最小二乘法（NPLS）及人工神经网络法应用于地质样品Au、Pd、Ag分光光度法同时测定体系的非线性数据处理中，取得了较好的效果。针对算法稳健性问题，宋浩威等将NPLS法用于贵金属元素锇、钌的光度法同时测定，较好地解决了实际校准模型由于实验误差偏离正态分布使计算结果的精密度遭到破坏的问题，对化学测量中引入的异常点有较强的校正功能。针对校正模型的优化问题，陈淑桂等将模糊聚类分析与偏最小二乘法相结合，对地质样品中吸收光谱严重重叠的贵金属多组分体系进行解析，较好地解决了计算光度分析中校准模型的优化问题，使计算结果的精密度得到了显著提高，分析结果的相对误差小于10%，标准偏差小于0.67，明显优于一般偏最小二乘法。王洪艳等从优化效果出发，将局部加权法和随机矩阵法引入PLS，用该优化偏最小二乘法对模拟地质样品中痕量贵金属Rh、Ir、Pd进行多组分光测定，其目的是在建立校准模型时，首先剔除与未知样品差异较大的校准样品，并通过加权使之能突出反映与未知样品相吻合的校准样品在校准矩阵中的作用，使建立的校准模型能充分反映未知样品的数字结构特征，其分析结果的精密度高，相对误差均小于10%，达到了优化的效果。

第三节 化学计量在化学分析中的应用

化学计量学是一门由化学与计算机技术、统计学、数学相结合的一门新兴的交叉学科，其内容涵盖了化学测量的整个过程，包括数据分析、单变量信号处理、多变量信号处理、选择实验条件、优化实验条件、实验设计、采样理论等；研究内容主要包括人工智能、图书检索、实验室组织、合理性分析、过程控制、过程优化等。

在化学分析中化学计量的实际应用方法如下。

一、量值的传递的应用

在化学分析中广泛地应用化学计量，通过化学计量来产生定量分析，二者既有区别又有联系。化学计量是化学分析中的使用过程，其目的在于保障量值的准确性和统一性，提高化学分析的质量。要通过具有法制性和科学性的量值传递系统来保障化学计量的独立性。一般情况下，主要是通过标准物质来实现化学计量中的量值传递。化学分析过程比较复杂，容易由于各种原因而打断溯源链，因此很难真正实现溯源。一般的化学分析过程主要包括称样、处理样品和测定，一般通过化学法来处理样品，常见的化学法主要包括离子交换、溶解、萃取分离、蒸发等。必须对经处理后的样品和原始样品溶液二者的关系进行明确，才能建立溯源性。建立溯源性之后，就可以进行最后的测定，使用相对比较法、滴定法、库仑法、重量法等方法来测定。在测定时应该考虑到在建立标准曲线时可能会存在误差，或者是否存在校准曲线不当的情况，导致溯源链在最后的特定阶段被打断，此时就应该运用化学成分的标准物质。

标准物质的化学成分必须非常明确，已经通过可靠的方法进行了测定，而且其元素量值和化合物都具有良好的溯源性。在化学分析中，往往将标准物质作为基准物或校准物，因此标准物质应该具备特性稳定均匀、特性良好、准确度范围明确的特点。标准物质在化学分析中的主要作用在于对测量方法进行评定，对材料的特性值进行确定，对计量仪器进行校准等。

二、多元校正分析法的应用

随着相关人员对多元分析的开发极其迅速的发展，分析研究的对象也越来越具有复杂性的特点，这就要求分析工作者必须准确及时地给出结构分析、定性分析和定量分析的结果。现代的分析仪器正是依靠多元校正分析法则，从而提供大量的可以进行解析数学统计方法的测量数据。现阶段，相关人员已经研究出了多元分析的多种指标，如准确性、精密度、检测限、信噪比、灵敏度等指标，并优化了这些指标，从而使得分析仪器的方法和功能具有实用性和有效性的特点。优化析因设计、均匀设计、因子设计、正交设计等化学实验设计可以对包含多种因素的协同作用及其影响进行研究，既可以拓宽其应用范围，又可以使分析选择性得到有效改善。随着环境科学、药物学、生命科学和生物学的快速发展，对分析化学家的要求也越来越高，分析化学家需要快速地对复杂混合物体系的定量和定性进行分析，尤其是复杂的有机混合物体系①。

在电化学分析中，电位滴定是一个较为重要的内容，该领域对化学计量学应用较多。求解的方法主要有两种，分别是非线性回归和多元线性回归，求解的内容主要包括离解常数、被测组分浓度等未知参数。相关科学家在滴定分析中应用了多元校正法，计算机则不需要对各组分算进行平衡和离解常数，并且不需要严格校正电极系统，从而使得分析范围大大拓宽，准确度也得到了相应的提高。

如采用Ag^+滴定$C1^-$的沉淀滴定，通过使用溶液的平衡关系，能够得到具体的计算模型：

$$V_{0c}-V_{cB}+（V_0+V）[Ag^+]-（V_0+V）K_{sp}/[Ag^+]=0$$

其中，加入Ag^+溶液的体积及$C1^-$溶液的初始体积就是V和V_0；Ag^+和$C1^-$的分析浓度即

① 杨惠敏，王冬梅．草－环境系统植物碳氮磷生态化学计量学及其对环境因子的响应研究进展 [J]. 草业学报，2011，20（2）：244-252.

C_b和C；Ag^+和$C1^-$滴定过程中的平衡浓度即$[Ag^+]$和$[C1^-]$。

某些常数通常包含在线性滴定法的计算模型之内，如K_{sp}等，测定结果是否准确无误也受到该些常数误差的极大影响。

在特定的条件之下，也可适当简化计算模式，如Ag^+滴定$C1^-$，当滴定达到具体的化学计量点后，可令$K_{sp}/[Ag^+]=0$，即得到一个简化式，且适用于化学计量点后：

$$V_{0c}-V_{cB}+(V_0+V)[Ag^+]=0$$

按照类似方法，还能够导出一些其他的计算模型，如氧化、配位、酸碱还原线性滴定法等。

三、人工神经网络分析法的应用

生物学家在现代生物学研究人脑组织的背景下提出了人工神经系统，其主要方式是将许多简单的处理单元进行广泛的连接，从而组成一个极其复杂的网络器，目的是模拟人脑的神经网络行为及其结构。人工神经网络可以对数据模式进行有效的分类和解析，适用于一些非线性测量数据，如在结果关系不确定或者处理原因不确定的情况下。而许多的化学问题也具有一些不确定性的特点，因此，人工神经网络在许多化学领域都得到了成功的应用。现阶段，相关研究也报道了不少关于人工神经网络在蛋白质结构预测、药物分析药效预测、谱图分析等多方面的应用成功案例。在化学分析中对于遗传算法的应用也非常广泛，如分析生物大分子的构想、选择核磁共振脉冲波形、优化校正数据、选择发射光谱试验条件、选择多组分分析波长等。比如，将人工神经网络应用在氟化物结构与Eu（Ⅲ）离子跃迁发射光谱关系的分析中，可以实现98%左右的识别率，具有非常高的预测率；在对某些物质的紫外线光谱数据进行分析的时候可以实现很好的解析效果；在对有机物异构体进行寻找的时候，通过遗传算法可以得到非常接近实际结果的效果①。

四、模式识别法中的应用

根据化学量测数据矩阵，按照某种性质将集中的样本进行分类并选取特征的方法被称为模式识别法。其可以根据一定的方式将测量的参量进行区分，模式识别法主要有SIMCA法、K–最邻近法、线性判别分析法等。模式识别法主要是为优化决策和过程提供一些具有使用价值的信息，模式识别法对于我国的材料化工、石油化工等领域有着极其重要的意义，为此类领域的研究难题的解决提供了新的思路。此外，使用K–邻近法来对微分电毛细管曲线及电位阶伏安波进行分类处理，其可以表征有机化合物之间的各种构效关系。

① 冼伟光，周丽，唐洪辉，等.不同林龄针阔混交林土壤生态化学计量特征[J].广东林业科技，2015，31(1)：1–6.

计量学中的化学计量是一个比较年轻的分支，其突破了传统的纯物理量的范畴。对于化学计量的广泛应用是当今社会设计仪器软件主体化的一个全新的突破口，为仪器智能化的发展提供了新的方法和理论。除此之外，化学计量与环境化学、工业化学、医药化学、农业化学等学科将会连接得更为紧密，化学计量的应用将会越来越广泛。

第四节　化学计量学方法结合近红外光谱在化学分析中的应用

近红外（Near Infrared，NIR）光谱是指介乎可见光与中红外之间的电磁波，波长范围为770～2500 nm，波数为13000～4000cm^{-1}，主要反映的是含氢元素的化学基团（如C–H、OH、S–H、N–H等）分子振动的倍频与合频的吸收信息，几乎涵盖了所有的有机化合物和混合物，信息量丰富①。根据Beer–Lambert Law吸收定律，待测样品组成成分或结构的不同会导致近红外光谱图的变化，这种独特的特性正是此方法的分析原理②。依据这些有代表性的样品的光谱特征，通过合适的化学计量学算法，建立光谱图信息和待测组分之间的数学关系即数学模型来实现定性或定量分析。随着化学计量学、计算机、检测技术的深入研究和发展，此方法日趋完善，成为近年来在化学分析领域发展迅猛的一种快速检测分析技术，国内外多个领域已将该技术作为行业质量检验评定标准技术代替传统化学分析方法③。本节首先对NIR结合化学计量学的总体特征、技术分析思路和技术要点进行概括梳理，然后详细综述其在农业、食品、医药和医学领域、石油化工领域的最新应用，最后展望该技术的前景。

一、近红外光谱结合化学计量学方法

（一）分析特点

近红外光谱分析是根据含氢基团有关的样品分子振动的频率和近红外光谱区的频率相一致，利用这些待测样品的光谱图承载着的多元信息信号，可同时分析物质的多种物理、化学和生物性质④。但是，样品与光谱测量信息的多元性使得近红外光谱呈现严重重叠和

① 李景宁．有机化学 [M]. 北京：高等教育出版社，2014：211–215.
② 苏克曼，潘铁英，张玉兰．波谱解析法 [M]. 上海：华东理工大学出版社，2002：107–129.
③ 任东，翟芳芳，陆安详，等．近红外光谱分析技术与应用 [M]. 北京：科学出版社，2016：1–5.
④ 褚小立．化学计量学方法与分子光谱分析技术 [M]. 北京：化学工业出版社，2011：2–12.

不连续性、变动特征，谱图特征不明显，难以提取待测量的有用的弱信息，因此不适合直接使用近红外光谱进行分析，只能作为间接分析方法，结合化学计量学方法，提取光谱中微弱的化学信息进行分析，建立校正模型，可对未知样品进行定性和定量分析，是一种适合对复杂混合物的定量和定性分析方法①。与传统分析技术相比，分析优势明显：

（1）近红外很强的散射效应和穿透能力可直接测量多种物态的样品，且样品无须预处理或只需研磨等简单预处理，无须使用化学试剂，对样品非破坏，可实现无损坏检测。

（2）谱图包含了大量的样品信息，可利用化学计量学软件对样品多组分进行多通道同时分析。

（3）分析速度快。

（4）测量过程无须化学试剂且辐射能力低，无污染无伤害，符合绿色环保理念。

（5）建立的校正模型，受外界因素影响较小，有较好的重现性，分析效率高。

（6）由于化学计量学复杂算法及软件开发由相关专业人士完成，应用人员只需根据操作步骤完成分析，因此对应用人员要求不高，易培训和推广。

（二）技术思路

化学计量学是数学和统计学、化学、计算机科学以及其他相关学科互相交叉形成的独特而新兴分支学科，对于复杂化学体系可不经分离，经过设计和确定最优测量过程和实验方法，从化学测量的数据中获取有效的化学及相关信息②。化学计量学的焦点是运用数学和统计的方法，分析和处理庞大的化学数据，从化学研究过程中最大限度地发现潜在的化学分析特征，并以此为基础将化学问题抽象形成各种化学模型，再借助化学数据库、知识库、人工智能等技术对模型进行计算，给出分析结果。化学计量学是一门化学分析的基础理论和方法论。

NIR结合化学计量学方法的分析流程较长，建模过程涉及多信息的反馈，必须将分析的各个环节紧密联系在一起，主要是建立预测或校正模型来实现对未知样本的定性或定量分析。通过采集代表样品的近红外光谱图，选择合适的化学计量学算法，定量分析须以标准参比方法测得的待测参数或性质相关联数据为基准，通过反复优化、压缩和关联建模数据，建立样品近红外光谱与其待测参数或性质相关联的校正模型，只要获得未知样品的近红外光谱图，根据校正模型则能达到快速定量预测未知样品的待测参数或性质。定性分析是物质的定性判别，结合合适的化学计量学模式识别算法，将采集的已知代表样品近红外光谱特征与待测量关联，建立预测模型，利用已建立的预测模型和未知样品的近红外光

① 严衍禄，陈斌，朱大洲，等．近红外光谱分析的原理、技术与应用 [M]. 北京：中国轻工业出版社，2013：2–12.

② 梁逸曾，俞汝勤．化学计量学 [M]. 北京：高等教育出版社，2003：1–5.

谱，可定性判别未知样品的归属。概括来讲，NIR结合化学计量学方法主要包括三个基本步骤：第一步是光谱信息的采集。选择有代表性的包含了不同样品范围信息的建模样品，且数量上能满足模型回归的要求，确定最佳采样参数采集建模样品的近红外光谱图，如果光谱定量分析则需要采用标准方法测得建模样品集中各个样品待测量的参比值。第二步是光谱信息的处理与关联。建模前需对光谱集进行预处理，如样品特征信息的选择、删除异常样品、消噪等信息处理，并压缩建模光谱集数据的规模，通过线性或非线性方法将数据由105高维降为102的低维，再选择合适的化学计量学算法关联样品的光谱特征与待测参数，建立两者之间的数学关系模型。第三步是检验模型和分析样品。应用模型的范围信息检验分析选用的模型适配范围是否包含了待测样品光谱特征，如模型适配则可用此模型定性分析样品；定量分析则将模型对待测样品光谱的计算结果与标准方法测得的参比值相比较来检验模型的稳健性和可靠性，用预测相关系数R2和交叉验证均方根误差（RMSECV）表示模型的性能。而常规光谱分析一般是样品需要经过复杂的前处理，测得样品在某一波长的吸光度，再应用光谱特征吸光度A与已知待测量浓度c的标准样品之间关系的回归标准曲线，即标准样品与未知样品吸光度的比值也就等于其浓度的比值，从而得出未知样品的浓度。

（三）技术要点

虽然国内外对NIR结合化学计量学方法的研究应用很广泛，相关的研究论文和深度报道从未间断，但通过查阅大量的研究论文可知，此分析技术也存在一些技术难点限制着进一步的发展和应用。

1.分析的复杂性

参与建模的样品由于液态样品中水含量、表面纹理、储存时间和温度、非均质等因素引起的光谱响应，使得光谱出现信息重叠、谱带复杂、吸收强度低等问题，还包含了大量的光谱噪声、仪器误差、样品不均匀等其他信息，增加了预测误差，即使有光谱预处理，但不能做到全部因素都消除。如何从复杂、重叠、变动的近红外光谱中提取微弱的有效信息，提高测量精度，是主要技术难点之一。

2.分析的不稳定性与变动性

由于测量条件，如温度、仪器、样品状态等外界因素也容易影响样品的近红外光谱，产生以系统误差为主的光谱不确定性，而且所建数学模型无法在另一台光谱仪直接应用。为提高测量精度，需减少外界干扰因素和排除测量条件变化造成的测量误差，可采用一些校正系统误差的信息处理技术优化模型。

3.分析的学科交叉性

NIR结合化学计量学方法属于黑匣子分析技术，化学计量学模型较为复杂、抽象，近红外光谱的检测参数、谱图有效信息的提取标准、建模中化学计量学算法的选择与模型的优化都缺乏一定的科学依据，但这些都是提高模型的测量精度和稳健性的关键技术要点，需要研究者通过多节点反馈优化模型，直到达到分析要求。

4.定量分析的参比值不确定

NIR结合化学计量学方法是二级分析，需以一级分析标准化学定量分析得出的数值为基准参比值，虽然有国家标准方法，但有些复杂样品的定量分析过程较为复杂，且每个研究者的实验条件有所差异，所测得的参比值具有相当的不确定性，使得建立的校正模型误差叠加，影响模型的精度。

二、应用领域

（一）农业上的应用

因传统的化学检测方法难以对农业育种材料及农产品品质进行准确、快速、批量分析，NIR结合化学计量学方法在农业上的定量分析一直是主要研究方向。研究者对麦类作物品质分析的研究从未停止过，最早应用于小麦的水分含量预测，后来随着近红外光谱硬件和软件系统的更新换代，研究应用也就更加深入，可测定小麦、燕麦、玉米、大豆及其他作物的水分、蛋白质、淀粉、油脂、脂肪酸、氨基酸等多种参数的检测分析和农产品溯源鉴别。孙娟[①]等利用主成分分析，对数据降维，经一阶导数处理后建立的主成分定性模型可对大米的粳籼米分类、产地溯源、品种进行判别，并利用掺假模型预测稻花香大米，总体识别正确率为100%，结果表明此分析技术能够准确辨别掺假大米。刘燕德[②]应用近红外光谱结合偏最小二乘判别模型建立了柑橘黄龙病无损检测模型，能够快速无损检测柑橘黄龙病。NIR结合化学计量学方法对麦类作物籽粒的一些物理性质，如糊化特性、胶稠度、硬度、色泽、透明性等性质也可进行准确的量化评价，分析对象也从粉状样品向完整的籽粒样品、从大量样品向单粒样品的精细测定进行扩展，在品质育种的选择、粮食病变的检测、作物生长的生理指标检测等方面有重要的理论指导意义，如能正确对花生种子[③]、玉米种子[④]、棉花种子[⑤]、水稻种子[⑥]、番茄种子、紫苏种子、小麦种子等进行不同

① 孙娟．基于拉曼光谱技术和化学计量学方法的大米品种产地的快速鉴别方法 [D]. 无锡：江南大学，2016：16.

② 刘燕德，肖怀春，孙旭东．基于可见与近红外光谱联用的柑橘黄龙病快速无损检测研究 [J]. 光谱学与光谱分析，2018（2）：528–534.

③ 郑田甜．花生种子品质可见——近红外光谱的特征提取与分类识别 [D]. 烟台：烟台大学，2014：19.

④ 贾仕强．基于近红外光谱图像的玉米种子纯度鉴定方法研究 [D]. 北京：中国农业大学，2015：21.

⑤ 王延琴，王美霞，金云倩，等．一种基于近红外光谱的棉花种子发芽率测定方法及系统 .CN107258149A[P].2017–10–20.

⑥ 王纯阳．基于近红外光谱的单籽粒水稻种子品质检测的方法研究 [D]. 合肥：中国科学技术大学，2017：20.

产地、不同品种、含量、老化程度、种子活力、种子硬度、发芽率等的分类鉴别。除此以外，研究者还对牧草类作物的品质、耕地土壤、农残检测、害虫防治等方面也进行了探讨研究[①]。

（二）食品检测中的应用

1.液态食品中的应用

利用NIR结合化学计量学方法可对可流动的溶液、胶体、泡沫和气泡等液态食品，如食用油、醋、酱油、酒类产品、蜂蜜、奶制品、果汁和饮料的品种鉴别、成分的定量分析、真伪鉴定、产地判别、加工适应性等进行分析测定，显示了很高的实际应用价值。例如，在果汁检测的应用中，谷如祥[②]分析对比了不同的预处理方法结合偏最小二乘法对苹果汁中的糖度、酸度、可溶性固形物含量的定量校正模型，另外还建立了3种掺假苹果汁的定性鉴别模型和掺假果汁中原果汁含量的定量分析模型，最后对苹果汁中福美胂农药残留浓度进行了定量，以上所建模型相关系数均为0.9以上，结果表明利用此分析技术对果汁的快速检测分析完全可行。再如，蜂蜜的主要品质指标有水分、果糖、葡萄糖和还原糖，邱琳[③]等采集不同产地的蜂蜜的近红外透反射光谱，结合PLS分别建立了蜂蜜主要品质指标的定量校正模型，90%以上的样品其预测值与参比值相近或相同，预测误差均方根分别为0.165%、0.564%、1.300%和1.270%，模型较为准确，可实现对蜂蜜内部品质的多组分定量检测。在食用油分析中，大部分应用在食用油种类鉴别、掺伪掺假、文理化指标定量分析及产地溯源得到了认可和重视。此外，学者们对掺假牛奶也建立了掺假成分、液态奶的农残检测的定量分析模型，为牛奶的品质控制和快速定量提供了参考。比如，倪力军[④]等通过真奶样品集和配制的6种不同种类的假奶样品分别建立了判别模型，结果表明，对于掺假量在0.15%～0.45%的样品，模型区分度较好；但对于掺假量较低的三聚氰胺、尿素等伪蛋白预测准确率不高（平均判别正确率分别在49.55%～51.01%、61.78%～68.79%）。同时，作者指出，NIR结合化学计量学方法不适合含量小于0.1%的牛奶掺假物质的检测，因为有机物倍频和吸收强度低，谱峰强度较弱，使得NIR最低检测限只有千分之一，而牛乳掺假中的三聚氰胺、尿素等掺假浓度有些低于最低检测浓度，增加了模型准确预测的难度，这也是NIR结合化学计量学方法在牛乳成分检测技术的难点。

---

① 刘翠玲，吴静珠，孙晓荣．近红外光谱技术在食品品质检测 [M]. 北京：机械工业出版社，2011：3-13.

② 谷如祥．苹果汁品质近红外光谱检测技术研究 [D]. 西安：陕西师范大学，2014：18.

③ 邱琳，刘莹，张媛媛，等．近红外光谱法测定蜂蜜中主要成分的研究 [J]. 世界科学技术：中医药现代化，2015（9）：1949-1952.

④ 倪力军，钟霖，张鑫，等．近红外光谱结合非线性模式识别方法进行牛奶中掺假物质的判别 [J]. 光谱学与光谱分析，2014（10）：2673-2678.

2.固态食品中的应用

利用NIR结合化学计量学方法也可对固态食品的品种、成分分析、真伪、产地判别加工适应性等方面进行分析检测，一般采用积分球或漫反射光纤采集块状食品如水果的近红外光谱图，采用长波漫反射采集粉末状食品的近红外光谱图。利用NIR结合化学计量学方法在水果品质检测中，日本走在了世界的前列，在1989年就研制出了可实际应用的近红外水果内部品质检测仪，1996年开发的生产实时检测系统可检测水果的糖度、酸度等生理病变①。

随后，日本还开发了桌上型和树上型两种水果内部品质检测仪，每秒可检测3～10个如苹果、蜜柑、番茄、桃、柿子及梨等水果。国内将NIR结合化学计量学方法应用于水果内部品质检测的历史不长，但也有一些学者在这方面做了大量的研究。

李轶凡②利用可见/近红外漫透射技术结合化学计量学方法，对关联水果缺陷和内部品质的鸭梨黑心病、大黄桃表面缺陷和柑橘浮皮果进行了同时在线检测，验证检测效率在96%以上。裴军强③和郭亚④为了实现苹果品质的快速无损检测，利用NIR结合化学计量学方法设计开发了便携式NIR苹果糖度无损检测仪，测量结果显示了该仪器在使用中的精确度较高（预测相关系数R^2=93%，校正相关系数R^2=96%），另外还可导入不同品种的果蔬糖度、酸度、色度模型，可使不同品种果蔬内部品质无损的同时达到检测的目的。纳西莉亚（Nath á lia）等人利用NIR结合PLS方法对分三年收取的579个嘉宝果样品建立了花色素苷定量分析模型，预测值与实测值之间的相关系数分别在0.65和0.89之间，具有更好的预测性能（精度）。陈通⑤开发了基于Android系统的微型近红外光谱仪，对90个苹果样品对象进行固体试验研究，所建模型的预测系数为0.9283，建立的模型稳定可靠，可应用于实际测量中。对于同样有复杂组成成分的肉及肉制品，在国内，NIR结合化学计量学方法主要应用在肉制品常规成分（如蛋白质、水分、脂肪等）、肉制品物理参数（如剪切力、保水性、嫩度、肉色等）、保藏特性（如过氧化值、碘值等，在线脂肪、蛋白、水分等组分含量）的在线检测方面。巴尔班（Balbin）利用此技术分析完整的和切碎后的猪肉中的化学成分。田华⑥也建立了鱼类及鱼制品（鱼糜、鱼丸、鱼粉、鱼油等）组成及添加成

① 严衍禄，陈斌，朱大洲，等.近红外光谱分析的原理、技术与应用[M].北京：中国轻工业出版社，2013：228−230.

② 李轶凡.水果缺陷和内部品质同时在线检测方法研究[D].南昌：华东交通大学，2016：11.

③ 裴军强.便携式寒富苹果品质快速无损检测系统设计[D].沈阳：沈阳农业大学，2017：16.

④ 郭亚.一种便携式苹果糖度无损检测仪的设计[D].深圳：深圳大学，2016：21.

⑤ 陈通.Android系统的微型近红外光谱仪开发及在食品质量检测中的应用[D].镇江：江苏大学，2016：19.

⑥ 田华，侯志杰，陈报阳，等.近红外光谱在鱼类及鱼制品定性定量分析中的应用[J].食品与发酵工程，2017（6）：274−278.

分分析、新鲜度评价、品种属地的快速鉴别和品质的在线分析检测模型。孟一[①]等人成功预测了注水肉、注胶肉和正常肉的肉种，其相关系数达到94.92%。王亚明[②]利用NIR结合PLS方法分别建立135个羊肉样品的水分含量的检测模型，相关系数为0.861，均方根误差为0.446，可对羊肉品质进行快速无损检测。近年来，学者们[③]也对茶叶品质进行了多组分（茶多酚、咖啡因、氨基酸、全氮量、水分等）无损检测、加工过程控制和茶鲜叶原料控制的探索和研究，证明NIR结合化学计量学方法在茶叶品质分析应用领域的一个有效和实用的技术。除此以外，烘焙产品中的蛋白质、淀粉和总糖等成分也可用此分析技术进行定量分析检测，因此在其他固态食品（如婴幼儿乳粉、淀粉、咖啡、面包奶酪等）检测也得到了迅速的发展和广泛的应用。此外，胡赛因（Hussain）等人开发了手持式和便携式光谱仪，应用在64种薯片商品中丙烯酰胺含量的测定，发现预测值和真实值之间具有良好的线性关系，说明便携式和手持式光谱仪可以无损快速地测定薯片中的丙烯酰胺含量值。

（三）医药和医学领域中的应用

由于NIR结合化学计量学方法独特的分析特点，越来越多的药物专家开始关注此技术在医药行业的应用研究。从20世纪80年代开始尝试应用此分析技术进行定性鉴别和定量分析，但不是非破坏性的分析，需采用化学试剂提取待测物质。90年代后，随着近红外光谱仪硬件和软件的发展，美国、加拿大、英国批准NIR结合化学计量学方法代替法定分析方法鉴别和定量分析某些特定的药物，应用范围逐渐扩大，快速无损的特点成为研究热点，定性分析扩展到原辅料的分级研究，定量分析也发展到对片剂物理参数的定量。进入21世纪以来，此分析技术由实验室研究发展到了生产实际应用，我国一些科研院所从事该方面的相关研究也不少，如浙江大学对中药生产全过程质量控制实现在线近红外监测，清华大学对河北神威清开灵注射液进行生产过程的在线近红外快速分析[④]。

2006年，我国的食品药品检验部门为基层常规药品检查配置了“车载近红外药品快速检测系统”的药品检测车，用于流通领域药品质量的快速高效筛查。

1.化学药物分析中的应用

药物专家将NIR结合化学计量学方法应用于化学药物的原辅料鉴别、真伪鉴别等方面的定性分析，还应用于化学药物水分含量、活性成分含量、粒度、晶型等方面的定量

① 孟一，张玉华，许丽丹，等.近红外光谱技术对猪肉注水、注胶的快速检测 [J].食品科学，2014，35（8）：299–303.

② 王亚明.新疆羊肉水分近红外光谱检测方法研究 [D].阿拉尔：塔里木大学，2017：17.

③ 熊利华，耿响，乐长高.近红外光谱分析技术在茶叶中的应用 [J].江西化工，2017（6）：34–36.

④ 覃锋，杨辉华，吕琳昂，等.NIR 光谱结合 LLE–PLS 建模用于安神补脑液提取过程分析的研究 [J].中成药，2008，30（10）：1465–1468.

分析。陈梓云[①]用衰减全反射附件（ATR）采集研究样品的红外光谱，用赛默飞公司的TQ Analyst软件，采用判别分析（Discriminant Analysis）建立了药物分析模型，快速地筛查骨节灵产品是否含有泼尼松龙与醋酸泼尼松龙激素，对30个验证集样品的识别率达到100%。李小安[②]通过主成分分析方法提取呋喃妥因肠溶片的近红外光谱中的有效信息并进行聚类分析，可清晰地区分不同厂家生产的产品。此方法还可用于测量有关片剂的物理参数，如邱素君[③]等人研究发现相对于偏最小二乘法，反向人工神经网络法建立的片剂硬度之间的预测模型预测率高。近年来，发展也朝向工艺生产过程的在线监控方向转变，国内外已有制药厂家用于原辅料的验收、生产工艺过程的在线检测和最终产品的无损分析。孔霁虹[④]对如何快速检测青霉素类产品在线混合均匀度进行了研究，以美洛西林钠和舒巴坦钠为样品，结合偏最小二乘法建立了定量数学模型，所建模型参数为R^2=0.999，实验结果表明微型光谱仪能够达到混合均匀度终点判断的目的，为药品中间体质量控制提供了一种快速、无损的在线分析方法。

2.中药药物分析中的应用

中药现代化的关键是中药原材料质量和制药过程的质量控制，NIR结合化学计量学方法的快速、操作简单、样品无损、绿色环保等特点，在中药材品种鉴定、中药饮片、药品辅料、中药提取过程、纯化过程监控、浓缩过程、混合均匀度、药品上市后水分监控、真伪辨别、非法添加检测等方面得到广泛的应用。例如，罗阳[⑤]建立了同时快速鉴别3种药典收载麻黄药材的定性分析模型，刘江弟[⑥]建立了98批产自中国与伊朗的西红花药材指标成分含量预测模型及产地鉴别模型，潘莎莎[⑦]建立了化橘红的快速识别模型，战皓采用NIR结合PLS分别建立了黄芪中毛蕊异黄酮葡萄糖苷和黄芪甲苷、白芷中欧前胡素、防风中升麻素苷及5-O-甲基维斯阿米醇苷的定量分析模型，以上学者建立的定性或定量分析模型都取得较为满意的预测效果。在中药材的生产过程方面，陈佳善[⑧]对感冒灵浓缩过程建立了该过程中绿原酸、蒙花苷、固含量、相对密度4个关键指标的定量模型，并应用于

① 陈梓云，彭梦侠，梁奇峰．衰减全反射傅里叶红外光谱法建模快筛中成药“骨节灵”中的泼尼松龙和醋酸泼尼松龙 [J]. 化学世界，2017：170-174.

② 李小安．近红外光谱分析技术在药物质量分析中的应用质量分析中的应用 [D]. 咸阳：陕西中医学院，2011：11.

③ 邱素君，罗晓健，张国松，等．近红外漫反射光谱无损预测片剂硬度研究 [J]. 中国药学杂志，2016，6（51）：904-909.

④ 孔霁虹．青霉素类产品专属在线混合均匀度监测体系设计 [D]. 济南：山东大学，2014：16.

⑤ 罗阳，曹丽亚，钟潇骁．近红外光谱法同时快速鉴别 3 种麻黄药材品种 [J]. 药物分析杂志，2017（2）：345-351.

⑥ 刘江弟．近红外光谱法评价西红花药材的质量 [D]. 镇江：江苏大学，2017：12.

⑦ 潘莎莎，黄富荣，肖迟，等．红外光谱法与荧光光谱成像技术结合神经网络对正毛化橘红的快速鉴别 [J]. 光谱学与光谱分析，2015（10）：2761-2766.

⑧ 陈佳善．近红外光谱法在中药分析中的若干关键技术研究 [D]. 杭州：浙江大学，2017：9.

实际生产过程，模型预测率较高，且预测值可实时显示于车间控制界面。另外，耿姝[1]总结讨论了影响近红外漫反射光谱和其分析结果的各种干扰因素及有效预防措施，建立适宜中药材体系抗干扰的稳健模型，为NIR结合化学计量学方法在中药材质量快速分析领域内更广泛的应用提供支持。但是，此分析技术在中药领域的应用层面也存在相同的瓶颈问题，如需要选择大量有代表性的药品作为建模标准样品，另外基础数据的准确性、最佳光谱预处理方法及化学计量学处理方法选择的合理性均是影响模型的关键因素，此外由于灵敏度较低，通常要求被测样品的含量大于0.1%。相信随着光谱技术、计算机分析技术等的不断发展和更好的协同作用，此方法在中药领域的定性定量分析将会越来越广泛。

3.医学领域中的应用

医学领域是近年来红外光谱分析技术的一个新兴应用领域，无须复杂的样本制备和无损分析的特点使其特别适于对生物活体进行检测，同时因为生物组织对红外吸收率低，因此也可对生物组织的某种成分进行在线、无损、实时监测，为临床中组织评价提供参数。在脑功能与认知科学研究领域的发展是最快的，如在认知神经科学感知和运动等方面的发展；在临床医学方面，已广泛应用于癫痫、抑郁、阿尔茨海默病等疾病的研究和临床治疗中。由于此方法能量弱，对人体伤害小，穿透力强且血糖在近红外区域有吸收峰，天津大学徐可欣教授[2]针对血糖和血红蛋白浓度的研究，进行了多次手指指腹的临床采集，推动力浮动基准法无创血液成分检测方法的发展，提高了定量校正模型的检测精度，在无创人体生化指标检测应用方面奠定了NIR结合化学计量学方法的理论分析和数据支持，并且领先于国际同行。此外，此方法也成功实现尿液等生化指标检测。例如，赖昭胜[3]采集不同葡萄糖浓度的尿液样本的近红外光谱图，并通过偏最小二乘法结合一阶导数光谱法构建了尿糖浓度的稳健的预测模型，为尿糖检测提供一种快速分析手段。徐可[4]等人采集了77个子宫内膜组织切片的近红外光谱，通过主成分分析方法提取经自动正交信号校正预处理的光谱中的有效信息并进行聚类，构建了子宫内膜癌细胞组织切片的定性分析模型，实现了子宫内膜癌变、增生和正常子宫内膜组织切片的成功预测，还准确识别出了不同分化期的组织切片。随后，翟玮[5]利用NIR和支持向量机对子宫内膜癌早期诊断也进行了相关的研究。NIR结合化学计量学方法作为无创性检验技术，在医学界是近年来的热点学科，未来

① 耿姝．适宜中药材体系的近红外分析方法影响因素研究 [D]. 杭州：浙江大学，2016：32.

② 徐可欣，崔厚欣，余修海，等．无创血糖监测的基础研究 [J]. 天津大学学报，2003，36（2）：133-138.

③ 赖昭胜，曾锐，王泽亚，等．尿液中葡萄糖浓度的近红外光谱检测研究 [J]. 赣南师范学院学报，2013（6）：29-31.

④ 徐可，相玉红，代荫梅．近红外光谱技术结合主成分分析法用于子宫内膜癌的诊断 [J]. 高等学校化学学报，2009（8）：1543-1547.

⑤ 翟玮，相玉红，代荫梅，等．基于近红外光谱和支持向量机的子宫内膜癌早期诊断研究 [J]. 光谱学与光谱分析，2011（4）：932-936.

将会大量地应用于医学诊断、检查、治疗、保健等方面。

（四）石油化工中的应用

石油化工产品的主要成分是烃类化合物，而近红外光谱承载的正是含氢基团的特征信息，将NIR结合化学计量学方法应用于油品复杂组分的物性快速分析检测和在线分析是必然趋势。从原油的开采、输送到原油调和、炼油加工过程（如蒸馏、催化裂化等）检测到成品油（汽油、柴油和润滑油等）调和品质分析和成品油管道输送等整个环节，可为实时控制和优化系统提供原料、中间产物和最终产品的物化性质。国外学者整合了1986—2015年发表的402篇文献的统计结果也说明了此技术在石油化工中备受青睐。另外，也有学者对此方法应用在汽油/汽油掺假的定性鉴别进行了分析，如分析海上溢油的种类等方面。国内，中国石化石油化工科学研究院（RIPP）一直致力于此技术在石油化工行业的开发应用研究，近十年，先后建立了国内汽油、柴油调和组分、成品汽油和成品柴油的近红外光谱数据库①、光谱自动检索算法、全自动的汽油物性专用分析软件、原油NIR数据库管理软件，还有正处于工业化应用实验阶段的配方原油技术。

三、存在问题和研究展望

由大量的研究资料可以看出，NIR结合化学计量学方法测量方式多样，能满足多种形式样品的监测需求，在食品品种鉴定及质量安全监测、农产品、药物分析及监管和临床诊断、石油化工等领域的应用是研究热点。但也存在一些共同的问题。

（1）部分研究建立的模型样品量偏少，且有些参与建模的样品易受各方面如液体样品中水含量、储存时间和温度、非均质等的影响，使模型数据库不够丰富、完善、稳定。

（2）不同的近红外分析仪器测得的光谱数据存在差异或同一台光谱仪随时间、测量环境等因素对光谱产生一定的影响，所建定性模型预测能力降低或者无法在另一台光谱仪直接应用。仍需要在参与建模的样品数量、品种、规范化操作（如模型建立和光谱采集）和网络化建模实现模型转移等方面做深入的分析和探索。

希望研究者进一步探索更多适应于现代新仪器分析方法和新检测技术所产生的大量且新的结构类型数据的化学计量学新理论，开发新的化学计量学算法，简化分析模型，提高模型的适用性，增强模型的稳定性能、准确度和精度。或是将此技术与网络结合，在线随时随地更新与升级红外分析模型，从而进一步推进在化学分析中各种实际应用的发展。由于国家相关政策助推了快检技术的发展和市场趋势引导快检技术的应用，再加上独特的检验特征，NIR结合化学计量学方法将向着更深层次、更广泛的领域推进，为解决化学分析

① 褚小立，许育鹏，陆婉珍．支持向量回归建立成品汽油通过近红外校正模型的研究[J]．分析测试学报，2008，27（6）：619-622.

中诸多问题和难点提供数据解析工具和分析方法。相信在未来的几年，随着方法论的提升和创新性的研究，红外分析技术结合化学计量学方法也不断在新兴领域得到认可和应用，一定能够推进我国信息化和工业化深度融合的发展。

第三章 计量标准研究

第一节 计量基准与计量标准

一、计量基准

计量基准是计量基准器具的简称，是在特定计量领域内复现和保存计量单位（或其倍数单位）并具有最高计量特性的计量器具，是统一全国量值的最高依据。就每项测量参数而言，全国只能有一个计量基准，其地位由国家以法律形式予以确定。

建立计量基准器具的原则是根据国民经济发展和科学技术进步的需要，由国家质检总局负责统一规划，组织建立。它属于基础性、通用性的计量基准，建立在国家质检总局设置或授权的计量技术机构；专业性强，仅为个别行业所需要，或工作条件要求特殊的计量基准，可以建立在有关部门或单位所属的计量技术机构。

（一）计量基准的分类

1.国际计量基准

国际计量基准也称国际测量标准，是由国际协议签约方承认、旨在全世界使用的测量标准。国际计量基准是具有当代科学技术所能达到的最高计量特性的计量基准，成为给定量的所有其他计量器具在国际上定值的最高依据。

根据国际协议，由国际米制公约组织下设的国际计量委员会和国际计量局两个机构负责研究、建立、组织和监督国际计量基准（标准）。各国根据国际计量大会和国际计量委员会的决议，按照单位量值一致的原则，在本国内调整并保存各量值的国际基准，它们必须经国际协议承认，并在国际范围内具有最高计量学特性，它是世界各国计量单位量值定值的最初依据，也是溯源的最终点。

2.国家计量基准和副基准

国家计量基准是经国家决定承认的最高测量标准，在一个国家内作为对有关量的其他测量标准定值的依据。国家计量基准标志着一个国家科学计量的最高水平，能以国内最高的准确度复现和保存给定的计量单位。在给定的计量领域中，所有计量器具进行的一切测量均可溯源到国家基准上，从而保证这些测量结果准确可靠和具有实际的可比性。我国的国家基准是经国务院计量行政部门批准，作为统一全国量值最高依据的计量器具。

副基准是由国家基准直接校准或比对来定值的计量标准，它作为复现测量单位的地位仅次于国家基准。一旦国家基准被损坏时，副基准可用来代替国家基准。根据实际工作情况，可设副基准，也可以不设副基准。国家基准和副基准绝大多数设置在国家计量研究机构中。

3.工作计量基准

工作基准是指经与国家计量基准或副基准比对，并经国家鉴定，实际用以检定计量标准的计量器具。设置工作基准的目的，是不使国家基准和副基准由于频繁使用而降低其计量特性或遭受损坏。工作基准一般设置在国家计量研究机构中，也可根据实际情况设置在工业发达的省级或部门的计量技术机构中。

（二）计量基准的特点

计量基准具有如下特点：

（1）科学性：计量基准都是运用最新科学技术研制出来的，所以具有当代本国的最高准确度。

（2）唯一性：对每一个测量参数来说，全国只能有一个。

（3）国家性：因为计量基准是统一全国量值的最高依据，故计量基准的准确度必须经过国家鉴定合格并确定其准确度。

（4）稳定性：计量基准都具有良好的复现性，性能稳定，计量特性长期不变。

二、计量标准

计量标准器具简称计量标准，是指准确度低于计量基准、用于检定其他计量标准或工作计量器具的计量器具。所有计量标准器具都可检定或校准工作计量器具。

（一）计量标准的分级和分类

1.计量标准的分级

按照我国计量法律法规的规定，计量标准可以分为最高等级计量标准和其他等级计量标准。最高等级计量标准又分为三类：最高社会公用计量标准、部门最高计量标准和企事业单位最高计量标准。其他等级计量标准也分为三类：其他等级社会公用计量标准、部门次级计量标准和企事业单位其他等级计量标准。

在给定地区或在给定组织内，其他等级计量标准的准确度等级要比同类的最高计量标准低，其他等级计量标准的量值一般可以溯源到相应的最高计量标准。例如，一个计量技术机构建立了二等量块标准装置为最高计量标准，该单位建立的相同测量范围的三等量块标准装置、四等量块标准装置就称为其他等级计量标准。

对于一个计量技术机构而言，如果一项计量标准的计量标准器需要外送到其他计量技术机构溯源，而不能由本机构溯源，一般将该项计量标准视为最高计量标准。

我国对最高计量标准和其他等级计量标准的管理方式不同。最高社会公用计量标准应当由上一级计量行政部门考核，其他等级社会公用计量标准则由本级计量行政部门考核，部门最高计量标准和企事业单位最高计量标准应当由有关计量行政部门考核，而部门和企事业单位的其他等级计量标准则由计量行政部门考核。

2.计量标准的分类

计量标准可按照不同的指标进行分类。

（1）按精度等级分：①在某特定领域内具有最高计量学特性的基准；②通过与基准比较来定值的副基准；③具有不同精度的各等级标准。高等级的计量标准器具可检定或校准低等级的计量标准。

（2）按组成结构分：①单个标准器；②由一组相同的标准器组成的、通过联合使用而起标准器作用的集合标准器；③由一组具有不同特定值的标准器组成的、通过单个或组合提供给定范围内的一系列量值的标准器组。

（3）按适用范围分：①经国际协议承认、在国际上用以对有关量的其他标准器定值的国际标准器；②经国家官方决定承认，在国内用以对有关量的其他标准器定值的国家标准器；③具有在给定地点所能得到的最高计量学特性的参考标准器。

（4）按工作性质分：①日常用以校准或检定测量器具的工作标准器；②用作中介物以比较计量标准或测量器具的传递标准器；③具有特殊结构、可供运输的搬运式标准器。

（5）按工作原理分：①由物质成分、尺寸等来确定其量值的实物标准；②由物理规律确定其量值的自然标准。

需要说明的是，上述几种分类方式不是排他性的。例如，一个计量标准可以同时是国家标准器和自然标准。

（二）计量标准的计量特性

1.计量标准的测量范围

测量范围用计量标准所复现的量值或测量范围来表示。对于可以测量多种参数的计量标准，应分别给出每种参数的测量范围。计量标准的测量范围应满足开展检定或校准的需要。

2.计量标准的不确定度、准确度等级或最大允许误差

应当根据计量标准的具体情况，按标准所属专业规定或约定俗成用不确定度、准确度等级或最大允许误差进行表述。对于可以测量多种参数的计量标准，应当分别给出每种参数的不确定度、准确度等级或最大允许误差。计量标准的不确定度、准确度等级或最大允许误差应当满足开展检定或校准的需要。

3.计量标准的重复性

计量标准的重复性通常用测量结果的分散性来定量表示。计量标准的重复性通常是检定或校准结果的一个不确定度来源。新建计量标准应当进行重复性试验，并提供试验的数据；已建计量标准至少每年进行一次重复性试验，测得的重复性应满足检定规程或技术规范对测量不确定度的要求。

4.计量标准的稳定性

新建计量标准一般应经过半年以上的稳定性考核，证明其所复现的量值稳定可靠后，才能申请计量标准考核；已建计量标准应当保存历年的稳定性考核记录，以证明其计量特性的持续稳定。若计量标准在使用过程中采用标称值或示值，则计量标准的稳定性应当小于计量标准最大允许误差的绝对值；若计量标准需要加修正值使用，则计量标准的稳定性应当小于修正值的扩展不确定度。

5.计量标准的其他计量特性

计量标准的其他计量特性，如灵敏度、鉴别力、分辨率、漂移、滞后、响应特性、动态特性等也应当满足相应计量检定规程或技术规范的要求。

三、标准物质

标准物质是具有足够均匀和稳定的特定特性的物质，其特性被证实适用于测量中或标称特性检查中的预期用途。有证标准物质则是附有由权威机构发布的文件，提供使用有效程序获得的具有不确定度和溯源性的一个或多个特性量值的标准物质。

标准物质用以校准测量装置、评价测量方法或给材料赋值，可以是纯的或混合的气体、液体或固体。标准物质在国际上又称为参考物质。

标准物质已成为量值传递的一种重要手段，是统一全国量值的法定依据。它可以作为计量标准来检定、校准或校对仪器设备，作为比对标准来考核仪器设备、测量方法和操作是否正确，测定物质或材料的组成和性质，考核各实验室之间测量结果的准确度和一致性，鉴定所试制的仪器设备或评价新的测量方法，以及用于仲裁检定等。

（一）标准物质的分级和分类

1.标准物质的分级

标准物质特性量值的准确度是划分其级别的主要依据。此外，均匀性、稳定性和用途等对不同级别的标准物质也有不同的要求。从量值传递和经济观点出发，常把标准物质分为两个级别，即一级（国家级）标准物质和二级（部门级）标准物质。

一级标准物质采用定义法或其他准确、可靠的方法对其特性量值进行计量，其不确定度达到国内最高水平，主要用来标定比它低一级的标准物质、检定高准确度的计量仪器、评定和研究标准方法或在高准确度要求的关键场合下应用。

二级标准物质采用准确、可靠的方法或直接与一级标准物质相比较的方法对其特性量值进行计量，其不确定度能够满足日常计量工作的需要，主要作为工作标准使用，作为现场方法的研究和评价。

2.标准物质的分类

标准物质的种类繁多，按照技术特性，可将标准物质分为以下三类。

（1）化学成分标准物质。这类标准物质具有确定的化学成分，并用科学的技术手段对其化学成分进行准确的计量，用于成分分析仪器的校准和分析方法的评价，如金属、地质、环境等化学成分标准物质。

（2）物理化学特性标准物质。这类标准物质具有某种良好的物理化学特性，并经过准确计量，用于物理化学特性计量器具的刻度、校准和计量方法的评价，如pH、燃烧热、聚合物分子量标准物质等。

（3）工程技术特性标准物质。这类标准物质具有某种良好的技术特性，并经准确计量，用于工程技术参数和特性计量器具的校准、计量方法的评价及材料或产品技术参数的比较计量，如粒度标准物质、标准橡胶、标准光敏褪色纸等。

（二）标准物质的特点

1.稳定性

稳定性是指标准物质在规定的时间和环境条件下，其特性量值保持在规定范围内的能力。影响稳定性的因素有：光、温度、湿度等物理（环境）因素，溶解、分解、化合等化学因素和细菌作用等生物因素。稳定性表现在：固体物质不风化、不分解、不氧化；液体物质不产生沉淀、不发霉；气体和液体物质对容器内壁不腐蚀、不吸附；等等。

2.均匀性

均匀性是指物质的一种或几种特性在物质各部分之间具有相同的量值。大多数情况下，标准物质证书中所给出的标准值是对一批标准物质的定值资料，而使用者在使用标准物质时，每次只是取用其中一小部分，所取用的那一小部分标准物质所具有的特性量值应与证书所给的标准值一致，所以要求标准物质必须是非常均匀的物质或材料。

3.准确性

准确性是指标准物质具有准确计量的或严格定义的标准值（亦称保证值或鉴定值）。当用计量方法确定标准值时，标准值是被鉴定特性量真值的最佳估计，标准值与真值的偏离不超过测量不确定度。在某些情况下，标准值不能用计量方法求得，而用商定一致的规定来指定。这种指定的标准值是一个约定真值。通常在标准物质证书中都同时给出标准值及其测量不确定度。当标准值是约定真值时，还给出使用该标准物质作为“校准物”时的计量方法规范。

（三）标准物质的申请与审批

1.申请

凡研制、生产的标准物质能具备标准物质的定级条件，并能批量生产，满足使用需要的单位，均可向国务院计量行政部门委托的全国标准物质管理委员会提出申请。填报申请书，并提交三份标准物质样品和下列有关材料。

（1）制备设施、技术人员状况和分析仪器设备及实验室条件和实验室的溯源能力等质量保证体现情况。

（2）研制计划任务书。

（3）研制报告，包括制备方法、制备工艺、稳定性考察、均匀性检验、定值的测量方法、测量结果及数据处理。

（4）国内外同种标准物质主要特性的对照比较情况。

（5）试用情况报告。

（6）保障统一量值需要的供应能力和措施。

2.认定

标准物质认定是通过溯源至准确复现表示特性量值单位的过程，以确定某材料或物质的一种或多种特性量值，并发放证书的程序。

接受申请的政府计量行政部门或有关主管部门，应指定或授权有关技术机构对申报的标准物质样品及有关材料进行初审，同时对样品进行核验和组织专家审议。

3.审批

一级标准物质由国务院计量行政部门审批；二级标准物质由国务院有关部门或省级人民政府计量行政部门审批，并向国务院计量行政部门备案。

经正式批准的标准物质应颁发标准物质定级证书和《制造计量器具许可证》，统一编号，列入标准物质目录并向全国公布。

标准物质定级证书是介绍标准物质的技术文件，是研制或生产标准物质单位向用户提出的保证书。主要内容是标准物质的标准值及其精确度，以及叙述标准物质的制备程序、均匀性、稳定性、特殊量值及其测量方法、标准物质的正确使用方法和储存方法等，使用户对其有一个大概的了解。

凡经审定批准的一级标准物质均应填写标准物质证书，随同标准物质的发售提供给用户，证书内容包括封面、内容与说明和参考文献三部分。

（四）标准物质的生产、销售和使用

1.标准物质的生产

标准物质的数据一般采用比对法等多种方法鉴定，往往需要几家或十几家实验室共同比对才能获得。而且在比对和量值传递过程中要逐步消耗掉，有的只能用一次。因此，标准物质要定期制备、经常补充，生产标准物质的企业、事业单位应按《标准物质管理办法》有关规定，先经考核，取得《制造计量器具许可证》；否则，是非法生产。

在生产过程中，生产单位必须对所生产的标准物质进行严格检验，保证其计量性能合格。对合格的标准物质应出具合格证和使用国家统一规定的标准物质证书标志。

2.标准物质的销售

标准物质由生产标准物质的单位或由省级以上政府计量部门及国务院各有关部门指定的单位销售，其他任何单位不得销售。

超过规定的有效期或经检验不合格的标准物质，一律不准销售。没有标准物质产品检验证书和合格证的不准销售。

3.标准物质的使用

标准物质被广泛使用在工业生产、商业贸易、环境保护、医疗卫生和科学研究部门，其中工业生产企业是最大的使用单位，用以控制生产过程和产品质量检验。此外，标准物质是商贸仲裁的依据、环境监测数据的溯源基准、临床化验的标准、科学研究的助手，必将在今后的国民经济建设乃至社会生活中发挥更广泛和更大的作用。

标准物质在使用过程中应注意下列事项：

（1）选择“目录”中发布的标准物质特性量值。

（2）在使用标准物质前应仔细、全面地阅读标准物质证书，只有认真地阅读所给出的信息，才能保证正确使用标准物质。

（3）选用的标准物质基体应与测量程序所处理材料的基体一样，或者尽可能接近，同时，注意标准物质的形态，是固体、液体还是气体，是测试片还是粉末，是方的还是圆的。

（4）按标准物质证书中所给的“标准物质的用途”信息，正确使用标准物质。

（5）选用的标准物质稳定性应满足整个实验计划的需要，凡已超过稳定性的标准物质切不可随便使用。

（6）使用者应特别注意证书中所给该标准物品的最小取样量。最小取样量是标准物质均匀性的重要条件，不重视或忽略了最小取样量，也就谈不上测量结果的准确性和可信度。

（7）使用者切不可在质量控制计划中把标准物质当作未检验“样品”来使用。

（8）使用者不可以用自己配制的工作标准代替标准物质。

（9）所选用的标准物质数量应满足整个实验计划使用要求，必要时应保留一些储备，供实验室计划实施后必要地使用。

（10）选用标准物质除考虑其不确定度水平，还要考虑到标准物质的供应状况、价格以及化学的和物理的使用性。

第二节 计量标准的建立

一、计量标准的使用条件

使用计量标准必须具备下列条件：

（1）计量标准经计量检定合格；

（2）具有正常工作所需要的环境条件；

（3）具有称职的保存、维护、使用人员；

（4）具有完善的管理制度。

二、建立计量标准的准备工作

（一）建立计量标准的策划

建立计量标准要从实际需求出发，科学决策、讲求效益，减少建立计量标准的盲目性。

1.策划时应当考虑的要素

（1）进行需求分析，对国民经济和科技发展的重要和迫切程度，尤其分析被测量对象的测量范围、测量准确度和需要检定或校准的工作量；

（2）需建立的基础设施与条件，如房屋面积、恒温条件及能源消耗等；

（3）建立计量标准应当购置的计量标准器、配套设备及其技术指标；

（4）是否具有或需要培养使用、维护及操作计量标准的技术人员；

（5）计量标准的考核、使用、维护及量值传递保证条件；

（6）建立计量标准的物质、经济、法律保障等基础条件。

2.策划时应当进行评估

政府计量行政部门组织建立社会公用计量标准前，应当对行政辖区内的计量资源进行调查研究、摸底统计。树立科学的发展观，根据当地国民经济建设发展的需要，统筹规划、合理组织建立社会公用计量标准体系。对社会计量资源进行科学调配，避免重复投资，最大限度地发挥现有的计量资源的作用。强化社会公用计量标准的建设，兼顾部门和企事业单位计量标准的发展，对需要建设的社会公用计量标准统一规划、统一部署，科学立项，认真实施。明确各级各类计量技术机构的发展战略定位与目标，完善量值传递体系，解决项目交叉、重复建设、投入分散、资源浪费的问题。提高法定计量技术机构的技术保障水平，增强对社会开展计量检定和校准的服务能力。

当社会公用计量标准不能覆盖或满足不了部门专业特点的需求时，国务院有关部门和省、自治区、直辖市有关部门可以根据本部门的特殊需要建立部门内部使用的计量标准。

企事业单位建立计量标准不宜追求“全、高、精、尖”，企业建立计量标准是为了获得及时的、低成本的、高效的计量服务，是否建立取决于企业产品质量和工艺流程对计量工作的依赖程度。

3.社会经济效益分析

只有具有良好的社会效益或经济效益的计量标准，才有必要建立。政府计量行政部门建立社会公用计量标准，应当根据本行政区域内统一量值的需要，着重考虑社会效益，同时兼顾经济效益；部门和企事业单位建立计量标准应当根据本部门和本单位的实际情况，重点建立生产、科研等需要的计量标准，主要考虑经济效益。

计量标准的建立、考核、维护、使用、运行和管理等一系列工作离不开经济基础的支撑，是否建立计量标准应以实际需要来确定，同时兼顾及时、方便、实用、经济的原则，需要进行经济效益分析。经济效益等于检定或校准收益减去检定或校准支出费用。

检定或校准的预计收益按照该计量标准一年开展检定或校准工作的台件数乘以每台件的收费来估计。检定或校准支出全部费用包括计量标准器及配套设备、房屋等固定资产折旧费、量值溯源保证费、低值易耗年消耗费、能源消耗费、人员费用、管理费用等。

核定建立计量标准的收支费用，应当把资金利用率、物价变动因素考虑进去。如果是部门和企事业单位建立计量标准有可能获得计量授权对社会开展计量检定或校准，也可以把增加收入部分估计进去，综合衡量，进行计量标准经济效益分析。

（二）建立计量标准的技术准备

申请新建计量标准的单位，应当按《计量标准考核规范》（JF 1033—2016）的要求进行准备，并按照以下七个方面的要求做好准备工作：

（1）科学合理配置计量标准器及配套设备。

（2）计量标准器及主要配套设备进行有效溯源，并取得有效检定或校准证书。

（3）新建计量标准应当经过半年或至少半年的试运行，在此期间考察计量标准的重复性及稳定性。

（4）申请考核单位应当完成《计量标准考核（复查）申请书》和《计量标准技术报告》的填写。

（5）环境条件及设施应当满足开展检定或校准工作的要求，并按要求对环境条件进行有效检测和控制。

（6）每个项目至少配备两名持证的检定或校准人员。

（7）建立计量标准的文件集。

三、计量标准的命名规则

计量标准的命名应当遵循以下原则。

（一）计量标准命名的基本类型

计量标准命名的基本类型为计量标准装置和计量标准器（或标准器组）。

（二）计量标准装置的命名原则

1.以标准装置中的计量标准器或其反映的参量名称作为命名标识

命名方式：计量标准器或参量名称+标准装置。

（1）用于同一计量标准装置可以检定或校准多种计量器具的场合。

（2）用于计量标准中计量标准器与被检或被校计量器具名称一致的场合。

例如，一项几何量计量标准由计量标准器一等量块和配套设备接触式干涉仪组成，开展二等及以下量块的检定或校准，则该计量标准可被命名为“一等量块标准装置”。

2.以被检或被校计量器具或参量名称作为命名标识

命名方式：被检或被校计量器具或参量名称+检定或校准装置。

（1）用于同一被检或被校计量器具的参量较多，需要多种标准器进行配套检定或校准的场合。

（2）用于计量标准中计量标准器的名称与被检或被校计量器具名称不一致的场合。

（3）用于计量标准装置中，计量标准器等级概念不易划分，而将被检或被校计量器具或参量名称作为命名标志，更能确切反映计量标准特征的场合。

例如，由超声功率计、人体组织超声仿真模块及数字万用表等组成检定医用超声源的计量标准，可以命名为“医用超声源检定装置”。又如，被校示波器涉及多个参数，用于校准示波器的一套计量标准可以命名为“示波器校准装置”。

（三）计量标准器（或标准器组）的命名原则

1.以计量标准器（或标准器组）的名称作为命名标志

以计量标准器（或标准器组）的名称作为命名标志时，命名为计量标准器名称+标准器（或标准器组）。这种命名方式适用于：

（1）同一计量标准，可以检定或校准多种计量器具的场合；

（2）计量标准仅由实物量具构成的场合。

例如，由计量标准器1～500mgF2等级毫克组砝码组成的计量标准，可以开展电子天平、机械天平、架盘天平等的检定，则该计量标准可以命名为“F2等级毫克组砝码标准器组”。

2.以被检或被校计量器具的名称作为命名标志

以被检或被校计量器具的名称作为命名标志时，命名为检定或校准+被检或被校计量器具名称+标准器组。这种命名方式适用于：

（1）检定或校准同一计量器具时，需多种标准器进行配套检定或校准的场合；

（2）以被检或被校计量器具的名称为命名标志，更能确切反映计量标准特征的场合。

第三节　计量标准的考核

一、计量标准考核的原则与内容

（一）计量标准考核的原则

1.执行考核规范的原则

计量标准考核工作必须执行《计量标准考核规范》（JJF 1033—2016）。

2.逐项考评的原则

计量标准考核坚持逐项、逐条考评的原则，每一项计量标准必须按照《计量标准考核规范》（JF 1033—2016）规定的六个方面30项内容逐项进行考评。

3.考评员考评的原则

计量标准考核实行考评员考评制度。考评员须经国家质检总局或省级质量技术监督部门考核合格，并取得计量标准考评员证，方能从事考评工作，考评员承担的考评项目应当与其所取得资格的考评项目一致。

（二）计量标准考核的内容

计量标准考核应当考核以下内容：

（1）计量标准器及配套设备齐全，计量标准器必须经法定或者计量授权的计量技术机构检定合格（没有计量检定规程的，应当通过校准、比对等方式，将量值溯源至计量基准或者社会公用计量标准），配套的计量设备经检定合格或者校准。

（2）具备开展量值传递的计量检定规程或者技术规范和完整的技术资料。

（3）具备符合计量检定规程或者技术规范并确保计量标准正常工作所需要的温度、湿度、防尘、防震、防腐蚀、抗干扰等环境条件和工作场地。

（4）具备与所开展量值传递工作相适应的技术人员。

（5）具有完善的运行、维护制度，包括实验室岗位责任制度，计量标准的保存、使用、维护制度，周期检定制度，检定记录及检定证书核验制度，事故报告制度，计量标准技术档案管理制度等。

（6）计量标准的测量重复性和稳定性符合技术要求。

二、计量标准的考核要求

计量标准的考核要求是判断计量标准合格与否的准则。它既是建标单位建立计量标准的要求，也是计量标准的考评内容。计量标准的考核要求包括计量标准器及配套设备、计量标准的主要计量特性，环境条件及设施、人员，文件集以及计量标准测量能力的确认六个方面共30项内容，其中有10项重点考评项目。

（一）计量标准器及配套设备

计量标准器及配套设备是保证实验室正常开展检定或校准工作，并取得准确可靠的测量数据的最重要的装备。

1.计量标准器及配套设备的配置

建标单位应当按照计量检定规程或计量技术规范的要求，科学合理、完整齐全地配置计量标准器及配套设备（包括计算机及软件，下同），并能满足开展检定或校准工作的需要。

2.计量标准器及主要配套设备的计量特性

建标单位配置的计量标准器及主要配套设备，其计量特性应当符合相应计量检定规程或计量技术规范的规定，并能满足开展检定或校准工作的需要。

3.计量标准的溯源性

计量标准的量值应当溯源至计量基准或社会公用计量标准；计量标准器及主要配套设备均应有连续、有效的检定或校准证书。

计量标准应当定期溯源。“定期溯源”的含义是指计量标准器及主要配套设备如果是通过检定溯源，检定周期不得超过计量检定规程规定的周期；如果是通过校准溯源，复校时间间隔应当执行国家计量校准规范规定的建议复校时间间隔；如果国家计量校准规范或者其他技术规范没有明确规定复校时间间隔，当由校准机构给出复校时间间隔，应当按照校准机构给出的复校时间间隔定期校准；当校准机构没有给出复校时间间隔，建标单位应当按照《计量器具检定周期确定原则和方法》（JJF 1139—2005）的要求制定合理的复校时间间隔并定期校准；当不可能采用计量检定或校准方式溯源时，则应当定期参加实验室之间的比对，以确保计量标准量值的可靠性和一致性。

计量标准应当有效溯源。“有效溯源”的含义如下：

（1）有效的溯源机构：计量标准器应当定点定期经法定计量检定机构或县级以上人民政府计量行政部门授权的计量技术机构建立的社会公用计量标准检定合格或校准来保证其溯源性；主要配套设备应当经具有相应测量能力的计量技术机构的检定合格或校准来保证其溯源性。

（2）检定溯源要求：凡是有计量检定规程的计量标准器及主要配套设备，应当以检定方式溯源，不能以校准方式溯源。在以检定方式溯源时，检定项目必须齐全，检定周期不得超过计量检定规程的规定。

（3）校准溯源要求：没有计量检定规程的计量标准器及主要配套设备，应当依据国家计量校准规范进行校准；如无国家计量校准规范，可以依据有效的校准方法进行校准。校准的项目和主要技术指标应当满足其开展检定或校准工作的需要。

（4）采用比对的规定：只有当不能以检定或校准方式溯源时，才可以采用比对方式，确保计量标准量值的一致性。

（5）计量标准中标准物质的溯源要求：要求使用处于有效期内的有证标准物质。

（6）对溯源到国际计量组织或其他国家具备相应能力的计量标准的规定：当计量基准和社会公用计量标准不能满足计量标准器及主要配套设备量值溯源需要时，建标单位应当按照有关规定向国家质检总局提出申请，经国家质检总局同意后方可溯源到国际计量组织或其他国家具备相应能力的计量标准。

（二）计量标准的主要计量特性

（1）计量标准的测量范围：测量范围应当用计量标准能够测量出的一组量值来表示，对于可以测量多种参数的计量标准，应当分别给出每种参数的测量范围。计量标准的测量范围应当满足开展检定或校准工作的需要。

（2）计量标准的不确定度或准确度等级或最大允许误差：应当根据计量标准的具体情况，按本专业规定或约定俗成用不确定度或准确度等级或最大允许误差进行表述。对于可以测量多种参数的计量标准，应当分别给出每种参数的不确定度或准确度等级或最大允许误差。计量标准的不确定度或准确度等级或最大允许误差应当满足开展检定或校准的需要。

（3）计量标准的稳定性：计量标准的稳定性用计量标准的计量特性在规定时间间隔内发生的变化量表示。新建计量标准一般应当经过半年以上的稳定性考核，证明其所复现的量值稳定可靠后，方可申请计量标准考核；已建计量标准一般每年至少进行一次稳定性考核，并通过历年的稳定性考核记录数据比较，以证明其计量特性的持续稳定。若计量标准在使用中采用标称值或示值，则计量标准的稳定性应当小于计量标准的最大允许误差的绝对值；若计量标准需要加修正值使用，则计量标准的稳定性应当小于修正值的扩展不确定度。当计量检定规程或计量技术规范对计量标准的稳定性有规定时，则可以依据其规定判断稳定性是否合格。

（4）计量标准的其他计量特性，如灵敏度、鉴别阈、分辨率、漂移、死区、响应特性等也应当满足相应计量检定规程或计量技术规范的要求。

（三）环境条件及设施

（1）温度、湿度、洁净度、振动、电磁干扰、辐射、照明、供电等环境条件应当满足计量检定规程或计量技术规范的要求。

（2）建标单位应当根据计量检定规程或计量技术规范的要求和实际工作需要，配置必要的设施，并对检定或校准工作场所内互不相容的区域进行有效隔离，防止相互影响。

（3）建标单位应当根据计量检定规程或计量技术规范的要求和实际工作需要，配置监控设备，对温度、湿度等参数进行监测和记录。

（四）人员

人是最宝贵的资源之一，一个实验室水平的高低，计量标准能否持续正常运行，很大程度上取决于计量技术人员的素质与水平。因此，人员对于计量标准是至关重要的。

建标单位应当配备能够履行职责的计量标准负责人，计量标准负责人应当对计量标准的建立、使用、维护、溯源和文件集的更新等负责。

建标单位应当为每项计量标准至少配备两名具有相应能力，并满足有关计量法律法规要求的检定或校准人员。

（五）文件集

1.文件集的管理

计量标准的文件集是关于计量标准的选择、批准、使用和维护等方面文件的集合。为了满足计量标准的选择、使用、保存、考核及管理等需要，应当建立计量标准文件集。文件集是原来计量标准档案的延伸，是国际上对于计量标准文件集合的总称。

每项计量标准应当建立一个文件集，在文件集目录中应当注明各种文件保存的地点和方式。所有文件均应现行有效，并规定合理的保存期限。建标单位应当确保所有文件完整、真实、正确和有效。

文件集应当包含以下18个文件：

（1）计量标准考核证书（如果适用）。

（2）社会公用计量标准证书（如果适用）。

（3）计量标准考核（复查）申请书。

（4）计量标准技术报告。

（5）检定或校准结果的重复性试验记录。

（6）计量标准的稳定性考核记录。

（7）计量标准更换申报表（如果适用）。

（8）计量标准封存（或撤销）申报表（如果适用）。

（9）计量标准履历书。

（10）国家计量检定系统表（如果适用）。

（11）计量检定规程或计量技术规范。

（12）计量标准操作程序。

（13）计量标准器及主要配套设备使用说明书（如果适用）。

（14）计量标准器及主要配套设备的检定或校准证书。

（15）检定或校准人员能力证明。

（16）实验室的相关管理制度。

（17）开展检定或校准工作的原始记录及相应的检定或校准证书副本。

（18）可以证明计量标准具有相应测量能力的其他技术资料（如果适用）。如检定或校准结果的测量不确定度评定报告、计量比对报告、研制或改造计量标准的技术鉴定或验收资料等。

2.5个重要文件的要求

（1）计量检定规程或计量技术规范。

建标单位应当备有开展检定或校准工作所依据的有效计量检定规程或计量技术规范。如果没有国家计量检定规程或国家计量校准规范，可以选用部门、地方计量检定规程。

对于国民经济和社会发展急需的计量标准，如果没有计量检定规程或国家计量校准规范，建标单位可以根据国际、区域、国家、军用或行业标准编制相应的校准方法，经过同行专家审定后，连同所依据的技术规范和实验验证结果，报主持考核的人民政府计量行政部门同意后，方可作为建立计量标准的依据。

（2）计量标准技术报告。

①总体要求。

新建计量标准，撰写《计量标准技术报告》，报告内容应当完整、正确；已建计量标准，如果计量标准器及主要配套设备、环境条件及设施、计量检定规程或计量技术规范等发生变化，引起计量标准主要计量特性发生变化时，应当修订《计量标准技术报告》。

建标单位在《计量标准技术报告》中应当准确描述建立计量标准的目的、计量标准的工作原理及其组成、计量标准的稳定性考核、结论及附加说明等内容。

②计量标准器及主要配套设备。

计量标准器及主要配套设备的名称、型号、测量范围、不确定度/准确度等级/最大允许误差、制造厂及出厂编号、检定周期或复校间隔以及检定或校准机构等栏目信息应当填写完整、正确。

③计量标准的主要技术指标及环境条件。

计量标准的测量范围、不确定度/准确度等级/最大允许误差以及计量标准的稳定性等主要技术指标及温度、湿度等环境条件填写完整、正确。对于可以测量多种参数的计量标准，应当给出对应于每种参数的主要技术指标。

④计量标准的量值溯源和传递框图。

根据相应的国家计量检定系统表、计量检定规程或计量技术规范，正确画出所建计量标准溯源到上一级计量器具和传递到下一级计量器具的量值溯源和传递框图。

⑤检定或校准结果的重复性试验。

新建计量标准应当进行重复性试验，并将得到的重复性用于检定或校准结果的测量不确定度评定；已建计量标准，每年至少进行一次重复性试验，测得的重复性应当满足检定或校准结果的测量不确定度的要求。

⑥检定或校准结果的测量不确定度评定。

检定或校准结果的测量不确定度评定的步骤、方法应当正确，评定结果应当合理。必要时，可以形成独立的《检定或校准结果的测量不确定度评定报告》。

⑦检定或校准结果的验证。

检定或校准结果的验证方法应当正确，验证结果应当符合要求。

（3）检定或校准的原始记录。

检定或校准的原始记录格式规范、信息量齐全，填写、更改、签名及保存等符合相应规定；原始数据真实、完整，数据处理正确。

（4）检定或校准证书。

检定或校准证书的格式、签名、印章及副本保存等符合有关规定的要求；检定或校准证书结果正确，内容符合计量检定规程或计量技术规范的要求。

（5）管理制度。

各项管理制度是保持计量标准技术状态稳定和建立正常工作秩序的保证，遵守各项管理制度是做好计量标准管理和开展好检定或校准工作的前提。建标单位应当建立并执行下列管理制度，以保持计量标准的正常运行：

①实验室岗位管理制度。

②计量标准使用维护管理制度。

③量值溯源管理制度。

④环境条件及设施管理制度。

⑤计量检定规程或计量技术规范管理制度。

⑥原始记录及证书管理制度。

⑦事故报告管理制度。

⑧计量标准文件集管理制度。

（六）计量标准测量能力的确认

通过如下两种方式进行计量标准测量能力的确认。

1.通过对技术资料的审查确认计量标准测量能力

通过建标单位提供的计量标准的稳定性考核、检定或校准结果的重复性试验、检定或校准结果的不确定度评定、检定或校准结果的验证以及计量比对等技术资料，综合判断计量标准测量能力是否满足开展检定或校准工作的需要以及计量标准是否处于正常工作状态。

2.通过现场实验确认计量标准测量能力

通过现场实验的结果、检定或校准人员实际操作和回答问题的情况，判断计量标准测量能力是否满足开展检定或校准工作的需要以及计量标准是否处于正常工作状态。

三、计量标准的考核程序和考评方法

（一）计量标准考核的程序

计量标准考核是国家行政许可项目，其行政许可项目的名称为计量标准器具核准。计量标准器具核准行政许可实行分四级许可，即由国家质检总局和省、市（地）及县级质量技术监督部门对各自职责范围内的计量标准实施行政许可。

计量标准考核应当按照以下流程办理。

1.计量标准考核的申请

（1）申请资料。申请考核单位依据《计量标准考核办法》的有关规定向主持考核的质量技术监督部门提出考核申请，并须提交以下六个方面的资料：

①《计量标准考核（复查）申请书》原件和电子版各一份；

②《计量标准技术报告》原件一份；

③计量标准器及主要配套设备有效的检定或校准证书复印件一套；

④开展检定或校准项目的原始记录及相应的模拟检定或校准证书复印件两套；

⑤检定或校准人员资格证明复印件一套；

⑥可以证明计量标准具有相应测量能力的其他技术资料。

需要注意的是，如采用计量检定规程或国家计量校准规范以外的技术规范，应当提供技术规范和相应的文件复印件一套。另外，《计量标准技术报告》相应栏目中应当提供计量标准重复性试验记录和计量标准稳定性考核记录。

（2）复查资料。申请计量标准复查考核应提交以下11个方面的资料：

①《计量标准考核（复查）申请书》原件和电子版各一份；

②计量标准考核证书原件一份；

③计量标准技术报告原件一份；

④《计量标准考核证书》有效期内计量标准器及主要配套设备的连续、有效的检定或校准证书复印件一套；

⑤随机抽取该计量标准近期开展检定或校准工作的原始记录及相应的检定或校准证书复印件两套；

⑥计量标准考核证书有效期内连续的计量标准稳定性考核记录复印件一套；

⑦计量标准考核证书有效期内连续的计量标准重复性试验记录复印件一套；

⑧检定或校准人员资格证明复印件一套；

⑨计量标准更换申报表（如果适用）复印件一份；

⑩计量标准封存（或撤销）申报表（如果适用）复印件一份；

⑪可以证明计量标准具有相应测量能力的其他技术资料。

2.计量标准考核的受理

主持考核的质量技术监督部门收到申请考核单位的申请资料后，应当对申请资料进行初审。通过查阅申请资料是否齐全、完整，是否符合考核的基本要求，确定是否受理。

申请资料齐全并符合要求的，受理申请，发送受理决定书。

申请资料不符合要求的：

（1）可以立即更正的，应当允许申请考核单位更正。更正后符合要求的，受理申请，发送受理决定书。

（2）申请资料不齐全或不符合要求的，应当在5个工作日内一次告知申请考核单位需要补正的全部内容，发送补正告知书。经补充符合要求的予以受理；逾期未告知的，视为受理。

（3）申请不属于受理范围的，发送不予受理决定书，并将有关申请资料退回申请考核单位。

3.计量标准考核的组织与实施

主持考核的质量技术监督部门受理考核申请后，应当及时组织考核，并将组织考核的质量技术监督部门、考评单位以及考评计划告知申请考核单位（必要时，征求申请考核单位的意见后确定）。计量标准考核的组织工作应当在10个工作日内完成。

每项计量标准一般由1～2名考评员执行考评任务。

4.计量标准考核的审批

主持考核的质量技术监督部门对考核资料及考评结果进行审核，批准考核合格的计量标准，确认考核不合格的计量标准。审批工作应当在10个工作日内完成。

主持考核的质量技术监督部门应根据审批结果在10个工作日内向考核合格的申请考核单位下达准予行政许可决定书，并颁发计量标准考核证书；或者向考核不合格的申请考核单位发送不予行政许可决定，说明其不合格的主要原因，并退回有关申请资料。

计量标准考核证书的有效期为4年。

（二）计量标准的考评方法

1.书面审查

考评员通过查阅申请考核单位所提供的申请资料进行书面审查。审查的目的是确认申请资料是否齐全、正确，所建计量标准是否满足法制和技术的要求。如果考评员认为申请考核单位所提供的申请资料存在疑问，应当与申请考核单位进行沟通。

（1）书面审查的内容。

书面审查的内容是《计量标准考评表》中带“△”号的项目，共20项，其中包括重点考评项目中的6项，即同时带有“△”号和“*”号的项目。

（2）书面审查结果的处理。

对新建计量标准书面审查结果有三种处理方式：①基本符合考核要求的，安排现场考评；②存有一些小问题或某些方面不太完善，考评员应当与申请考核单位交流，申请考核单位经过补充、修改、完善，解决了存在问题的，则安排现场考评；③如果发现计量标准存在重大的或难以解决的问题，考评员与申请考核单位交流后，确认计量标准测量能力不符合考核要求，则考评不合格。

对计量标准复查考核书面审查结果有四种处理方式：第一，符合考核要求，则考评合格。第二，基本符合考核要求，存在部分缺陷或不符合项，考评员应当与申请考核单位进行交流，申请考核单位经过补充、修改、完善，符合考核要求的，则考评合格。第三，对计量标准的检定或校准能力有疑问，考评员与申请考核单位交流后仍无法消除疑问，或者已经连续两次采用了书面审查方式进行复查考核的，应当安排现场考评。第四，存在重大或难以解决的问题，考评员与申请考核单位交流后，确认计量标准的检定或校准能力不符合考核要求，则考评不合格。

2.现场考评

现场考评是考评员通过现场观察、资料核查、现场试验和现场提问等方法，对计量标准的测量能力进行确认。现场考评以现场试验和现场提问作为考评重点。现场考评的时间一般为1～2天。

（1）现场考评的内容。

计量标准现场考评的内容为《计量标准考评表》中六个方面共30项。计量标准现场考评时，考评员应当按照《计量标准考评表》的内容逐项进行审查和确认。

（2）现场考评的程序和方法。

①首次会议：考评组组长宣布考评的项目和考评组成员分工，明确考核的依据、现场考评程序和要求，确定考评日程安排和现场试验的内容及操作人员名单；申请考核单位主管人员介绍本单位概况和计量标准（复查）考核准备工作情况。

②现场观察：考评组成员在申请考核单位有关人员的陪同下对考评项目的相关场所进行现场观察。通过观察，了解计量标准器及配套设备、环境条件及设施等方面的情况，为进入考评做好准备。

③申请资料的核查：考评员应当按照《计量标准考评表》的内容对申请资料的真实性进行现场核查，核查时应当对重点考核项目以及书面审查没有涉及的项目予以重点关注。

④现场试验和现场提问：检定或校准人员用被考核的计量标准对考评员指定的测量对象进行检定或校准。根据实际情况可以选择盲样、被考核单位的核查标准、经检定或校准过的计量器具作为测量对象。现场试验时，考评员应对检定或校准操作程序、过程、采用

的检定或校准方法进行考评，并通过对现场试验数据与已知参考数据进行比较，确认计量标准测量能力。现场提问的内容包括有关本专业基本理论方面的问题、计量检定规程或技术规范中有关的问题、操作技能方面的问题以及考核中发现的问题。

⑤末次会议：末次会议由考评组组长或考评员报告考评情况，与申请考核单位有关人员交换意见，对考评中发现的主要问题予以说明，确认不符合项或缺陷项，提出整改要求和期限，宣布现场考评结论。

四、计量标准考核中有关技术问题

（一）检定或校准结果的重复性

重复性是指在一组重复性测量条件下的测量精密度。重复性测量条件是指相同测量程序、相同操作者、相同测量系统、相同操作条件和相同地点，并在短时间内对同一或相类似被测对象重复测量的一组测量条件；测量精密度是指在规定条件下，对同一或类似被测对象重复测量所得示值或测得值间的一致程度。检定或校准结果的重复性是指在重复性测量条件下，用计量标准对常规被检定或被校准对象（以下简称被测对象）重复测量所得示值或测得值间的一致程度。通常用重复性测量条件下所得检定或校准结果的分散性定量地表示。检定或校准结果的重复性通常是检定或校准结果的不确定度来源之一。

对于新建计量标准，检定或校准结果的重复性应当直接作为一个不确定度来源用于检定或校准结果的不确定度评定中。对于已建计量标准，如果测得的重复性不大于新建计量标准时测得的重复性，则重复性符合要求；如果测得的重复性大于新建计量标准时测得的重复性，则应当依据新测得的重复性重新进行检定或校准结果的不确定度的评定，如果评定结果仍满足开展的检定或校准项目的要求，则重复性试验符合要求，并可以将新测得的重复性作为下次重复性试验是否合格的判定依据；如果评定结果不满足开展的检定或校准项目的要求，则重复性试验不符合要求。

（二）计量标准的稳定性

计量标准的稳定性是指计量标准保持其计量特性随时间恒定的能力。因此，计量标准的稳定性与所考虑的时间段长短有关。计量标准的稳定性应当包括计量标准器的稳定性和配套设备的稳定性。如果计量标准可以测量多种参数，应当对每种参数分别进行稳定性考核。

在进行计量标准的稳定性考核时，应当优先采用核查标准进行考核；若被考核的计量标准是建标单位的次级计量标准时，也可以选择高等级的计量标准进行考核。若有关计量检定规程或计量技术规范对计量标准的稳定性考核方法有明确规定时，也可以按其规定进行考核；当上述方法都不适用时，方可采用计量标准器的稳定性考核结果进行考核。

1.稳定性的考核方法

（1）采用核查标准进行考核。

①用于日常验证测量仪器或测量系统性能的装置称为核查标准或核查装置。在进行计量标准的稳定性考核时，应当选择量值稳定的被测对象作为核查标准。

②对于新建计量标准，每隔一段时间（大于1个月），用该计量标准对核查标准进行一组n次的重复测量，取其算术平均值为该组的测得值。

③对于已建计量标准，每年至少一次用被考核的计量标准对核查标准进行一组n次的重复测量，取其算术平均值作为测得值。以相邻2年的测得值之差作为该时间段内计量标准的稳定性。

（2）采用高等级的计量标准进行考核。

①对于新建计量标准，每隔一段时间（大于1个月），用高等级的计量标准对新建计量标准进行一组测量。共测量m组（$m \geqslant 4$），取m组测得值中最大值和最小值之差，作为新建计量标准在该时间段内的稳定性。

②对于已建计量标准，每年至少一次用高等级的计量标准对被考核的计量标准进行测量，以相邻2年的测得值之差作为该时间段内计量标准的稳定性。

（3）采用控制图法进行考核。

①控制图（又称休哈特控制图）是对测量过程是否处于统计控制状态的一种图形记录。它能判断测量过程中是否存在异常因素并提供有关信息，以便于查明产生异常的原因，并采取措施使测量过程重新处于统计控制状态。

②采用控制图法对计量标准的稳定性进行考核时，用被考核的计量标准对一个量值比较稳定的核查标准进行连续的定期观测，并根据定期观测结果计算得到的统计控制量（如平均值、标准偏差、极差）的变化情况，判断计量标准的量值是否处于统计控制状态。

③控制图的方法仅适合于满足下述条件的计量标准。

a.准确度等级较高且重要的计量标准；

b.存在量值稳定的核查标准，要求其同时具有良好的短期稳定性和长期稳定性；

c.比较容易进行多次重复测量。

（4）采用计量检定规程或计量技术规范规定的方法进行考核。

当计量检定规程或计量技术规范对计量标准的稳定性考核方法有明确规定时，可以按其规定进行计量标准的稳定性考核。

（5）采用计量标准器的稳定性考核结果进行考核。

将计量标准器每年溯源的检定或校准数据，制成计量标准器的稳定性考核记录表或曲线图，作为证明计量标准量值稳定的依据。

2.计量标准稳定性的判定方法

若计量标准在使用中采用标称值或示值，则计量标准的稳定性应当小于计量标准的最大允许误差的绝对值；若计量标准需要加修正值使用，则计量标准的稳定性应当小于修正值的扩展不确定度。当计量检定规程或计量技术规范对计量标准的稳定性有规定时，则可以依据其规定判断稳定性是否合格。

（三）在计量标准考核中与不确定度有关的问题

1.测量不确定度的评定方法

测量不确定度的评定方法应当依据《测量不确定度评定与表示》（JJF 1059.1—2012）。对于某些计量标准，如果需要，也可以采用《用蒙特卡洛法评定测量不确定度》（JJF 1059.2—2012）。如果相关国际组织已经制定了该计量标准所涉及领域的测量不确定度评定指南，则测量不确定度评定也可以依据这些指南进行（在这些指南的适用范围内）。

2.检定和校准结果的测量不确定度的评定

（1）在进行检定和校准结果的测量不确定度的评定时，测量对象应当是常规的被测对象，测量条件应当是在满足计量检定规程或计量技术规范前提下至少应当达到的临界条件。在《计量标准技术报告》的“检定或校准结果的不确定度评定”一栏中，既可以给出测量不确定度评定的详细过程，也可以给出测量不确定度评定的简要过程。在给出测量不确定度评定的简要过程时，还应当单独给出描述测量不确定度评定详细过程的《检定或校准结果的不确定度评定报告》。测量不确定度评定的简要过程应当包括对被测量的简要描述，测量模型、不确定度分量的汇总表（包括各分量的尽可能多的信息）、被测量分布的判定和包含因子的确定、合成标准不确定度的计算以及最终给出的扩展不确定度。

（2）如果计量标准可以测量多种被测对象时，应当分别评定不同种类被测对象的测量不确定度。

（3）如果计量标准可以测量多种参数时，应当分别评定每种参数的测量不确定度。

（4）如果测量范围内不同测量点的不确定度不相同时，原则上应当给出每一个测量点的不确定度，也可以用下列两种方式之一来表示。

①如果测量不确定度可以表示为被测量y的函数，则用计算公式表示测量不确定度；

②在整个测量范围内，分段给出其测量不确定度（以每一分段中的最大测量不确定度表示）。

（5）无论采用何种方式来评定检定和校准结果的测量不确定度，均应当具体给出典型值的测量不确定度评定过程。如果对于不同的测量点，其不确定度来源和测量模型相差甚大，则应当分别给出它们的不确定度评定过程。

（四）检定或校准结果的验证

1.验证方法

检定或校准结果的验证一般应通过更高一级的计量标准采用传递比较法进行验证。在无法找到更高一级的计量标准时，也可以通过具有相同准确度等级的建标单位之间的比对来验证检定或校准结果的合理性。

（1）传递比较法。用被考核的计量标准测量一稳定的被测对象，然后将该被测对象用另一更高级的计量标准进行测量。

（2）比对法。如果不可能采用传递比较法时，可采用多个实验室之间的比对。假定各建标单位的计量标准具有相同准确度等级，此时采用各建标单位所得到的测量结果的平均值作为被测量的最佳估计值。

当各建标单位的测量不确定度不同时，原则上应采用加权平均值作为被测量的最佳估计值，其权重与测量不确定度有关。但由于各建标单位在评定测量不确定度时所掌握的尺度不可能完全相同，故仍采用算术平均值作为参考值。

2.验证方法的选用

传递比较法是具有溯源性的，而比对法则并不具有溯源性，因此检定或校准结果的验证原则上应采用传递比较法，只有在不可能采用传递比较法的情况下才允许采用比对法进行检定或校准结果的验证，并且参加比对的建标单位应尽可能多。

（五）计量标准的量值溯源和传递框图

计量标准的量值溯源和传递框图是表示计量标准溯源到上一级计量器具和传递到下一级计量器具的框图，计量标准的量值溯源和传递框图通常依据国家计量检定系统表（计量检定规程或计量技术规范）来画，但它与国家计量检定系统表不同，它只要求画出三级，不要求溯源到计量基准，也不一定传递到工作计量器具。

计量标准的量值溯源和传递框图包括三级三要素。三级是指上一级计量器具、本级计量器具和下一级计量器具。三要素是指每级计量器具都有三要素：上一级计量器具三要素为计量基（标）准名称、不确定度或准确度等级或最大允许误差和计量基（标）准拥有单位（保存机构）；本级计量器具三要素为计量标准名称、测量范围和不确定度或准确度等级或最大允许误差；下一级计量器具三要素为计量器具名称、测量范围、不确定度或准确度等级或最大允许误差。三级之间应当注明溯源和传递方法。

第四节 计量标准的使用

一、计量标准的使用要求

计量标准经考核合格，取得计量标准考核证书后，建标单位应当按照计量标准的性质、任务及开展量值传递的范围，办理计量标准使用手续。

政府质量技术监督部门组织建立的社会公用计量标准，应当办理社会公用计量标准证书后，向社会开展量值传递；部门最高计量标准应当经主管部门批准后，在本部门内部开展非强制检定或校准；企事业单位最高计量标准应当经本单位批准后，在本单位内部开展非强制检定或校准；部门、企事业单位计量标准，需要对社会开展强制检定、非强制检定的，或者需要对部门、企业、事业内部执行强制检定的，应当向有关质量技术监督部门申请计量授权。取得计量授权证书后，依据授权项目、范围开展计量检定工作。

此外，建立计量标准的单位应当授权取得计量检定或校准资格的人员负责计量标准的操作和日常检定或校准工作。

二、计量标准的保存和维护

取得计量标准考核证书的计量标准，要自觉加强考核后的管理，对计量标准的更换、复查、改造、封存与撤销等，应当按照《计量标准考核规范》（JJF 1033—2016）的要求实施管理。具体来说，应该注意以下几点：

（1）建立计量标准的单位应当指定专门的人员，负责计量标准的保管、修理和维护工作。

（2）为监督计量标准是否处于正常状态，每年至少应当进行一次计量标准测量重复性试验和稳定性考核。当重复性和稳定性不符合要求时，应停止工作，查找原因，予以排除。

（3）应制订计量标准器及配套设备量值溯源计划，并组织实施，保证计量标准溯源的有效性、连续性。

（4）使用标签或其他标志表明计量标准器及配套设备的检定或校准状态，以及检定或校准的日期和失效的日期。当计量标准器及配套设备检定或校准后产生了一组修正因子时，应确保其所有备份得到及时、正确的更新。当计量标准器及配套设备离开实验室而失去直接或持续控制时，计量标准器及配套设备在使用前应对其功能、检定或校准状态进行核查，满足要求后方可投入使用。

（5）计量标准器及配套设备如果出现过载、处置不当、给出可疑结果、已显示缺陷及超出规定要求等情况时，均应停止使用。恢复功能正常后，必须经重新检定合格或校准后再投入使用。

（6）积极参加由主持考核的质量技术监督部门组织或其认可的实验室之间的比对等测量能力的验证活动。

（7）计量标准的文件集应当实施动态管理，及时更新。

三、计量标准器或主要配套设备的更换

（一）相关手续

在计量标准的有效期内，若需要对计量标准器或主要配套设备进行更换，应当按下述规定履行相关手续：

（1）更换计量标准器或主要配套设备后，如果计量标准的不确定度或者准确度等级或最大允许误差发生了变化，应按新建计量标准申请考核。

（2）更换计量标准器或主要配套设备后，如果计量标准的测量范围或开展检定或校准的项目发生变化，应当申请计量标准复查考核。

（3）更换计量标准器或主要配套设备后，如果计量标准的测量范围、准确度等级或最大允许误差以及开展检定或校准的项目均无变更，则应当填写《计量标准更换申报表》一式两份，提供更换后计量标准器或主要配套设备的有效检定或校准证书复印件一份。必要时，还应提供计量标准重复性试验记录和计量标准稳定性考核记录复印件一份，报主持考核的质量技术监督部门审核批准。申请考核单位和主持考核的质量技术监督部门各保存一份《计量标准更换申报表》。

（4）如果更换的计量标准器或主要配套设备为易耗品（如标准物质等），并且更换后不改变原计量标准的测量范围、准确度等级或最大允许误差，开展的检定或校准项目也无变更的，应当在计量标准履历书中予以记载。

（二）更换条件

在计量标准的有效期内，除了计量标准器或主要配套设备，还存在其他情况的更换。

（1）如果开展检定或校准所依据的计量检定规程或技术规程发生更换，应当在计量标准履历书中予以记载；如果这种更换导致技术要求和方法发生实质性的变化，则应当申请计量标准复查考核，申请复查考核时应当同时提供计量检定规程或技术规范变化的对

照表。

（2）如果计量标准的环境条件及设施发生重大变化，例如，固定的计量标准保存地点发生变化、实验室搬迁等，应当向主持考核的质量技术监督部门报告，主持考核的质量技术监督部门根据情况决定采用书面审查或现场考评的方式进行考核。

（3）更换检定或校准人员，应当在计量标准履历书中予以记载。

（4）如果申请考核单位名称发生更换，应当向主持考核的质量技术监督部门报告，并申请换发计量标准考核证书。

四、计量标准的封存、撤销、恢复使用

在计量标准有效期内，需要暂时封存或撤销的，申请考核单位应填写《计量标准封存（或撤销）申报表》一式两份，报主管部门审批。主管部门同意封存或撤销的，主管部门应在《计量标准封存（或撤销）申报表》的主管部门意见栏中签署意见，加盖公章后连同计量标准考核证书原件一并报主持考核的质量技术监督部门办理手续。封存的计量标准由主持考核的质量技术监督部门在计量标准考核证书上加盖“同意封存”印章。同意撤销的计量标准由主持考核的质量技术监督部门收回计量标准考核证书。

封存的计量标准需要重新开展检定或校准工作时，如在计量标准考核证书的有效期内，申请考核单位应当向主持考核的质量技术监督部门申请计量标准复查考核；如计量标准考核证书超过了有效期，申请考核单位应当按新建计量标准向主持考核的质量技术监督部门申请考核。

五、计量标准的技术监督

计量标准的技术监督主要有如下两种方式：

（1）主持考核的质量技术监督部门组织考评组对有效期内的计量标准进行不定期的监督抽查，以达到实现动态监督的目的。监督抽查的方式、频次、抽查项目、抽查内容等由主持考核的质量技术监督部门确定。抽查合格的，维持其有效期；抽查不合格的，要限期整改，整改后仍达不到要求的，主持考核的质量技术监督部门注销其计量标准考核证书并予以通报。

（2）主持考核的质量技术监督部门采用技术手段进行监督。技术手段包括量值比对、盲样试验及测量过程控制等。要求凡是建立了相应项目计量标准的单位，都应当参加由主持考核的质量技术监督部门组织的技术监督活动。技术监督结果不合格的，应当限期整改，并将整改情况报主持考核的质量技术监督部门。对于无正当理由不参加技术监督活动的或整改后仍不合格的，由主持考核的质量技术监督部门注销其计量标准考核证书并予以通报。

第四章　计量质量管理

第一节　计量管理的基本原理与方法

一、计量管理的基本原理

计量管理的基本原理，是对计量活动过程中一些客观规律认识的总结，它既是计量工作中客观存在的规律，又是指导我们进行有效的计量管理的理论依据。

以下提出的一些原理，是作者从事多年计量管理的经验总结，已取得成效并获得大家认可，也被国内外计量管理活动实践所证明。

（一）计量系统效应最佳原理

计量管理的根本任务就是组织和建立一个国家、一个地区、一个部门或一个企业的计量工作网络，通过这个网络，把计量单位量值迅速、准确地传递到生产和生活实践中，又把社会生产和生活中的测量值通过校准，溯源到国家以及国际计量基准上，从而保证经济建设、国防建设、科学研究和社会生活的正常进行。

这一个个计量工作网络就是一个个计量管理系统工程，它有着同其他系统工程一样的特征。

1.集合性

计量管理系统都存在两个以上可以相互区别的单元。例如，计量管理人员与计量管理信息、长度计量管理和力学计量管理等。都是由两个以上单元有机结合起来的综合体。

2.相关性

计量管理系统内各单元之间是相互联系又相互作用的，它们中任何一个单元发生问题，都可能损害整体。例如，企业计量管理系统内一个单位发生问题，会使该企业的产品质量不合格。

3.目的性

计量管理系统的目的性是很明确的，如一个国家、一个地区的量值要准确统一，而一个企业的计量保证体系就是要保证产品质量等。

4.环境适应性

任何一个计量管理系统存在于一定的政治、经济和科学技术环境之中，它必然要受到政治、经济和科学技术环境的制约和促进。

5.整体性

计量管理系统的整体性比任何其他系统更明显，它不仅在一个企业、一个专业、一个国家里是一个整体，而且超越国界，使整个世界计量体系形成一个整体。

计量管理的根本目的就是追求计量管理系统的效应最佳。为此，可提出计量管理的第一个原理：计量管理的最佳效应不是直接地从每件计量器具上体现出来，而是从整个计量系统内所有计量器具量值准确一致程度，所有计量信息数据准确可信程度上体现出来的。

遵循这个原理，每个地区、每个行业以及每个企、事业单位都应该建立法制计量管理系统，并保证其依法有序运行，以实现全国法制计量的统一；而计量技术管理，更是要求每个地区、行业、单位建立科学完善的测量系统，确保企业量值能追溯到国家计量基准，乃至国际计量基准。

（二）计量管理两重性原理

马克思主义认为，管理有两重性。就是说：管理一方面是由于许多个人进行协作劳动而产生的，是有效地组织共同劳动所必需的，因此它具有同生产力、社会化生产相联系的自然属性；另一方面，管理必然体现生产资料占有者指挥劳动、监督劳动的意志，因此它又具有同生产关系、社会制度相联系的社会属性。

两重性原理同样适用计量管理，这就提出了第二个计量管理原理：在计量管理过程中，既要重视计量管理的技术属性，又要重视计量管理的管理属性；既要严格实施法制计量管理，又要主动做好计量测试服务。

一般来说，计量监督就是以计量技术为手段、以计量法规为依据的法定监督，它充分体现了管理的两重性。

具体地说，首先，计量管理要把技术和管理有机结合起来，计量管理人员必须熟悉计量技术。要搞好我国的计量管理工作，就要有一大批既懂计量技术又懂管理科学的内行者。

其次，要把计量监督和计量服务密切结合起来。法制计量管理具有严肃性和权威性，一般都由国家的法令、法律来统一计量制度，强化法制计量管理。我们应该加快计量管理法规的建设，健全完善的计量法规体系，同时要积极主动地开展各项计量测试服务工作，为工农业生产服务，为科研服务，只有二者密切结合，才能有效地做好计量管理工作。

最后，计量管理系统中应该有一个正确合理的量值传递体系。各级政府计量管理部门应该首先抓好本辖区内强检计量器具的计量量值的传递体系工作，以统一量值。但是，又要让各单位在保证量值准确的前提下，打破行政区域就近校准溯源，还要允许其根据计量器具使用实际情况，确定检定/校准周期，这样“统而不死”“活而不乱”，正是计量管理两重性原理的具体体现。

总之，计量管理中的两重性原理是普遍存在的，我们应经常自觉运用两重性原理，以利于制定和实施正确的计量管理方针政策和工作方法。

计量管理的这种两重性原理，从图论上分析属于典型的二交叉树系统结构。

遵循这个原理，各级计量行政部门既要严格执行计量法律法规，做好法制计量管理，又要热心为企、事业单位做好计量管理服务，指导它们实现计量的科学管理。

（三）量值传递与溯源原理

量值要准确、可靠，既可要求量值从国家基准器逐级传递到工作计量器具，又可要求量值从工作计量器具溯源到该量值的标准器和国家基准。如能实现量值的传递和溯源，那就说明计量管理是有效的，这就导出了计量管理中第三个重要的原理——量值传递与溯源原理：

测量系统中只有其每个量值信息数据是能溯源到计量单位量值的国际或国家基准或者是由某计量单位的国际基准或国家基准传递时，才是准确、可信、有效的。

因此，我们在计量认证、实验室认可、企业计量水平检查考评时，在新产品技术鉴定出具有关技术数据时，都要认真审查有关计量标准器、计量器具是否有合格证书，有效期是否在检定/校准周期内，分析测量系统是否受控，甚至还要用高一级精度的计量标准检定是否确实合格。实际上，这是闭环管理原理在计量管理中的具体应用。

计量管理系统中量值传递系统只有遵循量值传递与溯源原理，形成了一个封闭环路系统时，才是有效的系统。

遵循这个原理，每个单位既要认真按时做好计量标准器的鉴定，又要自觉做好计量器具的校准，以能够溯源到上级计量标准。

（四）社会计量效益最佳原理

计量管理本身是技术经济活动，是国家经济总体活动中一个重要的基础组成部分，要消耗人力、物力和财力，因此必然有一个经济效益问题。

但是，计量的经济效益又有很大部分是间接经济效益，这就是说，它的效益融合在整个国家、部门或企业的效益之中。它往往体现在节约上，而不是表现在增加收入上；它又常常与其他管理措施的效益混合在一起，而无法单独地计算出来。由于计量的经济效益具有这两个特点，就使计量管理活动应注重社会效益最佳。

“计量管理工作中，只有根据工农业生产、国防建设和科学研究的需要，设计和建立科学、经济、合理的计量系统或测量体系，才能发挥最佳的社会效益。”这就是计量管理的社会计量效益最佳原理。

遵照这个原理，在建立量值传递或溯源系统时，要讲究科学性、经济性、合理性，做到用最少的费用，获得最大的经济效益。但更要讲究社会效益。

因此，计量部门要破除一家办计量和一地多级办计量的狭隘观念，要广泛联合各部门、各企事业单位计量机构，组成科学合理的社会计量网络，组织经济合理的量值传递或溯源系统。

而企业不仅要重视能获取经济效益的计量投入，而且也要重视一些不能直接获取经济效益但却能获取最佳社会效益的计量投入，如环境监测、安全卫生等方面的测量设备配置等。

二、计量管理的基本方法

任何一项管理，都有各种各样的管理方法，计量管理也不例外，其管理方法也是很多的，不能也不应该限定一种或几种管理方法。但管理方法是否先进、可行，往往关系到计量管理的成效。因此，我们又必须依据目前的计量管理条件和目的，研究并确定或推荐一些计量管理的基本方法。

（一）行政管理方法

长期以来，我国在计量管理上一贯运用行政管理方法，按行政管理体制设置国家、省（市、区）、市（地、盟）、县（区、旗）政府计量管理职能机构。同时，以通知、通告、指示等各种行政文件形式自上而下进行计量行政管理。

行政管理方法能充分发挥各级政府的领导作用，能集中统一贯彻国家计量方针、政策，有计划地开展计量工作。目前，我国省级以下计量行政管理已改为垂直领导，依据《中华人民共和国行政许可法》等法律实行计量行政管理，使计量行政管理更为有效，但横向协作困难，容易造成包办代替、一家办计量现象，同时管理成效往往受各级计量行政部门领导人的领导水平、工作能力的影响较大。

（二）法治管理方法

我国计量管理逐步转向以法制管理为主的方法。这就是通过制定计量法律法规和规章，建立计量执法机构和队伍，开展计量法治监督，对计量工作实行“法治”，即有法可依、有法必依、违法必究，对各种违反计量法律法规和规章的行为依法施以处罚，追究其法律责任，以保证计量管理的顺利进行，维护国家和广大人民群众的利益。

法制管理方法具有法制性（强制性），权威性高，统一性强，管理效果也好。30多年来的依法计量管理实践充分证明这是一种有效的管理方法。但法制管理必须建立在法治意识较强的基础上，因此必须辅之以持久的普法宣传和教育。

（三）技术管理方法

计量管理是以计量技术为基础的专业性、技术性很强的业务管理。毋庸置疑，应该重视和运用各种技术管理方法，如：

（1）认真开展科技创新，不断研发新技术、新方法，研制高水平的计量基准器。

（2）依据我国计量基准、标准实际水平，制定科学合理的计量检定系统表，合理地组织量值传递和溯源。

（3）根据我国计量器具的技术水平和使用环境，编制计量器具检定/校准规程。

（4）根据计量器具的实际使用状况，科学地确定检定/校准周期。

（5）建立和认真执行各项计量（实验）室技术管理制度或管理标准，确保各项计量工作正常开展。

（6）组织计量人员的业务技术培训和教育及计量科研管理。

（四）经济管理方法

为了充分调动各级计量机构和科技人员的工作积极性，确保完成各项计量工作，促进计量面向全民经济服务和增强计量机构自我发展的能力，近年来，各地各部门都运用了经济杠杆，实行以经济目标责任制为主要内容的经济管理方法，如：

（1）认真研究计量投资的经济效益，合理安排和使用计量经费，提高计量工作投入产出比。

（2）积极开展各项计量校准和测试服务，增加计量业务收入。

（3）严格执行经济责任和经济奖惩制度，奖勤罚懒，拉开收入分配档次等。

实践证明，在计量管理中运用经济管理方法是有成效的，但也容易产生滥收、多收计量检修费，滋长唯经济观点和一些不正之风，必须对计量人员坚持进行职业道德方面的思想教育。

第二节 计量技术机构质量管理体系的建立

一、计量技术机构的基本要求

计量技术机构指的是通过所建立的管理体系开展计量检定、校准和检测工作的实体。政府计量行政部门依法设置或授权建立的法定计量技术机构应依据《法定计量检定机构考核规范》（JJF 1069—2012）进行管理，以确保其依法提供准确可靠的计量检定、校准和检测结果。其他计量技术机构可以按照国家标准《检测和校准实验室能力的通用要求》（GB/T 27025—2019）建立和运行质量管理体系。质量管理体系应该覆盖机构所进行的全部计量工作，合格的计量技术机构应该满足人员、资源、政策、监管等方面的要求。

在人员方面，计量技术机构应配备相应的管理人员和技术人员，并且通过政策、条例等明确规定和界定人员的职责和权力。机构应具有技术负责人，全面负责技术运作和确保机构运作质量所需的资源；需要指定一名质量负责人，专门从事质量相关的监督工作。质量负责人具有在任何时候都能保证与质量相关的管理体系得到实施、遵循的责任和权力，保证质量负责人有直接渠道接触决定政策和资源的机构负责人。此外，还需要指定关键管理人员（如技术负责人和质量负责人）的代理人。

在资源方面，应该为人员提供履行职责所需要的仪器、场地、软硬件等设施，以保证人员履行实施、保持和改进管理体系，识别对管理体系或检定、校准和（或）检测程序的偏离，以及采取预防或减少这些偏离的措施等根本职责。

在政策方面，应该具有规定机构的组织和管理结构的明确条文，保障计量检定、校准和检测工作的有效运行，确保机构人员理解他们活动的相互关系和重要性，以及如何为管理体系质量目标的实现作出贡献。同时，还要有形成文件的政策，以避免参与任何可能降低其能力、公正性、诚实性、独立判断力或影响其职业道德的一切活动。

在监管方面，机构应该具有合理、有效的监督机制和相应的措施，以保证机构负责人和员工的工作质量不受任何内部和外部的不正当的商业、财务和其他方面的压力和影响；有形成文件的政策和程序，以保护顾客的机密信息，包括具有保护电子文档和电子传输结果的程序；有熟悉检定、校准或检测的方法、程序、目的和结果评价的监督人员对从事检定、校准和检测的人员实施有效的监督。

此外，计量技术机构的负责人应确保在机构内部建立适宜的沟通机制，并就与质量管理体系有效性相关的事宜进行沟通。

二、对计量技术机构检定、校准、检测工作公正性的要求

计量技术机构设置的目的是开展计量检定、校准和检测工作，因此得到准确、可靠、科学的结果是对计量机构的基本要求。这种性质决定了计量技术机构必须保证公正性，因为只有这样才能体现出其价值所在。确立机构公正性的地位，需要依靠自身的管理和行为规范来保证，需要确保组织结构的独立性以保证对结果判断的独立性，需要做到不以营利为目的以保证经济利益的无关性，以及需要工作人员具备良好的思想素质和职业道德。

计量技术机构的公正性要求主要体现在以下四个方面。

（1）公正性成为计量技术机构各项行为的基本准则。机构的各种规章制度或规范中都能体现出公正性的要求，能够成为约束工作人员的行为准则，出现不规范行为时有章可循。

（2）在出现妨碍检定、校准和检测工作质量的行为时，计量技术机构具有抵制各种诱惑的能力。机构可以采取多种措施，如公正性声明、工作人员守则、职业道德规范等，保证其管理和技术人员的工作质量不受任何内部和外部的商务、财务或其他压力的影响。

（3）计量技术机构具有不受上级或本机构的行政领导干预测量数据的能力。工作人员不应被要求以完成产值指标作为工作的考核内容，行政命令不应该凌驾于科学实验数据之上。行政领导应发布不干预检定、校准和检测工作，充分保证其公正性的声明，并切实贯彻执行。

（4）计量技术机构采取措施避免机构或机构工作人员参与任何影响公正性或职业道德的活动。措施应包括制定文件化的政策和程序，以避免参与诸如顾客产品的经销、推销、推荐、监制等任何可能削弱其能力、公正性、诚实性、独立判断力或影响其职业道德的活动。

三、质量管理体系文件的建立

质量管理体系文件是计量技术机构将其从事检定、校准和检测工作相关的各种政策、制度、计划、程序和作业指导书制定成文件，传达至有关人员，并被其理解、获取和执行的文件载体。

通常质量管理体系文件包括形成文件的质量方针和总体目标、质量手册、程序文件、作业指导书、表格、质量计划、规范、外来文件、记录等。

（一）质量方针和总体目标

质量方针和总体目标体现了计量技术机构总的质量宗旨和方向，通常在质量手册中阐明，由机构负责人受权发布。至少需要包括：机构管理层对良好职业行为和为顾客提供检定、校准和检测服务质量的承诺；管理层关于机构服务标准的声明；与质量有关的管理体系的目的；要求机构所有与检定、校准和检测活动有关的人员熟悉与之相关的质量文件，并在工作中执行这些政策和程序；机构管理层对遵守《法定计量检定机构考核规范》（JJF 1069—2012）或有关标准及持续改进管理体系有效性的承诺。

（二）质量手册

质量手册是计量技术机构对质量体系做概括表述、阐述及指导质量体系实践的主要文件，是其开展质量管理和质量保证活动应长期遵循的纲领性文件。质量手册通常有三方面作用：①由机构最高领导人批准发布的、有权威的、在机构内部实施各项质量管理活动的基本法规和行动准则；②在对外部实行质量保证时，是证明机构质量体系存在，并具有质量保证能力的文字表征和书面证据，是取得用户和第三方信任的手段；③不仅为协调质量体系有效运行提供有效手段，也为质量体系的评价和审核提供了依据。

（三）程序文件

程序文件与质量手册共同构成对整个管理体系的描述。程序文件的范围覆盖《法定计量检定机构考核规范》（JJF 1069—2012）或有关标准的要求，详略程度取决于机构的规模和活动类型、过程及相互作用的复杂程度以及人员能力。

四、资源的配备和管理

人员、设施和环境条件、测量设备是决定计量技术机构检定、校准和检测结果的正确性和可靠性的资源因素，因此，计量技术机构应根据《法定计量检定机构考核规范》（JJF 1069—2012）的要求建立和改进管理体系所需要的人员、设施、环境、设备等资源。

（一）人员

计量技术机构应根据工作的需要配备足够的管理、监督、检定、校准和检测人员。按照《法定计量检定机构考核规范》（JJF 1069—2012），每个检定、校准项目的检定、校准人员以及检测项目中检测参数或试验项目的实验人员不得少于2人。

与计量检定、校准和检测等服务项目直接相关的人员均需要经过培训，具备相关的技术知识、法律知识和实际操作经验。检定、校准和检测人员必须按有关的规定经考核合格并被授权后持证上岗。

计量技术机构需要根据机构当前和预期的任务确定人员的教育、培训和技能目标，制定人员培训的政策和程序，并评价这些活动的有效性。

计量技术机构还需要明确有关人员的职责，保留所有技术人员（包括签约人员）的有关授权、能力、教育和专业资格、培训、技能和经验的记录，包括授权和能力确认的日期。

计量技术机构还应授权专门人员进行特殊类型的抽样、检定、校准和检测；签发检定证书、校准证书和检测报告；提出意见和解释以及操作特殊类型的设备。

（二）设施和环境条件

计量技术机构用于检定、校准和检测的设施，包括（但不限于）能源、照明和环境条件，应符合所开展项目的技术规范或规程所规定的要求，并应有助于检定、校准和检测工作的正确实施。对影响检定、校准和检测结果的设施和环境条件的技术要求应制定成文件。如果相关的规范、方法和程序有要求，或者对结果的质量有影响时，机构应监测、控制和记录环境条件。

（三）测量设备

计量技术机构必须配备为正确进行检定、校准和检测（包括抽样、物品制备、数据处理与分析）所要求的所有抽样、测量和检测设备。应列出所建立的计量基（标）准名称及设备一览表，并注明设备名称、型号、测量范围（或量程）、测量不确定度（或准确度等级/最大允许误差）、量值传递或溯源关系等。当机构需要使用本机构控制之外的设备（如借用的设备）时，应确保同样满足要求。

第三节　计量技术机构质量管理体系的运行

一、计量标准、测量设备量值溯源的实施

测量的溯源性是由能够出示资格、测量能力和溯源性证明的计量技术机构的检定或校准服务实现的。通过计量技术机构出具的检定/校准证书表明溯源过程，即通过一个不间

断的校准链与国家基准相联系。检定证书和校准证书包含了测量结果及其不确定度或是否符合检定规程或校准规范中规定要求的结论。

计量技术机构用于检定、校准和检测的所有设备，包括对检定、校准、检测和抽样结果的准确性或有效性有显著影响的辅助测量设备（如用于测量环境条件的设备），均具有有效期内的检定或校准证书，以证明其溯源性。设备检定或校准的程序和计划需要计量技术机构专门制定。

（一）测量设备量值溯源的实施

计量技术机构通过编制和执行测量设备的周期检定或校准计划，确保所从事的检定、校准和检测可溯源到国家基准或社会公用计量标准。

（二）计量标准量值溯源的实施

计量技术机构应具有计量标准量值传递和溯源框图、周期检定的程序和计划。除非特殊需要，所持有的计量标准器具应仅用于检定或校准，不能用于其他目的。计量标准需要按照要求定期由有资格的计量技术机构检定，且在做出任何调整之前或之后均应检定或校准。

（三）标准物质量值溯源的实施

标准物质应溯源到国际单位制单位或有证标准物质。在技术和经济条件允许的条件下，尽量对内部标准物质进行核查。

（四）期间核查

期间核查是指对测量仪器在两次校准或检定的间隔期内进行的核查。应根据规定的程序和日程对计量基（标）准、传递标准或工作标准以及标准物质进行核查，以保持其检定或校准状态的可信度。

二、检定、校准、检测的运行

计量技术机构通过对检定、校准、检测方法的选择与确认、对象的处置、抽样的控制、质量控制、原始计量和数据处理等环节制订相应的管理方案并实施来保证检定、校准、检测的运行。

（一）检定、校准、检测方法的选择

计量技术机构开展计量检定时，必须使用现行有效版本的国家计量检定规程，如无国

家计量检定规程，则可使用部门或地方计量检定规程。

计量技术机构开展校准时，机构应选择满足顾客需要的、对所进行的校准适宜的校准方法。应首选国家制定的校准规范，若无国家校准规范，且顾客未指定所用的校准方法时，应尽可能选用现行有效并公开发布的，如国际的、地区的或国家的标准或技术规范，或参考相应的计量检定规程。必要时可以附加细则对标准或技术规范加以补充，以确保应用的一致性。

当机构参考由知名的技术组织或有关科学书籍和期刊最新公布的，或由设备制造商指定的方法，依据《国家计量校准规范编写规则》（JF 1071—2010）制定方法时，应确认其满足机构的预期用途并经过验证和审批后使用。

所选用的方法需要通知顾客。当认为顾客所提出的方法不合适或已过期时，机构应及时通知顾客。

计量技术机构开展计量器具新产品型式评价时，应使用国家统一的型式评价大纲。如无国家统一制定的大纲，机构可根据国家计量技术规范《计量器具型式评价通用规范》（JJF 1015—2014）和《计量器具型式评价大纲编写导则》（JJF 1016—2014）的要求拟定型式评价大纲。大纲应经科学论证，并由机构主管领导批准。

计量技术机构开展商品量检测时，应使用国家统一的商品量检测技术规范。如无国家统一制定的技术规范，应执行由省级以上政府计量行政部门规定的检测方法。

当检定、校准、检测方法属于非标准方法、机构自行制定的方法、超出其预定范围使用的标准方法、扩充和修改过的标准方法时，需要进行确认，以证实该方法适用于预期的用途。确认应尽可能全面，满足预定用途或应用领域的需要，并记录确认所获得的结果、使用的确认程序以及该方法是否适合预期用途的结论。

（二）检定、校准、检测方法的确认

1.方法确认的概念和范围

确认是指通过核查并提供客观证据，以证实某一特定预期用途的特殊要求得到满足。非标准方法、机构自行制定的方法、超出其预定范围使用的标准方法、扩充和修改过的标准方法都需要进行确认。

2.方法确认的目的

方法确认的目的是证实该方法适用于预期的用途。确认应尽可能全面，以满足预定用途或应用领域的需要。

机构应记录确认所获得的结果、使用的确认程序以及该方法是否适合预期用途的结论。

3.方法确认可用的技术

用于方法确认的技术有：

（1）使用参考标准或标准物质进行校准；

（2）与其他方法所得的结果进行比较；

（3）实验室间比对；

（4）对影响结果的因素作系统性评审；

（5）根据对方法的理论原理和实践经验的科学理解，对所得结果的不确定度进行评定。

计量技术机构用于确定某方法性能的技术可以是上述5种技术中的一种或组合。

（三）用于检定、校准、检测物品的处置

计量技术机构需要制定用于检定、校准和检测物品的运输、接收、处置、保护、存储、保留和（或）清理的程序，对被检定、校准和检测物品的标志进行规定。在接收检定、校准和检测物品时，记录异常情况或对检定、校准或检测方法中所规定条件的偏离。当对物品是否适合检定、校准或检测有疑问，或当物品不符合所提供的描述，或对所要求的检定、校准和检测规定不够详尽时，机构要在工作前询问顾客，以得到进一步的说明，并记录讨论的内容。

计量技术机构应有程序和适当的设施避免检定、校准和检测物品在存储、处置和准备过程中发生性能退化、丢失或损坏。当物品的存放有特殊要求时，机构应对存放和安全做出安排，以保护该物品或其有关部分的状态和完整性。

（四）检定、校准、检测中抽样的控制

为了确保抽样工作的科学性、公正性和有效性，计量技术机构应对检定、校准和检测中的抽样实施以下三个方面的控制。

（1）对抽样计划和程序的控制：计量技术机构为实施检定、校准或检测而涉及对物质、材料或产品进行抽样时，应有抽样计划和程序。抽样计划应根据适当的统计方法制定。对商品量检测的抽样方法，国家有规定的按规定执行。抽样过程应注意需要控制的因素，以确保检定、校准和检测结果的有效性。

（2）对偏离抽样程序要求的控制：在实施抽样时，当顾客对文件规定的抽样程序有偏离、增加或删节的要求时，应详细记录这些要求和相关的抽样资料，并记入包括检定、校准和检测结果的所有文件中，同时告知相关人员。

（3）对抽样记录、条件和方法的控制：当抽样作为检定、校准和检测工作的一部分时，机构应有程序记录与抽样有关的资料和操作。这些记录应包括所用的抽样程序、抽样

人员的识别、环境条件（如果相关），必要时需有抽样地点的图示或其他等效方法，如果适用，还应包括抽样程序所依据的统计方法。

（五）检定、校准、检测的质量保证

为达到保证检定、校准和检测的质量目标，必须对检定、校准和检测实施过程和实施结果两个方面进行有效控制，对控制获得的数据进行分析，并采取相应措施。

检定、校准和检测人员应获得相应的资格证书，测量标准或测量设备应经过检定或校准，满足使用要求并具有溯源性，检定、校准和检测实施中必须以相应的规程、规范为依据，必要时应编制操作规程。环境条件应符合规程、规范或标准的规定。此外，应有检定、校准和检测过程中出现异常现象或突然的外界干扰时的处理办法（如设备故障、仪器损坏、人身安全事故等情况的处理程序）。

计量技术机构应有质量控制程序以监控检定、校准和检测结果的有效性。监控方法可以是定期使用一级或二级有证标准物质进行内部质量控制，或者参加实验室间的比对或能力验证计划等。

（六）原始记录和数据处理

计量技术机构对原始记录和数据处理的管理应符合以下要求：

（1）机构应按规定的期限保存原始记录，包括得出检定、校准和检测结果的原始观测数据及其导出数据，被检定、校准和检测的物品的信息记录，实施检定、校准和检测时的人员、设备和环境条件及依据的方法的记录和数据处理记录，并按规定要求保留出具的检定证书、校准证书和检测报告的副本。

（2）每份检定、校准或检测记录应包含足够的信息，以便在可能时识别不确定度的影响因素，并保证该检定、校准或检测能够在尽可能与原来条件接近的条件下复现。记录应包括负责抽样的人员，各项检定、校准和检测的执行人员和结果核验人员的签名。

（3）观测结果、数据和计算应在工作时予以记录，并能按照特定的任务分类识别。

（4）当在记录中发生错误时，对每一错误应画改，不可擦掉或涂掉，以免字迹模糊或消失，并将正确值填写在其旁边。对记录的所有改动应有改动人的签名或盖章。对电子存储的记录也应采取同等措施，以避免原始数据的丢失或更改。

（七）不合格的控制

计量技术机构应具有当检定、校准和检测工作或工作结果不符合管理体系要求时应执行的政策和程序。

进行顾客投诉、质量控制、仪器校准、消耗材料的核查，对员工的考察或监督，检定

证书、校准证书和检测报告的核查，管理评价、内部审核和外部考核等环节时，可能发生对质量管理体系或检定、校准和检测活动不合格工作或问题的鉴别。

当评价表明不合格工作可能再度发生或对机构运作的符合性产生怀疑时，应立即执行管理体系所规定的纠错程序。

三、内部审核和预防措施的制定和实施

（一）计量技术机构质量管理体系的审核形式

按照计量管理体系审核的主体，计量管理体系的审核可分为三种：第一方审核（内部审核）；顾客对贯标组织或组织对供方进行的第二方外部审核；体系认证机构或国家市场监督管理总局等对认可机构进行的第三方外部审核。

（二）内部审核的特点

测量管理体系内部审核与第二方和第三方外部审核的特点不同，其基本特点可概括如下：

（1）由计量技术机构中具有计量职能的管理者推动。

（2）由具有资格的内部审核员进行，内部审核员应独立于被审核活动。

（3）目的具有多样性。

（4）范围应适应不同的外部审核的要求。

（5）只在进行计量管理体系审核后可以对受审核部门提供咨询。

（6）程序比第三方外部审核程序要简化。

（7）内审组对计量技术机理管理体系文件评审不强求单独进行。

（8）更注重纠正措施的制定及其实施有效性的验证。

（三）内部审核的实施

计量技术机构应根据预先制定的日程表和管理层的需要，由机构质量负责人策划和组织进行内部审核，以验证机构的运行是否符合质量管理体系和规范的要求。内部审核应涉及管理体系的全部要素，包括检定、校准和检测活动。

审核应由经过培训和具备资格的人员执行，审核人员独立于被审核的活动。在内部审核实施中，应记录审核活动的领域、审核发现的情况和采取的纠正措施，并对审核活动进行跟踪，验证和记录纠正措施的实施情况和有效性。

若内部审核发现机构所进行的活动不符合质量管理体系文件的规定时，机构应及时采取措施。若调查发现机构给出的结果可能已受到影响，应书面通知顾客。

四、管理体系的持续改进

计量技术机构从事的活动其根本目的是满足顾客和法律法规的要求，而顾客和法律法规的要求并非一成不变。为了提高顾客的满意度以及达到法律法规的要求，计量技术机构必须不断改进。就本质而言，“不断改进”是质量管理原则的核心。

改进的形式包括日常渐进的改进和重大战略性的集中改进，前者往往在机构运行和建立过程中占主导地位。

第五章 分析采样理论方法与测量数据分析

第一节 采样的基本概念和理论

采样是分析测试工作的第一步，分析测试结果的可靠性与采样是否正确直接相关。分析测试的目的就是要根据从局部试样（样本）测得的数据来获取有关对象全体（总体）的无偏信息。怎样使局部采样可在统计意义上尽可能地代表总体，是采样理论和方法所研究的内容。本章将分别讨论分析化学中的采样理论和方法。采样理论是指如何进行试样采集的数学统计理论。

一、随机采样

随机采样系指等概率地从总体中采集的试样，采样应在随机状态下进行，如将分析对象全体划分成不同编号的部分，再根据随机数表进行采样，这种采样法亦称概率采样。在分析实践中，要区分目标总体和母总体两个概念。目标总体是指欲根据采样与分析做出相应结论的目标对象；而母总体则是实际被采集试样的对象，这两者很少一致，但我们希望其区别尽可能小。采集随机试样的方法即随机采样就是尽可能缩小这一差别的一种手段。

（一）随机采样理论

对于随机采样，如果每n_s样本被分析了n_a次，则其总方差σ_0为：

$$\sigma_0^2 = \sigma_s^2 / n_s + \sigma_a^2 / (n_s n_a) \qquad (5-1)$$

式中，σ_s^2和σ_a^2分别表示采样和分析方差。式（5-1）可用于随机采样设计。假设

$$\sigma_a^2 = \alpha\sigma_s^2$$

则式（5-1）可写成

$$\sigma_0^2 = \sigma_s^2 / n_s + (\alpha / n_a)(\sigma_s^2 / n_s)$$

从此式可以得出下述结论：

（1）对于给定的α、n_s和n_a，总方差随着采样方差增加而增加。

（2）对于给定的总分析次数（$n_s n_a$），如果不考虑分析成本，则随机采样应尽可能保证采样次数多为好。如对6个随机样本进行两次分析要比对4个随机样本进行3次分析的总方差小。

（3）随机采样的总方差是α的线性函数。当α为一很小数，即分析测定的方差比采样方差小得多时（在实际中通常是这种情况），（α/n_a）（σ_s^2/n_s）与（σ_s^2/n_s）相比就可以忽略。对于这样的情况，Youden曾指出，当分析误差下降到采样误差的1/3或更低时，宁可使用快速简便的、精密度不高但能与采样误差匹配的方法进行分析。其理论根据就在于此。

实际上，式（5–1）同样可用于结合分析成本一起计算的情况。设采样成本和分析一次试样的成本分别为C_s和C_a，则总成本C为：

$$C=nsC_s+nsnaC_a \qquad (5\text{–}2)$$

（二）随机采样的特点

1.随机采样的优点

（1）混叠信号频谱的幅值降低很多，不再影响真实信号的检测。

（2）对高速信号的检测具有强大优势。

（3）降低采样频率，减少数据量，从而实时快速地满足特定场合的要求。

2.随机采样的缺点

（1）由于采样随机性，在所有频率段都出现一定幅值的频谱噪声，这些频谱噪声将淹没信号中含有的小信号的频谱。

（2）由随机采样得到的离散信号，原信号的恢复工作比较困难，目前未找到普遍适用的方法。

（3）不满足周期采样的时移关系等，故不能用周期采样的频谱计算快速算法。

二、系统采样

系统采样系指为了检验某些系统假设而采集的试样，如生产或其他过程中成分随时间、温度的变化而在空间中变化，这种场合下的采样问题有重要的实际意义。系统采样一般是间隔一定区间（时间、空间、区域）采样，间隔不一定是等距的，有时，事先可预期总体成分是不均匀的，系统采样要尽量减少这种不均匀性的影响。对于这样的情况，可采用分层采样。系统采样的误差分析与随机采样是相似的。

三、分层采样

当分析对象可划分为若干采样单元时，随机采样可从总体的全体采样，亦可分层或分步采样。当被划分的各采样单元之间试样成分的变化显著大于每一单元内部成分变化的情况时，分层采样是最好的选择。分层采样是先将分析对象划分成不同的部分或层，然后对不同的层次进行随机采样。此时，总方差为：

$$\sigma_0^2 = \sigma_b^2 / n_b + \sigma_s^2 / (n_b n_s) + \sigma_a^2 / (n_b n_s n_a) \quad (5\text{-}3)$$

四、代表性采样

代表性采样一般是指特定的分析项目所涉及的采样，如按环境保护部门规定采集废水试样。在分析化学的实际工作中，代表性采样是一种分层采样的特殊情况，这种情况的分层采样可对目标成分提供总体均值的无偏估计。对于在分层采样中每层的大小和方差均不相同的情况下，为了得到总体均值在方差最小条件下的无偏估计，在第k层的采样数目（n_s）k，应与该层的大小wk和标准差（σ_s）k是有关的，即

$$(n_s)k / n = \left[w_k(\sigma_s)k\right] / \sum_k^n \left[w_k(\sigma_s)_k\right] \quad (5\text{-}4)$$

如果每一层的标准差都相等，则式（5–4）可变为：

$$(n_s)k / n = w_k / \sum_k^n w_k \quad (5\text{-}5)$$

此式说明，每层的采样数是与该层的大小成正比的。同时，还说明这样的采样是与随机采样不同的。很多的分析技术规则都给出了怎样进行代表性采样的规定。代表性样本是由权威性组织为某种特殊目的而制成的样本。一般来说，在制作代表性样本的过程中，主要考虑的就是上述讨论的式（5–4）与式（5–5）。明显可知，总体均值α的无偏估计应该是各分层均值的加权均值，即

$$\bar{x} = w_k / \sum_k^n (x_k w_k) \quad (5\text{-}6)$$

复合试样也是制取代表性试样的一种方式，将一些采集的单个试样混合起来作为复合试样，必须考虑这样做能否取得正确的有代表性的结果。

五、最小采样数目的估计

前面所谈到的有关最佳采样数目的估计都是建立在真实采样方差和真实分析方差之上

的。但是，实际上采样仍是建立在相对小样本采样之上，所以怎样利用小样本采样的各种方差所得的估计值来进行最小采样数目的估计是本部分将要讨论的问题。本部分所要讨论的最小采样数目的估计方法是建立在学生分布统计量或称t–统计量的基础之上的。

根据学生分布，可通过计算所得的均值$\bar{x}$来对真实均值μ做出如下的区间估计：

$$\mu = \bar{x} \pm (ts_0)/\sqrt{n} \tag{5–7}$$

式中，s_0是总标准偏差σ_0的估计；学生分布参数t为取一定置信度和自由度（n—1）时的对应值。据此可以计算出n，即

$$n = (ts_0)^2/(\bar{x}-\mu)^2 = (ts_0)^2/e_0^2 \tag{5–8}$$

因n为一待求数，所以在对参数t查表取值时先用$n=\infty$作为其自由度来确定t值，用此t值根据式（5–8）算出一个n后，继用此n来再查得一个新的t值，如此循环，直到n收敛于一常数。对于随机采样的情况，总的分析测试数目为$n_s n_a$，如果分析测试的标准偏差s_a很小可以忽略时，则分析测试的误差也可以忽略，此时就可以将式（5–8）简写为：

$$n_s = (ts_s)^2/e_s^2 \tag{5–9}$$

上式是由小样本采样导出的。对于大量样本采样的情况，即采样量占总体量具有相当部分时，需引入一个称为“有限总体校正”因子，即（$1-n/N$）$^{1/2}$，来进行校正。

六、采样常数

（一）Ingamell采样常数

为表征混合得很好的实验室样本的均匀性，Ingamell定义了一个采样常数K_s，即

$$K_s=R2w \tag{5–10}$$

式中，R为相对标准偏差，即$R=100s_s/\bar{x}$；w为被分析样本的质量。如将式（5–10）与式（5–9）进行比较可发现，式（5–10）中隐含如下意义：Ingamell 采样常数K_s相当于保证采样相对标准偏差为1%时的必需样本质量，此时，t统计量的取值为1，即自由度为无穷大和置信度为68%时的t值。对于1g样本，其Ingamell 采样常数就是经一个很精确分析方法（因此时分析测定的误差相对于采样误差可以忽略）测定所得的相对标准偏差的平方根，一般就可用此方法来实验确定Ingamell采样常数。如果将式（5–10）改写一下，可得

$$R2=Ks/w \tag{5–11}$$

因K_s为一常数，所以采样的相对偏差与采样质量成反比，换言之，欲得到很低的采样的相对偏差就必须保证采样需有相应的足够质量。同时，从式（5–11）还可以看出，K_s越

小，说明样本的混合程度越好。对于分层测定的非均匀样本，其不同的层次当有不同的Ingamell采样常数，人们也常用此法来测定总体的均匀程度。对于分隔的总体，应引入附加的分隔常数。

（二）Visman采样常数

Visman阐述了在考虑分隔效应下的采样理论。实验估计方差与两个采样常数有关，一个是与Ingamell采样常数相似的均匀度常数A，另一个是反映分隔（segregation）程度的常数B：

$$s_s^2 = A/(wn_s) + B/n_s \tag{5-12}$$

式中，wn_s是n_s个样本的总质量。如果总体样本是均匀的，则B=0，此时式（5-12）就与式（5-10）完全类似，并可容易发现 Ingamell 采样常数与Visman采样常数存在如下关系：

$$A = 10^{-4}\bar{x}^2 K_s \tag{5-13}$$

Visman采样常数可通过收集一系列小样本和一系列大样本来进行实验确定。先对这两系列的方差进行估计，然后，将这两系列样本的质量和所得的方差代入式（5-12），就可估计出Visman采样常数A和B。同时，从式（5-12）还可以看出，假设希望保持方差不变，则采样数是随着Visman的表征分隔效应的常数B增加而增加的，而且采样方差与采样数成反比，增加采样数可降低采样方差。当B=0时，说明样本总体是均匀的，此时，只要样本的总质量（wn_s）不变，采样数将不再影响采样方差。

第二节　非均匀体系建模方法及大批物质

前面从一般的角度对用统计和实验方法来处理采样问题进行了讨论。实际上，大批物质的采样误差主要来自该总体的非均匀性。对于混合很好的气体和液体，如果均匀性很好，则一小部分的样本就可代表总体。但是，如果样本是非均匀的，则采样成了突出的问题，自然，通过采样来对样本总体的非均匀性的建模就成了大批物质采样理论的核心问题。

一、固体物质的采样理论和方法

Benedetti-Pichler将大批固体物质的采样问题与在一个装有成百吨混合的白豆和红豆大仓库中对它们进行计数的问题做了一个类比。如果要对仓库中所有的豆子都一一计数的话，则须花上几年的时间，因而人们只好转向一个比较现实但不予全部计数精确的方法。首先，从中取出一个样本分别对白豆和红豆计数，这样计数的精确度显然是与所取样本的大小有关，从统计上讲，这种以局部代表全体的办法将带来误差，取样越少，误差越大。可通过二项式分布来决定采样量。对于大批固体物质总体的现代采样理论一般来说都是基于这一道理。

设分析对象总体是由两类立方体颗粒 A 和 B 所组成，这些颗粒具有同样的棱长 μ 和同样的密度 ρ，颗粒 A 的总质量分数为 w_A，颗粒 B 的总质量分数为 w_B。先考虑一个最简单模型，即只设颗粒 A 中含有待测物 x，且此待测物在颗粒 A 中的质量分数为 x_A。如取具有质量为 w 的样本进行化学分析，其采样方差为 σ_s^2。这样的模型可用二项式分布来处理。对于服从二项式分布的随机变量，其方差为 npq。根据上述讨论的简单模型，采样颗粒数（n）应为 $w/(\rho_\mu{}^3)$，其取得颗粒 A 的概率（p）应为 w_A，其取得颗粒 B 的概率（q）应为 w_B 或（$l-w_A$）。据此，可得根据颗粒数来表述的采样方差 σ_s^2：

$$\sigma_{s(particle)}^2=\left[ww_A(100-w_A)\right]/\left[(\rho\mu^3)\times 1000\right] \quad (5\text{-}14)$$

如以所求物质的百分比来计算。$\sigma_{s(particle)}$，则应再除以颗粒的数目，即

$$\sigma_s^2=\sigma_{s(particle)}^2/\left[w/(\rho\mu^3)\right]\times 100 \quad (5\text{-}15)$$

最简单的情况是颗粒A就是所求的纯物质，即此时有$w_A=x$，那么

$$\sigma_s^2=(\rho\mu^3/w)x(100-x) \quad (5\text{-}16)$$

式（5-16）可用于估计给定样本质量时的采样误差，或用来在给定了采样误差标准的条件下估计所需最小采样量。当然，此模型过于简单，在实际的分析化学实践中，一般须对此模型进行必要的修订。

二、颗粒性质因子（Gy理论）

基于研究粒状物质的采样，Gy对非均匀体系的采样发展了一套较全面的理论。根据Gy的采样理论，由式（5-16）表示的简单公式可改写成

$$\sigma_s^2 = (\rho\mu^3)x(100 - x)(1/w - 1/W)fgl \tag{5-17}$$

在此表达式中，原式中的（1/w）由（1/w-1/W）代替了。这样的替换主要反映了总体物质的质量对采样方差的影响，采样误差是随着采样质量w的增加和总体质量的减少而减少的，当采样质量w增加到接近于总体质量W时，采样方差就会接近于零；当总体质量W比采样质量w大很多时，（1/w-1/W）就很接近（1/w），总体质量的影响可忽略不计了。

第三节　质量检验的采样方法

质量检验分析中，需根据分析结果决定产品是否合格，一般分为计量抽样检验与计数抽样检验两种采样检验方法。

一、计量抽样检验

这种检验方法是用于定量测试产品中某一变量。分析检验中常见的情况是测定某一组分的百分含量，如某种有效成分的最低含量、某种有害成分的最高含量等。在考虑这种检验的采样时，首先需确定合格产品的相应定量标准。今假设待测的组分含量这一变量服从正态分布，并设产品中的有效成分x的最低含量标准为x_0，分析方法的标准差为σ，可计算对应于任意真实含量的x的u值，即标准正态分布值：

$$u = (x_0 - x)/\sigma \tag{5-18}$$

从标准正态分布可计算实际含量为x时该批试样被接受的概率为P。

二、计数抽样检验

这种检验方法多用于以件计数的产品检验，如采用化学分析方法，则是做定性分析提供检验对象是否合格的属性，如用看谱镜确定某种杂质存在或不存在。由于这里只有1bit信息量（合格或不合格两种可能性），较定量分析提供的信息量低，这种情况的采样检验需用不同的统计方法处理。

对于一批共N个试样，如其中不合格的占p，合格的占q，取n个试样找到c个不合格试样的概率P_c，可按照几何分布计算为：

$$P_c=\binom{pN}{c}\binom{N-pN}{n-c}/\binom{N}{n} \tag{5-19}$$

而采集n个试样检验，如规定其中只有a个不合格时可接受，则被接受的概率为：

$$P_a=\sum_{c=0}^{a}P_c=\sum_{c=0}^{a}\left[\binom{pN}{c}\binom{N-pN}{n-c}/\binom{N}{n}\right] \tag{5-20}$$

当n值很大时，上式计算量大，即$N\to\infty$时，可用二项式分布：

$$\lim_{N\to\infty}P_c=\lim_{N\to\infty}\left[\binom{pN}{c}\binom{N-pN}{n-c}/\binom{N}{n}\right]=\binom{N}{c}p^n(1-p)^{n-c} \tag{5-21}$$

一般当N足够大（如$N\geqslant 10n$）时，即可用上式，此时P_a可计算为

$$P_a=\sum_{c=0}^{a}P_c=\binom{N}{c}p^n(1-p)^{n-c} \tag{5-22}$$

第四节　分析方法的品质因数及校验方法

一、测量不确定度

（一）测量不确定性的来源

在测量结果中，一般存在两种不确定性的基本来源，即概念上的不确定性和量测之中的不确定性。概念上的不确定性是由于对测量工作描述不准确而带来的一种不确定性。比如，测定“湖中水中的铜含量”这种提法就可能引发概念上的不确定性。测定“湖中水中的铜含量”是指测定湖中的总铜量还是只测湖中表面水中的铜离子（Cu^{2+}）的含量，或是还必须包括湖中沉积泥中的铜的含量，这就带来了概念上的不确定性。有时，分析工作的目标可以定义得明确，但所用的分析方法却难以实现其目标，比如现在有机分析中的同分异构体的分析问题；另外，表面分析也必须将表面定义好，如表面的几何区域，能否被某种特殊分子到达等。多给出一些信息就可降低概念的不确定性，越详细越好。概念上的不确定性是测量不确定性中的低线。在测量中的不确定性主要是考虑系统和随机两种因素。当然，这两种不确定性需用不同的方法来估价。值得指出的是，在不同的时间、地点和条件下，两者可发生相互变化。实际上，这两种概念都保留，但采用总体的测量不确定

度的概念来进行描述，一般来说是可以达到目的的。一旦系统误差（偏差）已被校正好，估计测量不确定性就主要靠使用重复量测实验的结果，即采用统计分析的方法来进行（A型），而其他信息则将来自不同的信息源（B型），最终结合A型的信息一起对不确定性进行总体估价。

国际权威代表和国际标准组织对实验室测量不确定度有着特殊要求，如ISO/IEC标准的规定，它要求“测试实验室必须具备并应用一个有效的程序来估计测量不确定度”，同时，还应出具一个可应用的测试报告，以负责“测量不确定度的声明：当不确定度与检测结果的有效性或应用情况有关，或客户有明确的需求时，或者当测量不确定度明显影响到符合规范的限制时，其结果中应标明测试报告中有关测量不确定度信息的必要性”。虽然报告的条款中可能还遗留了一些未解决的问题，同时并不包括测量结果的不确定度，但是，对通常情况下测量法的附加值来说，不确定度的表现情况将会远远超过任何突发性问题，而这些问题往往是由于对测量不确定度概念的不熟悉所导致的。

（二）测量不确定度的概率性质

一个标准的测量不确定度阐述了一种散布结果，而这通常被作为预期估计的基础。它具有一个标准偏差的属性，并含有适当的自由度，能否找到一个特定结果的概率也能被计算出来。

假设存在一个非常大数量级的待测物，而它很有可能在所有允许可能变化的测量条件下进行测量，其中包括来自天平校准、玻璃器皿等其他因素的系统效应。同样，再次假设所有这些被测量的材料均是完全相同的，而它们正是有效应用到任何一种确定性系统效果所需校正中的待测物。测量不确定度的实际情况却是，这些待测试物并非完全相同的，而是分散在这些被测量值的周围。在没有其他任何信息的情况下，该分散数据集可以被假设为服从正态分布，并由两个参数进行描述：均值和标准偏差。然而，实施这样的实验一般是不太可能的。分析人员难以完成如此大量的实验工作，也很难让所有实验因素都影响到实验的结果。然而，在具有实验重复性和再现性的条件下，要达到包含了大部分在测量不确定度定义中所提及的总体分布的标准偏差是可能的，但分析人员需要增加系统效果的估计。

（三）测量不确定度的估计方法

执行一个测量不确定性的评估方案，一般都采用“自底向上”（bottom-up）的方法。霍维茨（Horwitz）将这种方法描述为不确定测量的“圣经”，并已获得了9个国际组织的认可。一般来说，就是通过以下5个步骤对测量不确定度进行估价：指定被测对象→识别主要的不确定性的来源→量化不确定度的各种来源→将重要的不确定性组分进行组合合成后统一处理→评论估计结果，并对测量不确定度做出统一报告。下面将对主要步骤做出必要介绍。

1.指定被测对象

被测量对象须给出明确说明，这样将有助于标志任何可能需要考虑的明确定义的不确定性。值得一提的是，测量不确定度经常受到环境化学家的批判。因此，在做任何结论之前，都需要仔细考虑，应使之与采样不确定性保持一致。事实上，测量不确定度与采样不确定度比起来有时的确是微不足道的。所以，分析师在符合要求的范围内宁可获得较大的测量不确定度，而偏向于选择更便宜的分析方法。从这一角度来看，在分析测量不确定度之前，明确指定被测对象就十分重要了。

2.识别不确定性的来源及测量不确定度中的因果图

指定被测对象意味着测量方法和相关方程是明确的。这为研究不确定性的来源提供了一个模板。在引入因果图后，分析工作者可能对不确定度有了一定认识。显然，次要来源通常在实验初期可以进行评估及忽略，如分子质量的不确定度。而对质量、体积及温度的不确定度应该深入了解。

3.量化不确定度的各种来源

用一个适当的天平称重通常是一个非常精确的过程，因此往往被用于微量测试。但实际上体积测量用到了移液器、容量瓶、量筒和滴定管，每一种器皿都有不同的校正不确定度，而这些在制造商提供的信息中都有详细说明。另外，在实验过程中，若样本需要经过衍生、萃取或其他的化学、物理过程得到被检测部分，那么应考虑回收率问题。即使回收率可以达到100%，在前处理过程中也包含不确定度来源。例如，浸出样品以分析浸出液中的重金属元素，从样本中提取出来的量取决于浸出液（化学物质的种类、浓度）、浸出温度与浸出时间。这些影响量的不确定度都会导致测量结果改变。因此，在验证研究中，应对这些影响量的作用进行量化，且在因果图中作为因子表示出来。

在测定疏松物质中提取出来的被测物时，还需考虑样本的均一性。在分析环境样本（尤其是土壤样本）及生物样本时需考虑自然变异，通常在质控过程中有很大的变异性。取样方差由多次独立测量样本估计。另外，取样过程很少包含在实验室方法验证研究中，因此，在考虑这个因素时，需结合重现性一起考虑。下面就以标准体积不确定度的来源和量化确定来加以说明。

（1）标准体积不确定度的来源及确定。重复性要通过一系列的称重实验进行独立的评估，在这个过程中，水在控制温度（影响密度）下保持平衡，这样可使称重的不确定度相对于体积变异而言较小。若进行重复分析（如10次），那么移液管和其他体积测量的重复性将包含在整个测量的重复性中，这样就可以很快地整合所有的不确定度来源以得到最终测量不确定度的估计。

制造商的校准信息必须考虑。假如所购买的10mL移液管的体积的确是10mL，但制造商只能保证移液管的体积不低于9.98mL，不高于10.02mL。在整个实验过程中，都将使用到移液管，因此，在重复测量过程中产生的系统效应不会消失，必须考虑在内。有两种方法可以采用。第一种方法是在实验室对移液管进行校正。称重实验可以得到测量的标准偏差，也可以得到移液管的平均体积估计。第二种方法是随机选择不同的移液管重复实验对移液管进行校正。整个测量的标准偏差（包含了使用移液管的差异）就扩展到移液管间的差异，无须在校正中考虑具体的来源。这就说明通过选择实验可以消除系统的随机作用。

温度影响作用也可通过实验校正。若在实验过程中同时测量温度，玻璃器皿的体积可以通过校准玻璃器皿的标称温度（通常是20℃）来进行校正。

（2）通过标准物质估计偏差和回收率。如果不确定100%的被测物是否能代表测量体系或者校正体系的响应值是否无偏差，那么在验证过程中就要检验假设是否成立，或者采用其他合适的方法验证。而若某有证标准物质（不包含在校正集中）的一系列测量值对于观测值有明显偏差，则需对测量值进行修正，且测量值的不确定度应包含在测量值偏差的不确定度中；反之，若无明显偏差，则测量值无须进行修正，此时测量偏差是由零增加了不确定度，可能偏差不一定真正为零，但小于测量值的不确定度。因此，此种计算测量值不确定度的方法是用一系列有证标准物质来校正偏差，而此估计偏差的不确定性不仅包括有证标准物质的量值不确定度，而且包含实验室间的重现性。然而在很多分析领域中，常规测量值和偏差修正无法得到，因此，将偏差估计包含在测量不确定度中。

4.将重要的不确定性组分进行组合合成后统一处理

一旦不确定度的各种分量被确定，并被量化为标准不确定度，评估不确定度的剩余步骤一般就变得简单了。市场上已有较多软件产品能完成这一任务。否则，就必须通过一些电子表格处理或数学计算来得到不确定度。一个结果的合成标准不确定度应通过将各组分的标准不确定度经一定数学处理后，再作为最终不确定度给出。有些组分的标准不确定度，也可能是其他不确定度的组合，依此类推，以形成因果关系图的分支及亚分支。

二、量测误差

分析化学中遇到的化学量测一般与物理中有关长度、质量等的直接测量不同，大多是通过复杂仪器的测量而间接获得，所得数据的解析和化学信息的提取将比物理的直接量测要难得多。所以，在分析化学中，对化学量测误差的分析一直是一个备受重视的问题。此外，又因为分析化学发展的各种分析方法，都得满足社会对分析结果质量的要求，对分析结果的可靠性的要求也越来越高。特别是近年来，随着经济国际化的发展，如果说以前有关化学分析结果主要是来自工业产品的检验需求，那么现在化学分析已完全进入了国际贸易检测的方方面面，已成为国际贸易交流中一个十分重要的环节和门槛，所以分析测量中数据的统计特性和质量控制越来越成为一个备受关注的问题。

分析结果的质量控制当然是与化学量测的误差特性密切相关的，所以有必要在讨论分析结果的质量控制之前对分析化学中量测误差的特性，特别是对一些分析化学中涉及量测误差的特有的基本概念给出必要的说明。下面对这些基本概念给出简要介绍。

（一）量测误差与不确定性

现代量测大多在规避传统的有关准确和真实值的概念。传统的这些概念都建立在一个不真实的假设上，即一定存在一个隐藏在量测系统中的真实值，这个值在原则上可通过足够数量和足够认真的测量得到。事实上，不确定性只能描述一个范围，在此范围内，测量变量将可被有理由地测出。一个真实值只能被定义，实际上符合定义的有多个数值。因此，对不确定性测量的估计，不是一个备受指责的练习，而是一个刻意设计的过程，通过此过程，可以对各种影响测量的因素加以考虑，以增进对量测结果的理解。因为采用了统计学进行处理，可以很容易区分随机误差与系统误差，随机误差的标准偏差可通过重复测量来测得，而系统误差由于是单边偏差，所以亦可通过测量估计出来。

不确定性与误差是两个很不相同的概念，不能将它们混淆。一般来说，误差（error）是指单个量测值与真实值之间的差值。由于真实值实际是无法得到的，所以，从以上的讨论可知，误差也不可以精确得到。一般来说，误差可分为随机误差和系统误差。

误差本身有正负，测定值大于真值时，误差为正值，表示结果偏高；反之，误差为负值，表示结果偏低。按照误差的基本性质和特性，可分为系统误差、随机误差和过失误差三大类。

1.随机误差

随机误差（random error），又称偶然误差，是一种由一些不可避免的偶然原因而造成的量测误差，是不可控的，如电噪声和实验室的热效应等，所以它们是不可预测的误差，想通过自身努力来降低单次测量的随机误差是不可能的。一般来说，随机误差具有以下特点。

（1）波动性、可变性、无法避免。

（2）符合统计规律：一般都服从正态分布规律，即正误差和负误差出现的概率相等，小误差出现的概率大，大误差出现的概率小。值得指出的是，减小随机误差的方法就是增加平行测定次数。平行测定次数越多，平均值越接近真实值。

2.系统误差

系统误差（systematic error）一般是由某种固定原因产生，在每次测定过程中都会重复出现。这种误差与随机误差不同，它不可通过多次测量来降低，但可通过一定的办法加以校正。例如，在分析化学实验中，经常不加被测物（空白），以确定反应试剂对被检测变量的影响。所以，我们都是先对样本或标准测量所测得的值减去空白值，然后再计算最终结果。如不对样本测量所测得的值减去空白值，就有可能引入系统误差。

系统误差的特点是具有单向性、重复性，理论上可测。一般来说，系统误差可分为以下几类：①方法误差。由于分析方法本身不完善而引起的误差，如重量分析中沉淀的溶解等。②仪器误差。由于仪器本身不够精密所引起的误差，如天平两臂不等长，滴定管、容量瓶、移液管的容积不准确等。③试剂不纯引起的误差。由于试剂纯度达不到实验要求所引起的误差，如试剂不纯、所用去离子水不符合规定等。④操作误差。由于分析人员掌握方法和测定条件的差异而引起的误差，如对终点的颜色变化程度判断不一致引起的误差。

可以采用以下的方法来消除系统误差：①对照试验：这是检验系统误差最有效的方法，即用已知准确含量的标准实物与被测试样用同样的分析方法进行操作，以便对照；②仪器校正：为保证测量的准确度，仪器使用前必须经过校正；③空白试验：由试剂、器皿和环境引入杂质造成的系统误差，可用空白试验予以减少或消除；④方法校正：某些分析方法的系统误差可用化学分析法直接校正，或改进分析方法。

3.过失误差

过失误差（gross error）是由于人为操作失误引起的误差。如器皿不清洁、试剂加错、滴定刻度读错、记录错、算错等引起的误差。这类误差只有通过分析化学实验室的规范管理来加以克服。

（二）化学测量中数据特征描述

1.精密度、偏差和准确度

精密度、偏差和准确度在化学量测不确定性的评价中都是十分重要的概念，在此，我们对它们做必要介绍。

（1）精密度（precision）：是指在规定的实验条件下，独立的量测结果之间的吻合度。精密度可告诉我们重复测定的结果将有多靠近。精密度主要展示给我们的是随机误差对重复测定过程的影响程度。精密度一般可用标准偏差（standard deviation，SD）或相对标准偏差（relative standard deviation，RSD）来表示，有时也可采用变异系数来表征（coefficient ofvariation，CV）。可以说，如果分析工作者的分析过程操作不存在过失误差，那么分析方法的精密度将主要与随机误差相关。分析结果的精密度是表征分析方法优劣的重要指标。

此外，对于那些由于不同实验室的分析工作人员的操作和不同分析仪器等方面所带来的分析结果不精密的原因，还可通过改变测量条件对分析方法的精密度进行研究。随着分析次数的增加与分析范围的扩大，结果精密度也随之变化。值得提出的是，通过分析次数与分析范围的改变，还可对分析方法的重复性与再现性的改变情况进行估计。

（2）偏差（bias）：是指一系列被测定物的平均量测值与实验参考标准值之间的差值，其值的大小将与系统误差的大小与方向有关。增加测量的次数可以减少随机效应（提高精度），但系统的影响（偏差）不能被降低，后者必须消除或考虑。偏差可以说是系统误差的一种度量，它表征的是一组特定测量结果的平均值与参考标准值之间的离差程度，而精确度表征的则是一系列量测结果的散布度的度量，即单个测量值与均值的离散程度，而与该均值是否接近真实值无关。

整体偏差通常由若干原因导致。干扰只是测量偏差的一个潜在来源。引起偏差的其他原因包括以下几个方面：基体效应（如酸强度或黏度的变化）可以增强或抑制测量信号；测量设备偏差，如空白信号或非线性；从样品基质中对分析物的不完全回收。因此，存在多种偏差效应的影响，它们既可能是正向的又可能是负向的。有些影响与被分析的样本相关，有些则是与方法相关，一些特别的还可能与工作实验室的条件相关。单个的影响可以单独研究，但一般地应该用整体偏差作为测量偏差。

测量偏差通过使用一个被验证的方法，对指定的参考物质进行测量，继而通过比较测量的平均值与标识的参考值来确定。重复测量的次数是分析所需精度，即重复测量的标准偏差和偏差水平的函数。

根据“拇指规则”，至少要有7次重复测量才行，这实际是依据偏差约为重复标准偏差的两倍得出的。如果该方法在浓度方面有很大的范围和/或基质类型，我们应该使用一些独立的参考材料覆盖预期的测量范围和样本类型。一个理想的参考物质应该是经认证的参考物质，是尽量贴近样品的形式、基质组成和分析物浓度的样本。如果匹配的基本标准物质可以容易得到，它们应该被用来评估偏差。但理想的标准物质一般难以找到，所以采用基质参考物质与“加标实验”（spiking experiments）相结合成为最好的选择。实验涉及在实际样品的分析前后都添加已知量的纯分析物。对于无偏差的方法，两者之间的差异结果必将等于在测量的不确定范围内增加的分析物。

将加标物加入自然样本中，只有当加标物与样本物质处于平衡时，重量加标方能给出可靠的估计偏差。例如，天然的分析物可以在基质中紧密地结合，而被加标的分析物则可能松散地吸附在样品颗粒表面。此外，平衡可以在高浓度达到，而这样的情况可能不适合痕量水平。虽然如果样品完全溶解，这就不是一个问题，但如果方法必须涉及从固体中提取的话，就可能出现偏差。

应该确保在加标时基质的组成不改变，而且加入的物质的浓度与分析样品中的分析物的浓度尽量靠近。平衡条件的建立是很重要的，这可以通过将加入的物质与样品尽量多接触（少则几小时，多则可以放置一夜）来建立，同时，要注意物质性能的影响，如颗粒大小等。此外，测量偏差也可以通过比较方法来得到。我们可以将所用方法所得结果与一个已知偏差的参考方法的结果来进行比较。这种方法与采用参考物质的方法类似。

（3）准确度（accuracy）：表征的是真实值与量测值之间的吻合程度。准确度是单个测量结果的性质。它告诉我们单个测量结果与真实值的接近程度，所以它包含了精密度与偏差的两层效应。

2.重复性与再现性

在此，还要对化学测量中两个重要的概念，即重复性（repeatability）与再现性（repro-ducibility）进行介绍。这两个概念容易混淆，必须把它们之间的区别搞清楚。实际上，这两个概念都与精密度相关，是反映分析方法结果的量测不确定度程度的概念。重复性是对分析方法短期量测结果的变异程度的表征，它在评价建立符合方法的性能标准时十分有用，但却不能表征分析方法量测结果的长期效应；而再现性则是一个可表征量测结果的长期效应的概念，它通常是通过在不同的实验室、不同的时间和环境的条件下进行同一方法的测量的结果。

一般来说，实验室内再现性（intermediate precision or within-laboratory reproducibility）可由单个实验室的一段时期的分析结果给出表征，而不同实验室间的再现性（inter-laboratory reproducibility）一般都需要进行几个月的测试和研究，由于测量条件变化大，所以，它也必然会产生较大的量测散布度，故它应比重复性大2~3倍。

重复测量的次数越多，对其估计的置信度会越高。但如果已超过15次重复样，再继续增加次数效果就不显著了。此外，在进行测量时，需要保证测量实验的独立性，即不相关。所以，一般都要求测量样具有独立性的样本应该被首先称量、溶解及提取出来。这是因为如果只采用同一已配好的溶液来进行重复测量，很难满足测量样本具有独立性的要求。最后，需要考虑的是重复测样所需的最小测量次数，一般来说，在7～15个独立样本中进行两次（3次更好）测量应该是可以接受的最小测量次数，因为在不同实验室和不同时间所进行的量测亦不易完成。在此，只要测量数据的方差在统计上没有显著性的不同，就可将不同实验室和不同时间所得的量测数据合并起来，共同计算它们的标准偏差。

在此，再进一步强调一下，重复性是指对一给定的测量目标进行一系列的测定结果的变化幅度的一种表征，它们必须是在同一个操作者、采用同样的测量设备、在同一个实验室、在一个特定的时间条件下所进行的测定所得分析结果的产物。而再现性则是指在不同地方对一给定的测量目标，进行一系列的测定结果的变化幅度的一种表征，它们必须是在不同的操作者、不同的测量设备、不在同一实验室、在不同的时间条件下所进行的。

另外，重复性与再现性（方法精密度）还与很多因素（分析方法操作条件）密切相关，如实验室温度的变化、重复测量的次数、分析基质（化学试剂）的使用等，都会影响分析方法的测量精密度。所以，还有必要对一些有代表性的影响分析方法测量精密度的参数进行测定。

此外，测量精密度（或者是重复性与再现性）还是测量样本浓度的函数。可以这样假设，相对标准偏差或变异系数在一个较宽的范围为常数，但标准偏差不是这样。

三、分析方法的品质因数

为描述一个分析方法，品质因数（figures of merit）是一些很有用的、表征方法特性的关键性能参数，这些品质因数不但在方法选择中起到重要作用，可为人们选择方法提供依据，而且在对分析方法进行校验时，它们大多是备受关注的有关方法的关键性能参数。

常用的有关分析方法的品质因数，包括方法的选择性、灵敏度、精密度、检测下限、定量限、偏差、测量不确定度、线性范围、工作范围和方法耐受性等。

因对于方法的品质因数，部分如偏差、测量不确定度，已在前面给出了介绍，下面将对部分还未提及的分析方法的品质因数及分析方法的校验进行介绍。此外，对分析方法的可追溯性也给予必要的讨论。

（一）灵敏度（sensitivity）

灵敏度是测量仪器响应对浓度变化的变化率，也即校准曲线的斜率。显然，灵敏度越大，该方法就可以分辨在类似浓度之间，一个小的浓度差异，将导致在观察到的反应中有很大的差异。灵敏度有可能在浓度改变时也发生改变。

（二）选择性（selectivity）

在方法开发过程中，该方法是否能够完成对感兴趣分析物的测量。然而，方法验证的部分目标就是要验证，这分析物是否为其唯一可测的实际分析物测量。在一定程度上，该方法可以明确地检测和定量分析混合物中的特殊的分析物，而不受混合物中其他成分的干扰，这被称为方法的选择性或特异性。在一些领域测量的术语选择性或特异性经常交替使用，但这可能造成混乱，故应选择在分析化学中建议使用的术语。根据给定的条件，在有类似行为的化学成分存在的情况下，一个特定的方法可以用来确定地分析测量物程度就是此法的选择性。选择性将通过测量分析物的一个独特的属性，如在一个特定波长，可将样品中的分析物从其他物质中分离出来。

如果在方法开发过程中没有得到充分的解决，对从纯测量标准分析样品的选择性的研究，既可通过对添加了潜在干扰物的纯分析物的分析来进行，亦可通过测定已知组成的混合物，看是否能得到相匹配的真实样本组成。当然，严重的干扰需要被消除，但轻微的影响应该可以忽略，这个忽略包括了方法偏差及其相关的不确定度。

对于复杂的样本类型，如果对方法能否明确地识别和测量感兴趣的分析物有任何疑问的话，可使用紧密匹配的基质参考物质，或是使用另一种验证方法来对样本进行测量。

（三）线性范围和工作范围

确定方法的线性范围和工作范围可通过检查具有不同分析物浓度的样品，通过测定其浓度的变化和测量的不确定度，即可得到可接受的校正线性范围。线性也可通过视觉检查来进行。校正响应曲线不完全是线性的也同样可成为一种可用的分析方法。在此，所需的是有关响应对浓度的方程，即所谓的校正函数。工作范围就是指落入该区域的分析结果是可接受的，并具有相应的可接受的不确定度，而且工作范围可以大于线性范围。工作范围的下端就是定量限，定义的上端用点则表示此时即使有浓度的变化，响应也不再改变了。线性范围可能随基质类型变化而改变，因此，它可能需要用不同样本类型来进行检查。

（四）检测限（limit of detection，LoD）

国际纯粹与应用化学联合会（IUPAC）建议的检测限定义认为，以浓度CL或物理量q表述的检测限，是由给定的分析方法能以一定的准确度检出的最小测度导出的。这一概念后被简化为“检测限是给定分析方法能可靠地检出的最低浓度”（美国化学会）。有几种方法可用来估计检测限值。它既可通过重复分析的空白测试来获得，也可通过含有少量的分析物的试验获得。如测得3次空白信号后，再取3个准偏差（3sw），说明在空白的正常测量中是不可能发生的小概率事件，可作为LoD的近似估计。值得指出的是，标准偏差应从大量的空白或对低浓度的加入参考物的样本测量而得才行。

对于检测下限，即用于检测分析物存在或不存在的测试，此阈值应该就是可以检测到的浓度。这可以通过设计一系列对不同浓度的样本的重复测量来完成。通过对这些数据的分析，即可建立可靠的检测之间的分界点（cut-off point）。

（五）定量限（limit of quantitation，LoQ）

定量限是方法具有可接受的不确定性水平的对分析物进行定量分析的最低浓度。这应该通过使用适当的参考化学物质或样品来进行，而不应该纯粹通过外推来确定。各种常用公约一般都采取将一个空白或低浓度的基质溶液在多次重复测量中所得标准偏差的5倍、6倍或10倍来作为近似的定量下限。

以上介绍的方法给出检测限和定量限的近似值。如果在测试样品中的分析物浓度水平远高于LoD，这是足够的检测限和定量限。如果检测限是至关重要的，应通过使用更严格的方法。此外，LoD和LoQ有时在测量条件下的轻微的变化或样本类型变化时亦可发生变化。这些参数十分重要，有必要在方法验证过程中，以评估预期变化的水平。当该方法是在常规使用时，需建立进行检查的协议参数，在适当的时间间隔内进行检查。

（六）线性检查（linearity checks）

方法的线性检查是衡量一个分析方法的可用区间。尤其方法是常规的分析方法时，就有必要对其响应是否与被分析物的浓度成正比进行研究。当然，有时响应还需要经过一些变换（如通过一个数学函数）才能形成。对线性的定量评价一般通过统计学的拟合技术来完成。建立分析方法的线性通常比典型的方法验证需要更多的化学标准和更多地对每一个浓度的重复测定。然而，当建立线性方法时，对已知浓度的样本并不需要它们之间相互独立。分析方法的线性建立，既需要考虑到对分析物质的覆盖范围和使用基质的影响，而且校正浓度的范围最好大于预期样品的浓度范围 ± 20%。

四、分析方法的校验

国际标准（ISO/IEC 17025）对分析方法校验给出了如下定义：通过客观证据的提供与检查，说明该方法能够满足对一个须完成的特殊应用的特别要求。这说明对一个已校验的方法，它可产生分析结果，而这些结果将可适用于评价该实验室。可以说，方法校验（method validation）实际就是进行一系列的有计划的实验，测定一些必要的方法执行参数。一般来说，这些参数包括方法的选择性、精密度、偏差、线性范围、检测限、定量限、校正和方法耐受性。

对所需的分析如果没有现存的方法，那么任何一个现有的方法必须改进以适应新的要求，或者开发新的分析方法。被改进的或新发展的方法都将需要进行优化和识别对其进行质量控制时所需的要求，从而确保该方法可以在实验室中使用。然后，收集证据以证明该方法确实“符合分析的目标”。方法校验的程度和内容必须根据分析问题的细节和已可用的信息来共同决定。

如果这是一个已发表的方法，其性能特点是已知的，实验室只需确认该法是否有能力达到分析水平的要求即可。对于一些重要参数，如选择性、偏差、精度和工作范围，需要仔细检查。如果获得的信息是令人满意的，对该方法的使用就可具备信心。通过有限的校验（validation）以确认其所建立的方法的性能是否可以实现的过程被称为验证（verification）。对该方法的继续校验需要使用适当的质量控制程序来进行。标准方法的校验被认为是不够的，例如，一个旧的和不充分的验证方法是用于一个重要指标的测量，或验证数据只适用于理想样品，但该方法却不能用于困难样品（复杂体系），进一步的验证方法将在下面的章节进行讨论。作为最低的限度，实验室需要证明它至少能满足规定的特别的测量规范要求。

最终，进行验证的数量必须确保测量结果适合它们的用途，而且风险的水平也应是实验室和客户都可以接受的。例如，对于一个高度重要的测量就必须选择严格验证的方法；

但对于中等重要性的测量，可以减少一些步骤，但这样可能引起测量不确定度的增加，所以，可以增加一些手段以应对不确定性的增加。应该与客户一起讨论什么是重要的需求，尤其是那些没有被测量要求规范囊括的要求。还必须认识到，重要性水平是可以随时间变化而变化的，当重要性增加时，工作也可能需要增加。总之，验证的程度将随不同情况的变化而变化，不得疏忽大意。

耐用性测试（ruggedness testing）：耐用性测试是一种评价方法，它可以测试实验条件（如温度、pH、流量、成分变化的流动相等）发生的微小变化，对测量结果会产生什么样的影响。目标首先是要识别，如果有必要，最好控制好这些引起响应变化的实验条件。当在不同时间或不同的实验室进行测量时，此法所得结果将有助于提高精度和降低偏差。

在适当地控制其他条件都不变的条件下，通过对一个特定参数进行稍微的变化，如10%，继通过重复测量，耐用性测试可以分别检测每个变化对分析结果的影响。然而，如果影响因素太多时，实验工作量较大。对于一个十分成熟的方法，大部分条件的影响都应可以预期不大，此时一些实验设计方法是可用的，在同一时间改变几个参数是容易实现的。

任何稳定和均匀的样品的范围内的方法可以用于耐用性试验。

五、分析方法的可追溯性

为追溯一个测量结果，影响结果的每个因素都必须可追溯。要做到测量结果可追溯不容易，就像要在实验室里建立一个质量管理体系不太难，但要十分充分地理解所用的分析方法却不容易，而且它还要求了解对方法产生影响的每一个已知量及与其相关联的不确定度。获得测量结果的计量溯源的一个方法就是用基准方法（primary method）得到结果。基准方法的定义是由国际计量局（International Bureau of Weights and Measures，BIPM）给出的，即它应该是这样一种方法：具有最高的计量质量，其操作可以完全描述和理解，其测量不确定性完全可被国际单位制（SI）记录。基准方法的例子包括滴定法和重量法。可实现计量追溯的已使用的方法是同位素稀释质谱光谱和中子活化分析。实现分析方法的可追溯性的一般途径为：定义测量物→决定参考物质和单位→选择方法→校验方法和建立测量方程→对测量方程中的参数建立追溯→考虑其他有意义方程的追溯→用于测量影响量的校正设备→记录结果、不确定度和可追溯性。可以看到，要做到实现一个基准方法的可追溯性（traceability）的确不是很容易，它不但需要充分地理解所用分析方法的每一个步骤，每一种参考物、标准物和化学试剂的准确用途，而且对分析方法的各种参数、用于测量影响量的仪器设备及产生不确定度的来源都必须有充分的理解，才有可能建立起一个可进行计量溯源的基准方法。

人们习惯上认为，特定的分析方法应通过参考物质建立到基准方法的计量溯源性。建立可追溯性的本质就是要使被测量物可被十分明确地指定。用于报告结果的单位也应是已知和可接受的，国际单位制为首选。所使用的方法必须是被验证过的，而且如果按照书面程序使用，所产生的结果亦应该是满足分析目标的。在该方法的程序中，使用的玻璃器具类亦将特别指定，如某类的移液管和容量瓶，这样就可做到指定的公差。仪器亦将定期校准，它们的所得结果也必须每天校验。对于所用的化学物质，都将是已知纯度的化学物质或参考物质。在测量方程中出现的一切物质应均可跟踪。此外，不出现在测量方程，但有可能影响结果的其他变量亦应可追溯。如果分析方法要求结果的一致性，则通常还需要对温度、时间和pH等因素都进行控制，对于这样的情况，它们也必须是可追溯的。

一般来说，在化学分析中，计量可追溯性的实现方法有两种：第一种是通过使用纯化学物质作为标准；第二种是采用典型的基质物质，在这种基质中加入了待分析物且进行了特征化。后一种类型的标准物质被称为基质参考物质（matrix reference material）。所以，从样品基质中回收的分析物被确定为分析方法需要验证的一部分。

从前面的介绍可知，对于需计量溯源的对象，可使用纯化学物质和参考物质来实现其可追溯性。实际上，参考物质是一个特殊类别的通用术语，用于化学计量中可作为物质传递标准。传递标准因其包含了标准测量值，既用于校准测量系统，又可用于方法校验。它们还可以用于识别。传递标准的例子包括参考物质（见下文）、物理标准（质量、温度）和参考值（原子量）。参考物质是一个特殊类别的通用术语，用于化学计量的物质作为传递标准。现已有几个最近发表的国际标准化组织的指导文件（ISO Guide 35），而有关此定义的一些讨论也可以在文献中找到。下面将分别对参考物质和纯化学物质加以介绍。

1.参考物质（reference material，RM）

参考物质为一种充分均匀和足够稳定的物质，而且它已建立了一个或多个可在测量过程中适应其预期用途的属性。需要注意的是，在此定义之上，还隐含着：

（1）参考物质是一个通用术语。

（2）属性可以是定量的或定性的，如物质的身份或物种。

（3）其用途可包括测量系统的校准、评估一个测量过程，将值分配给其他材料和质量控制。

（4）参考物质只能用于一个给定的测量、一个单一的目的。这一点是非常重要的，因为它强调的是，该参考物质用于方法验证时，就不能再次使用方法校正的常规使用用途。相同物质的材料可以使用，但它需要来自不同的供应商。同样的物质不能既用于定标目的，然后又作为质量控制物质。参考物质的例子包括：

①纯物质参考物质具有一个标识纯度的农药、多环芳香烃和邻苯二甲酸氢钾。

②标准溶液镍的酸溶液，具有一个标识的质量/体积浓度；氢氧化钠溶液，具有一个

标识的摩尔浓度；农药溶液，具有一个标识的质量/体积浓度。

③基质参考物—天然物质具有一个标识浓度的河流沉积物中的金属；具有标识脂肪含量的奶粉和具有标识微量元素含量的蟹膏。

④基质参考物—加标物质添加微量元素的湖水和加入有机污染物的牛奶。

⑤物理化学标准苯甲酸具有一定的熔点，对二甲苯用一个规定的闪光点，具有一个标识粒度分布的沙子和具有标识分子量分布的。

已论证的参考物质（certified reference material，CRM）：参考物质具有一个重要特征属性，即此物具有计量校验的一个或多个指定的特殊性质，并伴有一证书，该证书对指定属性的值及与其关联的不确定性和计量溯源都给出了明确陈述。认证的参考物质的发展和表征是一个昂贵的过程。正因如此，强调使用认证的参考物质通常是一个方法的初步验证。虽然很少使用认证的参考物质于常规质量控制，但用它“校准”的其他较便宜的二次标准材料，可以用于常规质量控制。

2.化学标准品（通常是单质化学物质）

化学标准品是指纯度被很好定义了的化学品，以两种不同的方法用于校准。它们可以用在“外部”，在那里它们从样品中被隔离出来；亦可用在“内部”，标准物质被加入样品之中，并和样品一起在同一时刻测量，如作为一个单一的“富集”样品。这些通常被称为“外标法”和“内标法”。

第五节　分析量测的数据统计评价与假设检验

分析化学中我们获得大量的分析数据，面对这些数据，分析工作者所需要回答的是，这些数据告诉了我们什么，我们又能从这些数据中得到什么样的结论，而且还必须清楚，从统计学的角度来看，我们能有多大把握（置信度）说这样的结论是正确的。比如，有人发展了一个新方法，它需要与已有的分析方法进行比较，通过在相同条件下测量，得到了两套数据，接着就需比较这两个方法的优劣或者说这两种方法是否存在显著性差异，这也就是分析量测的数据统计评价与假设检验的任务了。

一、分析结果的两类错误及其统计判决

在分析化学中，经常要做出统计判决，如定性分析中的是与不是、分析方法与分析仪器的检测下限、产品质量是否合格等，特别在化学计量学的模式识别中，大量的分类与判

别问题，如是A类还是B类等，都属于统计判决分析。

二、分析方法的检测下限

定性分析的任务是检测某种成分在试样中是否存在。定性分析中能检测的最低含量，以“检测限”表征，有关分析方法检测限的定义，曾是分析化学中长期争议的问题。国际纯粹与应用化学联合会建议的检测限定义认为，以浓度或物理量表述的检测限，是由给定的分析方法以一定的准确度检出的最小测度导出的。这一概念后被简化为“检测限是给定分析方法能可靠地检出的最低浓度”（美国化学会）。任何度量上述定义中的“一定的确定度”及“可靠地检出”这些概念只能建立在统计理论基础之上，因此，分析检验理论是定性检定的统计理论基础。

三、化学测量数据的统计检验

假设检验（hypothesis testing）是数理统计学中根据一定假设条件由样本推断总体的一种方法。具体做法是：根据问题的需要对所研究的总体作某种假设；选取合适的统计量，这个统计量的选取要使得在假设成立时，其分布为已知；由实测的样本，计算出统计量的值，并根据预先给定的显著性水平进行检验，做出拒绝或接受假设的判断。常用的假设检验方法有u检验法、t检验法、x^2检验法、F检验法等。

假设检验的基本原理是先对总体的特征做出某种假设，然后通过抽样研究的结果进行统计推理，对此假设应该被拒绝还是接受做出推断假设检验，又称统计假设检验（注：显著性检验只是假设检验中最常用的一种方法），是一种基本的统计推断形式，也是数理统计学的一个重要的分支，是用来判断样本与样本、样本与总体的差异是由抽样误差引起还是本质差别造成的统计推断方法。由于化学测量数据中有很多需要进行统计推断，如出现一个新方法，与已有方法相比，此法所得结果是否优于已有方法？这就需要进行统计检验。此外，已知某产品的质量控制是要将某化学物质的量控制在某一数值附近，现测得该产品的平均值与它存在一定差别，该差别可不可以接受，它们之间是否存在显著性差异？这也需要进行统计检验。所以，统计检验在分析化学中是十分重要的。

第六章　实用测温技术与应用

第一节　固体内部温度测量

一、接触法测量固体内部温度

（一）高导热材料

对于高导热（铜等）与低导热（陶瓷等）的被测物体，它们的热导率相差很大，达4～5个数量级，在测量时应予注意。当测量高导热材料内部温度时，要在被测固体内钻一个能插入传感器的孔。为使传感器与被测物体接触良好，可在孔内注入适当的液体，效果更好。

如欲测量钢坯内部温度，可安装热电偶测量（对其他传感器也适用）。

首先检查热电偶的测量端，不合要求的焊点要再加工，并将热电极丝的外表面涂上绝缘材料。安装热电偶的孔洞要预先清洗干净，再将热电偶插入洞内，并使测量端处于规定的位置，然后注入与热电偶表面涂料相同的填充材料，待填充料凝结后即可使用。

热电偶在孔洞外部的引线要固定好，以免多次弯折后松动或断裂。引线的固定方法有锚式及短管固定法等。锚式固定法是在热电偶引出端旁侧开一个孔，用0.5mm的合金线穿过此孔将热电偶的引出线牢牢缚紧，再用填充料将上部覆盖固定。这种固定方法比较牢固，适于测量振动物体。短管固定法是在物体上部，放一短管保护热电极丝，然后用较粗的引线与热电偶焊接，再把粗引线向外引出。

（二）低导热材料

对于高导热材料，即使热电偶的安装方式稍有不当，仍不会改变被测物体的温度分布，也不会引起较大的误差。但对于低导热材料，只要热电偶的安装方式不当，将会明显改变被测物体的温度分布，引起较大的测量误差。在此种情况下，为了减少因热电偶丝的热传导误差，最好选用细热电偶丝，并将传感器沿被测物体的等温线敷设。例如，欲测低导热材料（耐火砖）的温度，如敷设热电偶，则原来的等温线将被破坏。为了消除此种现象，可沿等温线敷设或采用与被测对象热导率相同的材质制作传感器。

二、非接触法测量固体内部温度

用非接触法测量固体内部温度时，可将固体开个孔，然后用辐射温度计测量孔底温度。在此种情况下，如果孔中有对流产生也会改变温度分布，必须引起注意。如在孔的表面覆盖已知发射率的玻璃，同时，在孔底部放一些对发射率影响小的氧化铁或氧化镍粉末，也是必要的。

第二节　固体表面温度测量

一、固体表面温度测量的特点

固体表面的温度，受与它接触物体温度的影响，一般不同于内部温度。因此，测量物体表面温度时（尤其是采用接触方式），由于传感器的敷设，很容易改变被测表面的热状态，故准确测量表面温度很困难。为了准确地测量固体表面温度，当然最好是处于等温状态下，即固体内部、表面及周围环境皆处于热平衡状态。但实际上，从固体内部到表面有温度梯度存在，因而带来许多问题。为此，必须考虑传感器的选择、表面温度范围、表面与环境的温差、测温准确度与响应速度、表面形状与状态等几点。

二、静止表面的温度测量

（一）温度传感器

接触法测量表面温度的传感器，主要是热电偶及热电阻。由于热电偶具有测温范围宽、测量端小、能测“点”温等优点，因而在表面温度测量中应用较广泛。

1.表面热电偶

表面热电偶有如下结构形式可供选用：

（1）凸形探头适于测量平面或凹面物体的表面温度。

（2）弓形探头适于测量凸形物体表面温度。在测量管壁温度时，可紧紧压在管壁上，接触面积大、效果好。

（3）针形探头适于测量导体表面温度。

（4）垫片式探头将热电偶的测量端焊在垫片上，测温时把垫片安装在被测物体表面上，用螺栓拧紧，使垫片紧压在被测物体的表面上。该种温度计适于测量表面带有螺栓的物体表面温度。

（5）铆接式探头用铆钉将连接片铆接在被测物体表面上，但铆接工艺较麻烦，应用不普遍。

（6）环式探头利用环形夹紧器，夹在被测管子上测量表面温度，适于测量管道表面的温度。

2.与被测表面的接触形式

用热电偶测量物体表面温度时，与被测表面的接触形式基本上有四种。

（1）点接触。热电偶的测量端直接与被测表面接触。

（2）片接触。先将热电偶的测量端与导热性能好的集热片（如薄铜片）焊在一起，然后再与被测表面接触。

（3）等温线接触。热电偶测量端与被测表面直接接触后，热电极丝要沿表面等温线敷设一段距离再引出。

（4）分立接触。两热电极分别与被测表面接触，通过被测表面构成回路（仅就导体而言），当两接触点温度相同时，依据中间导体定律，它不会影响测量结果。

（二）测量物体表面温度的准确度

由上述讨论可以看出，用热电偶测量物体表面温度时，其准确度与下列因素有关。

（1）热电偶的测量端与被测表面的接触形式。

（2）被测表面的导热能力。导热性能越差，则导热误差越大。

（3）表面与环境的温差。对于同一被测表面，在选用相同的传感器与测试方法的情况下，表面与环境的温差越大，则测量误差越大。

（4）表面温度传感器的类型。各种传感器的测量误差是不同的。

（三）接触法测量

当用接触法测量静止表面温度时，应注意以下几个方面。

（1）使用方式误差。表面热电偶的端头应对准测量表面并垂直，倾斜的角度要在±5° 以下才可使用。

（2）被测表面的玷污。被测表面要清洁干净，对于污染严重的场合，将产生误差。

（3）被测表面的形状。各种表面温度传感器皆有一个可测量的最小面积，该面积一定要大于传感器的端面；被测表面上有凸凹不平的缺欠，也将引起测温误差。在测量弧状表面（R面）时，可能检测的最小表面积应为传感器端部面积的3倍以上。

（4）接触压力传感器既要垂直又要压紧，并与表面有良好的热接触，但压力过大也无必要。

根据表面热电偶的固定方法不同，可分为永久性与非永久性两大类。永久性敷设是指用焊接、粘接及铆接等方法使测量端固定于被测表面；非永久性敷设是指用机械的方法使测量端与被测表面接触。这两种敷设方法各有利弊。永久性敷设的热电偶与被测表面热接触好，测量准确度较高；非永久性敷设的热电偶可自由移动，不损伤被测表面，有较好的灵活性。应根据测量对象的要求合理选用。热电偶的敷设方法：当测量对象相当厚时，可在被测表面开一个浅槽，将热电偶埋入其中。热电偶敷设的长度应为线径的20～30倍，并且用石棉等保温材料塞紧，效果更好。

（四）非接触法测量

用辐射温度计测量表面温度具有如下特点。

（1）测量时不破坏被测温场。

（2）适于2000℃以上的表面温度测量，低于300℃时准确度不高。

（3）用辐射温度计可以测量大面积的平均温度。

值得注意的是，用辐射温度计测量表面温度时，需要进行发射率修正。光学高温计或者比色温度计，都采用可见光，因此只能测量700℃以上的表面温度。

为了消除发射率对辐射测温的影响，可将内表面镀金的半球形腔体扣在被测物体表面上，以提高被测表面的有效发射率，使设在半球反射器上方的探测器接受黑体辐射，从而可测得物体的真实温度。英国兰德（Land）公司及国产前置反射器辐射温度计就是利用上述原理制成的。并且利用圆筒形腔体（内表面镀金）与被测表面间的多次反射，可同时测量被测表面的温度与发射率。

三、移动表面的温度测量

（一）接触法测量

用热电偶测量旋转或移动物体表面温度时，通常是将它压在旋转体上测温，这样会因摩擦热而产生较大误差。为减少摩擦热，可安装滑轮或滑板；也可将传感器固定在旋转体上，通过滑环将信号导出。但是，无论哪种方法均不能完全避免摩擦热及热传导误差。

（1）对于低速旋转（<10m/s）的物体（如轧钢机的轧辊等）欲测量其表面温度，可选用轮式表面温度计。

（2）对于高速旋转的物体，则不能采用探头式温度计。例如，在测量汽轮机叶片的表面温度时，通常是将热电偶固定在被测部位，随被测物体一起旋转，并通过引线器将旋转线路的信号传送给静止线路的显示仪表。引线器按其连接方法不同分为接触式引线器（如滑环式引线器）和非接触引线器。滑环式引线器的旋转滑环与热电极相接，通过静止碳刷与旋转滑环实现电连接，将电动势信号送往显示仪表或数字温度计。滑环式引线器的主要缺点是碳刷与滑环间接触电阻、寄生电势将引起测量误差。为此有人采用非接触式引线器，如感应式引线器等。

①感应式引线器。它是利用磁场作用实现信号非接触传递方法。即不用导线连接温度计与显示仪表，因而消除了因接触摩擦引起的误差。

②感应遥测仪。利用电磁感应原理制成的遥测仪，不同于无线电遥测仪。由传感器测得的信号，经放大、变频调制后，传输给发射线圈，在它的对侧设置的接收线圈，将感应产生变频波，再经转换成4～20mA输出，即实现非接触引出信号的目的。该仪器抗干扰性强，适于做旋转物体的工业测量仪表。除温度外，应力变化、扭矩等物理量的测定也适用。

（二）非接触法测量

用非接触法测量运动物体表面温度时，被测表面发射率对其结果影响很大，这点必须注意。由于辐射温度计的性能不断完善，使其测量准确度也有所提高。因此，作为冶金企业在线测量仪表，在国外应用已经很广泛。例如，钢坯温度为700～1300℃，发射率为0.7～0.8。测量结果与真实温度的差值不是很大，因此通常不修正发射率，而是把所测得的温度作为“控制温度”，用来指导生产是很方便的。

加热炉内钢坯温度的测量，过去不仅用辐射温度计，还要插入热电偶测量炉温来控制加热炉温度，可是两者往往不一致。而且炉内钢坯因其自身大小及装炉时温度等差异，每根钢坯均应有自己的加热曲线。为了使全部钢坯完全加热至应控制的温度，对于热负荷小的钢坯就会产生过热现象。为节约能源，又要充分加热，需要对每个钢坯本身进行测温，其中最大的障碍是由炉壁反射回来的辐射也能进入辐射温度计。为消除这种“背光”引起的误差，可采取以下两种方法。

（1）采用辐射遮蔽法，使背光不能射入辐射温度。

（2）测量背光的影响，并据此校正辐射温度计的示值。

（三）热像仪法测量表面温度

1.钢板表面温度测量

（1）实验装置。钢板在轧制过程中，各道次间隔时间很短，只有几秒钟。用普通传感器测量钢板温度有困难，要测出钢板的温度分布更不可能；但用热像仪测温方便、迅速、准确，并有图像、数据存储和处理功能，因此用热像仪测温，既不影响轧钢生产，又能获得各道轧件动态温度场图像。鞍山热能研究所曾用日本6T61型热像仪，在鞍山钢铁公司中板厂进行现场测试。

（2）实验结果与分析。钢坯出炉温度的测量结果为1206℃，而轧制工艺要求为1140～1160℃，测量温度超出工艺要求46～66℃。不仅浪费能源，而且使其氧化损失增加。

钢板黑印温度用常规方法很难测准，但用热像仪却获得了满意的结果。各道次钢板的黑印温度及黑印温差，为改进各种热滑轨结构提供了可靠依据。

利用热像仪还测量了轧制时各道次及精整工序的钢板温度及温度分布等，得到了许多常规热工仪表测不出的数据。

2.钢锭轧制过程中动态温场的测定

采用AGA78型红外热像仪赴现场测试时，只需携带红外扫描器、显示单元、摄像机等。该仪器的场频率为25Hz，因此可以在不改变轧制速度的情况下，跟踪测量钢锭温度场随时间的变化。测量时可将结果存入摄像机，拿回实验室后，再将热像调到计算机上，并对热像进行处理，非常方便。

实际测量结果可给出每块钢锭的最高、最低及平均温度、平均温度的均方差及温度中位值等。通过测量由均热炉加热的钢锭在出炉后轧制过程中的温度分布，可以看出：在加挡风墙措施后，同炉各钢锭间的平均温差从±100℃降到±60℃，说明加挡风墙后均热炉内各钢锭间的温度分布情况有了较大改善。

3.发电机定子铁心温度场的测量

首先用热像仪测出某厂发电机定子铁心的黑度，结果是磨光前后分别为0.9与0.4；然后测出等温显示、立体热剖面图、频率分布图、区域热像图及滤波后的热像图等。通过对多个热像图进行分析、处理后，找到了该厂发电机定子铁心的最热点及温度值。用热像仪寻找过热点迅速、准确、方便。因此，可以用类似的方法测量工业炉窑及锅炉等热设备的表面温度场，找出易损部位，及时进行维修，可以避免较大损失。

（四）示温涂料法

将示温涂料涂在旋转物体的表面上，通过涂料颜色的改变，可粗略地确定温度。虽不太准，但简单方便，常用于车轴及轴承的发热控制等。

四、带电物体表面的温度测量

当测量通电加热试件的温度时，如果直接将热电偶敷设在试件上，因有电流通过热电偶测量端，所以要产生附加电势ΔE，引起测量误差。其大小与热电极丝的直径、测量端焊接形式及通电情况有关。一般情况下，热电极直径越大，单位长度上的电压降越大，引起的误差也越大。

（一）带直流电物体的表面温度测量

当试件用直流电加热时，如将热电偶敷设在被测导体上测其表面温度时，若电流为定值，则附加电势ΔE也为定值，其符号取决于电流方向，改变电流方向，ΔE也改变符号。为此，可采取如下措施消除ΔE的影响。

（1）改变电流方向法。当电流由某一方向流经导体时，热电偶的示值为$E+\Delta E$；改变电流方向后，热电偶的示值为$E_2-\Delta E$。两次测量结果的平均值为：

$$E=\frac{E_1+\Delta E+E_2-\Delta E}{2}=\frac{E_1+E_2}{2} \tag{6-1}$$

由上式可以看出，改变电流方向法可以消除附加电势ΔE的影响。

（2）双热电偶法。选择两支热电特性相同、测量端大小基本一致的热电偶，将它们沿着电流流向同时敷设在被测导体表面上，并使两支热电偶的放置极性顺序相反，一支热电偶的正极在前，另一支则是负极在前，并以两支热电偶示值的算术平均值作为测量结果。此种方法也可以消除附加电势ΔE的影响。

（二）带交流电物体的表面温度测量

当热电偶与动圈式显示仪表配套使用时，由于此类仪表惯性较大，只要电流不至于损坏仪表的线圈，交流感应对其测量结果影响很小。但是，当热电偶与灵敏度高的电子电位差计或直流电位差计配套使用时，交流感应严重时可使测量无法进行。为了消除此种干扰，首先应搞清干扰信号的特点，然后再采取适当的措施，减少交流电引起的干扰。

五、移动细丝表面的温度测量

经实验证明，利用扫描及零位法测量移动细丝温度具有实用性。

（一）基本原理

在移动细丝下方，设有与细丝同材质并可控制其温度的板状热源。它的温度分布是均匀的，有效发射率与细丝是相同的。

细丝与板状热源的温度用扫描式辐射温度计测量。当两者温度不同时，辐射温度计有输出，每扫描一次，产生一个峰，如采用反馈控制（零位法）板状热源的温度，可使峰高向减小方向移动，那么峰高消除时底座的温度即为移动细丝的温度。

（二）测量结果与讨论

用辐射温度计测量φ1.06mm移动的细丝，当距离为50～100cm时，测量误差仅为±0.2℃。此方法的优点为：非接触测量，不损伤被测物体；适用温度范围广；采用扫描式测温，允许细丝横向摆动；因细丝与底座材质相同，从理论上讲测量结果与发射率无关。

六、摩擦表面的氮化测温技术

运动物体或构件（尤其在密封体系内）在移动过程中，由于摩擦或受热所达到的最高表面温度及温度分布情况，如果采用现有的常规测温技术难以准确测量。20世纪70年代，美国首次用氮化技术测量摩擦表面温度，据报道，测温精度达（2000±10）℉[（1093±5.5）℃]。上海材料研究所用自制的氮化装置，精度达（1000±5）℃，使用范围为室温至1000℃。

（一）氮化技术测温原理

氮气是一种惰性气体。氮化物体的主要方法有高温高压扩散法与离子注入法。经氮化后的物体在室温下都是稳定的。但氮化后的物体受热时氮气将逃逸，随着加热温度的升高，将不断地损失其原有的放射性。这种放射性损失是温度的函数。如果氮化物体在升温过程中达到某一温度，那么以后再重新加热至此温度，只要不超过该温度，就不会有放射性进一步损失。然而，一旦超过先前加热的温度，氮化物体将继续损失放射性，这是氮化物体的重要特性，它是氮化技术测温的基础。用氮化技术测得的温度，是物体所经受过的表面最高温度。

（二）应用

用氮化技术测量无油润滑往复式CO_2压缩机活塞环摩擦表面温度及陀螺仪上微型轴承表面工作温度，都取得了良好效果。

七、连铸二次冷却区钢坯及轧轮表面的温度测量

（一）钢坯表面温度测量的特点

1.连铸二次冷却区的工况特点

连铸是将钢液浇注到结晶器（铸型）中使之与铸型接触的表面凝固后，逐渐被拉到铸型下部的二次冷却喷雾区，使铸坯内部完全凝固的过程。由于凝固过程中的凝固速率在很大程度上决定着铸坯质量，所以连铸过程中温度管理是非常重要的。在二次冷却区拖压铸

坯的轮群众多，用于测量的空间狭小；又由于喷雾冷却，整个二冷区充满水蒸气和水雾；有时在铸坯某些局部表面上形成水膜；有时某些氧化物杂质常产生鳞片覆盖在铸坯表面上。总之，在二次冷却区用辐射温度计测量铸坯表面温度是非常困难的。

2.辐射温度的干扰因素与测量误差

采用清洗光路的方法可减轻或克服光路中水膜和水蒸气对辐射温度计示值的干扰。即使采用清洗光路的方法，还是应选择抗水膜和水蒸气干扰能力强的辐射温度计。

（二）水膜对单色和比色温度计示值影响

在水膜对单色和比色温度计示值影响的试验中，采用IRCON公司单色2010-13C和比色ORO5-14C温度计，在两个石英片中间充水可保持一定厚度的水膜（测量后扣除两石英片吸收的影响），并采用中高温黑体辐射源。

1.水膜对单色温度计示值影响的试验结果

由于水膜对进入辐射温度计中的被测光有吸收衰减作用，致使单色温度计示值产生了负偏差。水膜厚度增加，在同一辐射源温度下负偏差增大；当水膜厚度一定时，辐射源温度越高，单色温度计示值的偏差越大。在波长0.9pm以内水膜透过率较高，该试验采用的IRCON温度计的工作波长范围为0.7～1.08μm，实际上属于窄波段辐射温度计，在高于0.9μm波长范围的辐射能衰减较大。

2.水膜对比色温度计示值影响的试验结果

采用比色温度计的试验结果显示：由于水膜对进入辐射温度计中的被测光有吸收衰减作用，比色温度计示值产生了正偏差。在同一辐射源温度下，随着水膜厚度的增加，正偏差增大。对于厚度一定的水膜，随着辐射源温度的升高，比色温度计正偏差增大。该试验采用的IRCON比色温度计的两个工作波长范围分别为0.7～1.08μm、1.08μm。在这两个波段内，水膜的透过率差别较大。

（三）水蒸气对单色和比色温度计示值影响

1.水蒸气对单色温度计示值的干扰试验结果

由于水蒸气雾对入射辐射温度计中的测量光将产生吸收和散射作用，致使单色温度计示值产生了负偏差。水蒸气对辐射能的吸收和散射虽然物理本质不同，但其作用都是减弱入射辐射。在水蒸气发生器出口一段距离内水蒸气初速度稍大。水蒸气流股能充满被测辐射的光路，这时光路中水蒸气密度最大（水蒸气流量为3～4g/min）；当水蒸气流股距离开水蒸气发生器出口稍远时，一方面水蒸气向周围扩散，另一方面水蒸气整个流股向四周漂移，致使被测对象辐射的光路中水蒸气密度减小（水蒸气流量不变）。光路中水蒸气密度越大（对于相同的辐射源温度），单色温度计示值负偏差越大；而对于相同的水蒸气密度，随着辐射源温度的升高，单色温度计示值负偏差也增加。

2.水蒸气对比色温度计示值的干扰试验结果

由于水蒸气对入射辐射温度计中的光辐射的吸收和散射作用，比色温度计示值产生了正偏差。光路中水蒸气密度越大，对于相同的辐射源温度，比色温度计示值正偏差越大；对于相同的水蒸气密度，随着辐射源温度的升高，比色温度计示值正偏差也增大。

（四）轧辊表面测温

轧钢厂的轧辊表面温度的准确测量十分困难，至今很难实用化。但是，伴随生产技术的发展，对轧辊表面温度进行准确测量与控制的要求与日俱增。当轧辊表面温度在500℃以上时，多采用非接触法测温。采用接触法，是将铠装热电偶安装在轧辊表面，利用滑环将信号导出进行测温。发电机及电动机采用滑环与碳刷测量旋转体温度的方法，已经实用化了。但热电偶的安装方法仍需进一步探讨，而且热电偶产生的电动势很小，应采取必要的对策以消除滑环的干扰。今后将采用无线传输方式测量轧轮表面温度。

（五）结论

由于水膜及水蒸气对光路中被测对象的光辐射的吸收和散射，衰减了进入单色温度计中的辐射能，致使该类温度计的示值产生负偏差。这一实验结果在800℃左右与前人的结果基本一致，但在900～1300℃范围内尚未看到有关报道。

由于水膜对辐射能的吸收和水蒸气对辐射能的吸收和散射，对同一台IRCON比色OR05-14C温度计，在各种不同辐射源温度下，该比色温度计的示值均出现正偏差。因为各制造厂对比色温度计两波长的设置各不相同，其示值是否都出现正偏差，需要进一步实验研究，逐步得到全面认识。

根据上述试验和实践，大板坯连铸二次冷却区板坯表面温度测量最终选用IRCON“OA”系列单色温度计。

八、铝棒或铝板表面温度快速测量

（一）铝棒表面温度快速测量

在铝加工行业中，对于感应加热的铝棒的表面温度测量，国内外通常采用“触偶”瞬间测量快速加热铝棒的温度。热电偶的分度号多数为K型或J型，热电极直径为ϕ6～ϕ10mm。

从瑞士进口的J型触偶由于热电极直径大，为非标产品，很难订货，校准更困难，价格极贵。作者虽已开发出J型触偶替代进口产品，用户也比较满意。但由于正极为铁易氧化或生锈，因此建议改用K型触偶。

（二）铝棒或铝板温度的在线测量

大型铝棒或铝板在热处理过程中，仅仅依据加热炉控温热电偶显示及控制的温度，往往呈现较大的偏差。因此，AMS2750E要求，将铠装或柔性电缆热电偶，敷设在被加热的铝棒或铝板上同时进入炉内，实时在线测量铝棒或铝板的温度，确保温度数值的准确、可靠。

由热电偶丝、编织绝缘层及护套组成的热电偶，通常称为柔性电缆热电偶。其测量温度范围为100～1200℃，结构坚实，韧性好，任意弯曲不折断，可部分替代铠装热电偶。柔性电缆热电偶广泛用于航空、航天等特种场合温度测量。

第三节　气体温度测量

一、高速气流的温度测量

（一）测量气流温度的特点

气流温度测量是指管道内速度快但温度不高的温度测量，以及各种工业炉窑及锅炉中速度不快但温度较高的燃烧气流的温度测量。目前在这一领域内采用的温度传感器主要是热电偶。但是，在测量气流温度时，要注意以下特点，否则将带来许多困难，甚至会造成极大的测量误差。

（1）气体的比热容与表面传热系数均小于液体，而且在许多场合下温度分布也不均。因此，用热电偶测量低速气流温度时，两者很长时间达不到热平衡状态，无论是位置还是时间变化，其温度都有明显差别，致使热电偶不能测出气流的真实温度，气流温度波动越大，造成的测量误差也越大。

（2）当热电偶的温度较高时，依据传热学原理，它将以辐射换热方式向其周围较冷物体传递热量，并以传导方式沿其自身由测量端向参考端传递热量。因上述两项热损失致使热电偶所显示的温度总是低于气流的实际温度。

（3）用热电偶测量气流温度时，由于热电偶对气流的制动作用，将气流的动能转化为热能，致使热电偶所测温度高于气流的真实温度。当气流流速高于0.2马赫数时，由此引起的误差是不容忽略的。气流速度越高，误差越大。

（4）用铂铑热电偶测量的气流中含有H_2、CO、CH_4等气体时，铂等贵金属对上述气体的燃烧反应起催化作用，使热电偶周围气体的燃烧充分，致使热电偶指示的温度偏高而引起测量误差。

综上所述，为了提高测量低速、高温气流的准确度，关键在于提高气流与热电偶之间的对流换热能力，并设法减少热电偶对其周围较冷物体的热辐射及热传导损失。

（二）高速气流的温度测量

管道中蒸汽流温度的测量是热工测量中经常碰到的问题。管道中气流温度为t_0，管道周围介质的温度为t_3，若$t_0>t_3$，则有热量沿传感器向外导出，由于热损失，使传感器指示的温度t_1低于气体温度t_0，即产生导热误差$\Delta t=t_1-t_0$。当传感器附近无低温冷壁，管道又敷有保温层，而且气体温度t_0不太高时，传感器对管道内壁的辐射散热的影响可以忽略。如果管道中介质为液体，则传感器对管内壁无辐射散热。在上述情况下，据传热学原理，导热误差应为：

$$\Delta t=t_1-t_0=-\frac{t_0-t_3}{ch(b_1L_1)\left[1+\frac{b_1}{b_2}th(b_1L_1)\coth(b_2L_2)\right]} \tag{6-2}$$

其中，$b_1=\sqrt{\frac{\alpha_1P_1}{\lambda_1A_1}}$；$b_2=\sqrt{\frac{\alpha_2P_2}{\lambda_2A_2}}$。

式中：α_1、α_2——管道内外介质与热电偶保护管间的表面传热系数；

λ_1、λ_2——管道内外保护管材料的热导率，$\lambda_1=\lambda_2$；

P_1、P_2——管道内外保护管的周长，$P_1=P_2$；

A_1、A_2——管道内外保护管的截面积，$A_1=A_2$；

L_1、L_2——管道内外保护管的长度。

实际上传感器在管道中的传热情况很复杂。上式为了推导方便做了许多假设，因此该式不能真正进行误差计算，只能作为定性分析的依据。由上式可以看出：

（1）当有热量从传感器向外散失的情况下，导热误差Δt不可能消除。

（2）管道中流体与管外介质的温差t_0-t_3越大，即式中分子越大，导热误差越大。为了减少此项误差，可将露在管道外部分用保温材料包起来以提高t_3，减少导热损失，而且使表面传热系数α_2降低，b_2也变小，故使导热误差Δt减小。

（3）当插入深度L_1增大时，双曲余弦ch（b_1，L_1）、双曲正切th（b_1，L_1）都增加，使导热误差Δt减小；当露出部分L_2减小时，双曲余切$coth$（b_2，L_2）增加，也使导热误差

Δt变小。因此，露出部分越短越好。

（4）表面传热系数α_1增加，b_1也随着增大，使导热误差Δt减小，故应把传感器插到管道中流速最高处，即管道中心线上。

（5）增加P_1/A_1，使b_1增加，可使导热误差Δt减小。因此，传感器的形状最好是细长而且是薄壁的。

（6）降低传感器材料的热导率入λ_1，则b_1增大，故使导热误差Δt减小。因此，最好选用导热性能不好的陶瓷材料制作保护管。

经过理论分析、计算和长期的实验研究表明，在测量高速气流温度时，为了保证测量元件不断裂，同时又不降低测量精度，可以缩短保护管的插入深度。因为管道内气流速度高，呈很强的紊流状态，管道横截面的温场分布比较均匀，同时由于被测介质的表面传热系数α远远超过静止或低流速状态，所以为保证设备安全运行，缩短保护管的插入深度是可行的，只要能保证其端部有足够的等温段（≥30mm），不插到管道中心，就能满足测量准确度要求。此项研究成果在发电厂中应用，基本上消除了保护管断裂，避免了由此而引起的停机停炉事故，减少了损失。

（三）航空发动机中高速气流的温度测量

温度传感器测量气流温度，一般希望得到的是气流总温，但是，即使在忽略温度传感器导热和辐射的条件下，实际测得的温度也将低于气流总温。这是由于气流的气动滞止、黏性耗散和导热联合作用的结果。在紧贴传感器表面的速度附面层内，气流速度迅速下降，到表面处降为零，这一现象称为气动滞止。由于外层气流向接近表面的内层气流做黏性剪切功，使内层温度高于外层温度；同时，由于黏性剪切功形成了内层高于外层的温度梯度，因而将有内层向外层的热传导，它使靠近表面的内层温度降低。上述两个过程达到平衡后，附面层内的气流和传感器表面将达到一个平衡温度，称为气流的有效温度，或者绝热壁温（恢复温度）。

测量高速、低温气流温度时，对流换热能力强，而且温度传感器的辐射和传导热损失可忽略不计。但是，由于温度传感器对高速气流的滞止作用，使得温度传感器测量的温度是有效温度，该温度介于气流静温和总温之间。如果想要准确测量气流的总温，则需要着重考虑减小速度误差。为减小速度误差，通常是在温度传感器的敏感元件外面设计滞止罩，以降低敏感元件周围的气流速度。这种带滞止罩的温度传感器称为滞止式温度传感器。

滞止式温度传感器的特点是滞止罩进气口的面积大于出气口的面积，即进出气口面积比大于1。进出气口面积比并非越大越好，为追求较高的温度传感器恢复系数，传感器进出气口面积比有一个最优值。

当测量高速、高温气流温度时，由辐射和导热热损失带来的温度传感器传热误差相对较大，需要重点关注传感器的辐射误差和导热误差。

二、高温气体的温度测量

当测量工业炉窑的火焰温度或锅炉烟道中烟气温度时，往往在热电偶保护管附近有温度较低的受热面，如炉壁等，使保护管表面有辐射散热，因而造成测量误差。被测介质温度越高，误差越大，有时误差达几百摄氏度，使测量工作完全失去意义。

为了减少测量误差，应选择适宜的安装位置。选择的原则是：首先，应使火焰或烟气能经过装在炉内或烟道内的保护管整个部分，并使火焰或烟气通过装有保护管的炉壁或烟道壁，以提高壁温；其次，为了减少导热损失，在装有保护管的外壁应敷以较厚的保温层。

应该指出，在高温下因辐射影响而产生的测温误差是很大的。为了准确地测量高温气体温度，最好采用抽气热电偶。

（一）抽气热电偶

1.抽气热电偶的基本原理

用一般热电偶测量的是炉窑的均衡温度，它是热电偶与气流间对流传热，与炉壁、工件、炉气间辐射传热，以及沿热电偶导线的传导传热等因素综合作用的结果。用抽气热电偶可近似测得气体的真实温度。因为当抽气用喷射介质（压缩空气或高压蒸气）以高速经由拉瓦尔管喷出时，在喷射器始端造成很大的抽力，使被测高温气体以高速流经铠装热电偶的测量端，极大地增加了对测量端的对流传热；又具有遮蔽套的作用，最大限度地减少了周围物体与测量端间的辐射传热，所以用抽气热电偶测得的温度便可接近气体的真实温度。因此，测量高温气体的真实温度，应采用抽气热电偶。

2.抽气热电偶的结构

抽气热电偶是由双层或多层遮蔽套、铠装热电偶及铠装补偿导线、喷射器、水冷管等组成。遮蔽套的材质与热电偶型号的选择取决于被测气体温度。当被测气体高于1350℃时，通常选用金属陶瓷或陶瓷遮蔽套及B型或者S型热电偶；当温度<1300℃时，可用耐热钢、不锈钢等遮蔽套及K型（镍铬－镍硅）热电偶。

（二）高炉风口回旋区温度测量

在高炉操作中，不仅要了解炉顶至炉身下部装料的情况，而且还要得到高炉下部风口区的信息，这也是很重要的。日本开发了风口回旋区探尺，测定了回旋区深度，并进行取样、测温，对分析高炉操作作用很大。

1.高炉回旋区探尺的结构

高炉回旋区探尺由三层水冷管、检测枪及驱动机构组成，可完成回旋区深度测量，煤气、炭黑取样，温度参数检测。

2.回旋区温度测量

为了检测高炉回旋区温度，曾探讨过接触式与非接触式两种方式。

（1）接触式。采用钨铼热电偶，在惰性气体中能用至2400℃，并可测任意点的温度，但因受高炉渣侵蚀，难以连续测温。

（2）非接触式。

①用辐射温度计测温，既能用至2000℃，又很方便；可是，因装入料的特性不同，使发射率波动很大，难以修正。

②用比色温度计测温有如下优点：在测量光路中即使有灰尘、煤气等，对其影响也很小；在测量波长范围内，发射率与物质有关，是确定的，而不需要修正；玻璃等夹杂物若能透过测温波长，则不需要修正。

针对定点测温的要求，采用带光纤探头的比色测温系统。

3.回旋区温度测量系统

为了测定高炉回旋区内任意位置的温度，在测温用检测枪端部装有感温元件。用光导纤维和自动比色温度计间接测量感温元件的温度。感温元件是消耗件，其材质为氮化硼陶瓷。BN属于难熔化合物，耐高温、耐腐蚀，在1600℃的铁液中浸渍0.5h也不会溶解。即使在2000℃以上的高温，该感温元件也可插入高炉内测温（几分钟），使用起来很方便。

三、超高压力下的温度测量

在常压下无法实现的反应，在超高压（力）环境下却可以实现。例如，在10^4MPa的高压和3000K高温环境中，石墨将转变为金刚石。在低温与（3～7）×10^5MPa的高压下，电绝缘的分子晶体氢将转成金属氢，金属氢有可能是室温超导体。因此，超高压下的测温，必须考虑压力因素的影响。迄今为止，热电偶仍然是高压系统中测量温度最广泛采用的工具。在高压条件下应用热电偶比热电阻好，这是由于热电偶不仅具有尺寸小、响应快等结构特点，而且热电偶在超高压力作用下受其影响也比热电阻要小得多。

（一）超高压条件下热电偶测温的特点

在高压环境中测温，热电偶本身也受到超高压力影响，使其原子间距减小，致使费米能增高，能带结构和费米面均发生变化，声子的频谱、声子与电子的相互作用也发生变化，结果使热电偶材料的热电特性发生变化。

（二）超高压力下的温度测量

1.恒定压力

国内外学者研究结果表明，在1200MPa压力下，铜镍合金的热电动势较大，约为0.35pV/K，随压力的变化平均为0.03pV/100MPa，铜－铜镍热电偶在-200～300℃、0～1000MPa下的压力热电动势，在77K时为4.1μV/100MPa，在362K时为2.2μV/100MPa。

2.冲击压力

冲击压力对热电偶影响的研究结果表明，在冲击瞬间热电动势值发生突变，而所发生的变化大大超过了预期的数值。如T型热电偶在200℃时，受30GPa冲击压力作用将产生的热电动势达250mV，而正常情况下仅为9mV。用不同的金属材料组成的热电偶，在16～40GPa冲击压力下的试验也发现，热电动势大大超过计算得到的数值，其产生的热电动势不和温度成比例而和冲击负载作用下的压力成比例。

四、微波场温度测量

微波是指在电磁波谱中频率范围为300M～300GHz的电磁辐射，具有频率高、波长短、能穿透电离层等特点，可以应用在雷达、通信等方面。20世纪60年代以后，微波作为一种新型热源得到迅速发展。微波加热具有加热速度快，热能利用率高，可实现快速自动控制等优点，现被广泛用于医疗化学研究、食品加工、材料热处理等行业，数以千万计的微波炉都需要测温。

由于微波属于超高频电磁波，存在着强电磁场，在微波场下的温度测量，依然是一个技术难题。在强电磁场下，温度传感器的金属部分和导线在高频电磁场下产生感应电流，由于趋负效应和涡流效应使其自身温度升高，对温度测量造成严重干扰，使温度示值产生很大误差或者无法进行稳定的温度测量。因此，研究微波场下无干扰的温度传感器很有现实意义。

红外测温仪可用于微波场测温，但因受到物体发射率、烟雾、视场过小等因素的影响，误差较大。超声测温用于微波场，造价昂贵，有待进一步开发研究。因此，从实用角度，此节只介绍常规的热电偶（阻）和热敏电阻在微波场的测温。

热电偶（阻）本身和连接导线均为金属材料，在微波场中可产生感应电流，所以必须采取措施减少或消除干扰。

（1）减少金属元件的厚度和传输线的直径，如选用极细丝材做热电偶，并采用电导率低、磁导率低的材料做连接导线，以减少涡流效应、趋肤效应和欧姆效应的影响。

（2）尽可能减少处于电磁场中闭合回路的环包面积，以减少感应电流。

（3）在仪表输入端增设滤波电容。

（4）调整元件和连接线的走向，使其尽可能与电场方向垂直，以减弱电磁耦合。

（5）必要时可停机测温，即关掉电源，在没有电磁场的条件下测温，测温后再开机工作。

（6）选用金属材料做成微波屏蔽套，加于热电阻和热电偶及导线外部，可屏蔽微波辐射的干扰。作者已开发出1600℃的微波炉用钨铼热电偶，成功用于1600℃的氧化气氛微波炉。

热敏电阻在微波场的温度测量是将热敏电阻用非金属的高阻导线做信号传输线，热敏电阻—高阻导线—金属传输线间的连接采用导电胶粘接，再配以简单的测量电路构成。

由于半导体其损耗角和介电常数都很小，在电磁场下析出的热功率很小，因而无感应电流或感应电流极小，基本上不带来电磁干扰。

第四节 真空炉温度测量

一、真空炉温度测量对热电偶的要求

（1）可靠的真空密封。作为真空炉专用热电偶，必须防止空气进入真空体系，即保证测温时系统真空度不会变化。

通常以真空炉漏气率来衡量系统真空度的变化。真空炉漏气率直接影响产品质量和抽气系统抽速配备，是真空炉重要指标之一。工程上以漏气率和漏放气率（炉室静态压升率）进行衡量；漏气率是由真空炉设计结构和质量决定的，漏放气率是运行过程中接触到真空系统的材料性能决定的。我国大型真空铝钎焊炉真空系统要求，漏气率≤ 5×10^{-8}Pa · m³/s，漏放气率（静态压升率）为 0.4 ~ 0.67Pa/h。

作者采用实体化结构及密封性极强的连接方式，很好地解决了金属和陶瓷的封接、传感器与真空系统的连接，可以保证满足真空炉的漏放气率的要求，即使保护管折断也不会影响系统真空度。

（2）真空感应炉用热电偶必须抗交变电磁场对温度的干扰。

（3）使用温度。采用高纯刚玉管，使用温度达1600℃；采用W、Mo等难熔金属或合金保护管，使用温度高达2000℃；采用BN或HfO，绝缘，可保证在2000℃以下的绝缘性能良好。

（4）真空炉用贵金属热电偶保护管。我国真空炉制造业，为了降低成本，自行设计制造了铂铑热电偶，在1200℃左右的温度下，常选用镍基高温合金制作保护管，但在高温下镍基保护管对贵金属热电偶有污染。Ipsen工业炉用S型热电偶为防止金属保护管对热电偶的污染，选用陶瓷管；为防止陶瓷破损，加长了夹持管的长度。该热电偶的关键技术在于夹持管与陶瓷管间的密封。

二、真空炉专用密封式热电偶

（一）真空烧结炉专用热电偶

随着电子工业的发展，在电子元件真空烧结炉的温度测量和控制系统中，亟须1200℃以上真空炉专用热电偶。我国现有长期使用在1450℃的电子元件真空烧结炉专用R型热电偶。

由于在高温状态下，真空炉炉衬材料和烧结元件会产生一些对铂铑热电偶有害的气体，以及考虑到真空烧结炉的密封性要求，该种热电偶采用充氮气结构。

刚玉管和不锈钢管的粘接采用特殊的耐高温密封胶，保证其密封性。在常温下加0.6MPa的内气压，15min无泄漏现象。加热至1450℃后，保温1h，真空度达到96kPa时，在20min内真空度变化不大于0.1kPa，完全满足用户要求。为了方便热电偶的定期检定及维修，该种热电偶的结构与常规热电偶相同，可以拆卸更换。

真空炉环境中，正确选用热电偶可获得准确和可靠的工艺温度数据。例如，K型或N型热电偶，因其价格低廉，最佳选择在1250℃以下；如果炉温高于1250℃，可选用R型或S型；而B型或钨铼热电偶使用温度为1500℃以上。

在烧结WC-Co、WC-Ni硬质合金制品时，如果材料采用Mo保护管，虽然烧结温度只有1500℃，但仍可能使熔点高达2623℃的钼管烧熔。其原因是Mo与Co、Ni等元素形成低共熔合金所致。因此，在烧结WC等硬质合金时，不用Mo制作热电偶保护管，最好使用刚玉管。在国外进口烧结炉中，其测温均采用刚玉保护管。

（二）超高真空专用密封式热电偶

普通的热电偶由于没有严格密封措施，不仅达不到真空系统要求，而且当保护管破损时，将使真空炉内外相通，致使发热体等氧化，造成损失。作者研发的超高真空专用密封式热电偶，采用单层或双层实体化结构的钨铼热电偶，并严格密封，满足了中科院科学仪器中心超高真空度的要求。

（三）带校准孔真空炉专用热电偶

为了克服离线式校准热电偶的诸多弊端，可采用带有校准孔真空炉专用热电偶，在线校准测温系统简单易行、方便实用。

（1）不可拆卸的带校准孔真空炉专用热电偶。这种热电偶在校准时测温组件不能从保护管中取出，只能整支校准，为企业定期校准带来不便。

（2）可拆卸的带校准孔真空炉专用热电偶。这种热电偶组件可以从保护管中抽出送检，十分方便。

（四）全部可拆卸型真空炉专用热电偶

真空炉专用热电偶有的部件易损坏，尤其是陶瓷保护管。为了降低成本，使修复工作变得简单易行，开发出了使用者也可自行修复的全部可拆卸真空炉专用热电偶。当发现热电偶部件损坏时，用户可自行更换，很受欢迎。

（五）超高压烧结炉与高压气淬炉专用热电偶

目前超高压烧结炉的压力已增至10～15MPa，该设备所用热电偶以前主要靠进口，不仅价格昂贵，而且周期长，亟须国产化。作者相继解决了保护管的开发，螺纹焊接，钨铼热电偶分散性及密封等关键技术，开发出6～15MPa超高压专用钨铼热电偶，成功替代进口。

（1）盲钻钼管粉末冶金制备的钼管，可靠性较差；拉拔钼管壁薄，难以承受6～15MPa压力。为此，成功开发了用锻造钼棒盲钻而成的钼管，耐压强度很高。

（2）密封螺纹焊接为了保证热电偶既承受高压，又要严格密封，故用固定螺纹密封。通常采用氩弧焊固定螺纹，但氩弧焊温度过高，钼管晶粒长大、变脆、强度降低，不可靠。改用铜钎焊固定螺纹，既耐压又能严格密封，很实用。

（3）钨铼热电偶的分散性经过几十年的努力，我国成功解决钨铼热电偶统一分度难题，但钨铼热电偶的分散性仍比其他热电偶大，即使是同一批的热电偶，其示值往往分散性也较大，而且双支热电偶的测量端虽然很近，可是其示值也较分散。其原因为钨铼热电偶丝自身的不均匀性和绝缘问题。针对上述问题，作者采用控制室温绝缘电阻方法，可使超高压烧结炉专用钨铼热电偶的电动势偏差很小。

三、真空炉测温准确度的影响因素

（一）真空度

在真空条件下，几乎无对流传热，主要依靠辐射热。当真空度很高时，在线测温系统的测量结果的示值往往偏低，即仪表显示的温度要低于真空炉内的实际温度，有时可能达到几十摄氏度。但是，当系统充氩气加强对流传热后，将减小此种偏差或基本上消除真空度的影响。

（二）发射率

当真空炉处于高温状态下，材料的发射率对测量结果的影响尤为显著。由于陶瓷管的发射率比金属保护管低，因此测量结果将比在同等条件下的金属管测温系统偏低。在进行炉温均匀性测试时多采用铠装热电偶，而控制系统多采用陶瓷管保护的热电偶。如果要求两者测量结果一致是不可能的，或是偶然的。除其他影响因素外，在高温高真空条件下，发射率的影响更是不可忽视的。

（三）热导率

在低温状态下，材料的热导率对温度测量的准确度影响较大。因此，采用金属或合金保护管的热电偶，因其热传导引起的热损失大，比陶瓷保护管的热电偶测温系统示值偏低。在低温、高真空条件下，热导率的影响尤为重要。

（四）响应时间

响应时间的快慢主要取决于热电偶的结构与测量条件，差别极大，对于真空设备因系统无对流传热，很少的传导传热，主要靠辐射传热，故其热平衡时间较长。而且，热电偶保护管因其表面发射率及防氧化措施不同，热电偶的响应时间也不同。实体化热电偶的响应时间很快，而抽气式钨铼热电偶的响应时间很慢，为实体化的2.2倍。

（五）热电偶插入深度

热电偶插入真空炉内，沿着保护管长度方向将产生热流。因此，由热传导引起的误差与插入深度有关，插入深度又与保护管材质有关。

（1）金属保护管的导热性好，插入深度要深一些，应为保护管直径的15～20倍。

（2）陶瓷保护管的绝热性好，插入深度要浅一些，应为保护管直径的10～15倍。对于工程测温，其插入深度还与被测对象是静止或流动等状态有关。流动的液体或高速气流的温度测量将不受上述限制。然而，对于真空体系，影响将更大一些，应引起注意。

第五节 高温熔体温度测量

一、高温盐浴炉温度测量

（一）高温盐浴炉的温度测量方法

高温盐浴炉曾是热处理行业广泛采用的设备，但因对环境污染严重，已成为国家淘汰工艺，仅有少数企业继续使用。目前高温盐浴炉的温度测量方法有以下两类。

1.非接触法

用辐射温度计测量盐浴温度。它的优点是响应速度快；缺点是误差较大，而且只能测量盐浴表面温度，而不能测出熔盐内部的真实温度。

2.接触法

将热电偶插入熔盐内，直接测出熔盐内部的真实温度，这是最准确的方法。

（二）热电偶保护管的材料

用于高温盐浴炉的热电偶保护管材料主要有以下三种。

1.金属保护管（如不锈钢、低碳钢管等）

低碳钢管寿命短但价格便宜；用因科内尔耐热耐蚀合金管，其寿命可达200～300h，但价格较贵。

2.非金属保护管（如刚玉管、瓷管等）

这种保护管耐高温、耐腐蚀，但质脆，耐急冷急热性差。

3.金属陶瓷保护管

金属陶瓷保护管是由金属与陶瓷相构成的复合材料，兼有金属与陶瓷材料的优点。作者在探讨金属陶瓷在$BaCl_2$熔盐中的腐蚀行为的基础上，研制出$Mo-Al_2O_3-Cr_2O_3$、三元系及$Mo-Al_2O_3-Cr_2O_3-X$等四元系金属陶瓷保护管MCPT-4。经瓦房店轴承厂等许多工厂实际应用表明，这两种保护管可在高温熔盐中长期连续使用寿命达到1680h以上。经专家鉴定认为，MCPT-4型保护管主要性能指标在国际上处于领先地位。

二、钎焊炉温度测量

（一）盐浴钎焊中NaCl对金属陶瓷的腐蚀

NaCl熔盐具有良好的传热性、流动性及化学稳定性，在我国很多行业中均采用NaCl作为盐浴钎焊的传热介质。钎焊工艺要求准确地测量与控制盐浴温度，这是保证零部件焊接质量的关键。但因氯化物熔盐对热电偶保护管的腐蚀性极强，故盐浴炉连续测温难以实现。

1.Mo–Al_2O_3在加硼砂熔盐中腐蚀行为

熔盐中添加硼砂后，其腐蚀速度比纯NaCl熔盐快得多，说明添加硼砂加速了腐蚀；而刚玉棒在纯NaCl介质中几乎不蚀损，但在加硼砂的熔盐体系中，腐蚀却很明显。Mo–Al_2O_3样块在加硼砂的熔盐体系中的蚀损量，超过在纯NaCl介质中的蚀损量，说明添加硼砂后，其腐蚀行为有所改变。

2.添加Cr_2O_3对样块腐蚀行为的影响

添加Cr_2O_3以后，Mo–Al_2O_3–Cr_2O_3样块在加硼砂的介质中腐蚀速度与Cr_2O_3含量有关。Cr_2O_3在陶瓷相中所占比例越大，样块腐蚀速度越慢。其原因可能是Cr_2O_3与Al_2O_3形成固溶体，降低了Al_2O_3与Cr_2O_3的活度，削弱了B_2O_3与Al_2O_3的反应，使蚀损速度变慢。

3.研究结果

（1）Mo–Al_2O_3金属陶瓷在纯NaCl熔盐中的蚀损，主要是金属相的电化学蚀损，并随Mo含量的增加而加快，随Al_2O_3含量的增加而减缓。Al_2O_3、B_2O_3对金属Mo起保护作用。

（2）在加硼砂的熔盐介质中，因Al_2O_3与B_2O_3，发生反应，破坏了陶瓷相的保护作用，硼砂含量越高，腐蚀越严重，从而找出了钎焊炉中保护管蚀损快的主要原因。

（3）在Mo–Al_2O_3中添加Cr_2O_3，可与Al_2O_3形成固溶体，在含硼砂的NaCl介质中，随Cr_2O_3含量增加，耐蚀性增强。

（4）由于单一氧化物容易被硼砂腐蚀，因此在Mo–Al_2O_3–Cr_2O_3三元系基础上，又开展了以尖晶石与锆英石为基础的金属陶瓷保护管的研制工作，并取得了一定进展。

（二）真空铝钎焊炉的温度测量

真空铝钎焊炉是将被焊工件静止摆放在真空室中，不像盐浴钎焊工艺借助熔盐的流动使焊缝接合处得到清理。真空铝钎焊工艺同样需要使焊缝母材结合区形成洁净的新鲜表面，这就需要较高的真空度、适宜的温度、Si–Mg元素的置换等条件，来完成母材表面氧化层的破碎和蒸发。实践证明，当工件温度在550℃以上的整个钎焊准备和焊缝成形过程中，工件摆放区域的真空度应小于7×10^{-3}Pa，才能保证良好的焊接质量，否则焊缝强度和连续性均受到较大影响。

1.温度均匀性与控温精度

有效加热区的温度均匀性是由加热器的合理布置、每个可控加热区的合理划分所决定的。使用者最关心的是工件的温度均匀性。铝板式钎焊工艺适宜的钎焊区温度范围因母材成分和钎剂配方不同而略有差别，一般为590～615℃。传感器的布置不可能使工件得到全面测量，测量回路各环节也存在测量误差，通常将工件上的温度传感器布置在一些极端点，并控制这些极端点使其在加热过程中的温度为595～610℃，时间为20～40min。温度超范围或在钎焊区内停留超时，都会对钎焊质量产生明显影响。因此，对温度均匀性与控温精度要求很高，空炉时温度均匀性达±4℃或更高。

2.温度传感器

真空铝钎焊炉对测温元件——热电偶的要求严格，特点如下：

（1）高精度。铝钎焊的工艺温度一般为（590±5）℃，温度过高或停留时间过长时，钎料熔化后由焊缝流出焊不上；如果温度过低，钎料未熔化，也焊不上。因此，对K型热电偶的精度要求高，必须为Ⅰ级。

（2）分散性小。只要求热电偶的精度高还不够，因为即使是合格的热电偶，其偏差方向并非一致，对测量结果影响很大。假如，一台钎焊炉的10支热电偶，其中5支为正偏差（+2.4℃），另外5支为负偏差（-2.4℃），虽然每支热电偶合格，但由测温元件自身分散性所带来的偏差将不能满足铝钎焊工艺要求。针对上述问题，作者采取在源头上解决的有效措施，保证为用户提供分散性小的热电偶，以适应真空铝钎焊装备的需要。

（3）热电偶用接插件的使用温度。真空铝钎焊炉用热电偶的接插件安装在炉内，环境温度高，一般在400℃以上。只能选用陶瓷质接插件才能达到用户要求。

（4）热电偶用接插件的耐热冲击性。当钎焊操作完成后，打开炉门取出工件时，接插件的温度急骤降低。因此，有的陶瓷接插件反复使用几次后，将因耐热冲击性能欠佳而破损，并且在反复升降温的间歇式操作过程中，陶瓷件与自身紧固螺钉等，因其热膨胀系数不一致，加速陶瓷接插件的破损。

（5）热电偶的规格、型号。由于铝钎焊炉对升温速率有要求，因此多采用热响应快的铠装热电偶，有如下两种：

①直接测量铝钎焊工件温度。采用细铠装K型热电偶（ϕ2mm）插入工件内，直接测出工件的温度。它的特点是测温准确，但寿命短。

②测量钎焊炉膛温度，采用较粗的变截面的铠装K形热电偶（ϕ5～ϕ6mm），使用寿命较长。

随着真空铝钎焊装备的发展，必将对温度传感器提出更新、更高的要求。因此，有针对性地开发出新型温度传感器，才能适应我国真空铝钎焊装备发展的需要。

三、铝及其合金熔体的温度测量

（一）铝液测温

在铝冶金及加工行业中，有关熔化炉、保持炉、精炼炉等铝液温度连续测量和控制是保证产品质量的重要条件。这些炉型按加热方式可分为电加热炉（炉膛温度为1000℃，站竭温度为800℃左右）、燃气加热反射炉（炉膛温度达1300℃）、油加热反射炉（炉膛温度1200℃）；按化学成分可分为纯铝炉和铝合金炉。

大型铝锭熔化炉可装铝液40t，小型只有几十千克，不同炉型工况差异很大。此外，在铝锭熔化和精炼过程中，还有加料，加精炼剂、除气剂、覆盖剂，机械搅拌或电磁搅拌，机械扒渣等工艺操作。因此，欲解决铝液连续测温问题，热电偶保护管是关键。

1.铝液测温用热电偶的特点

（1）耐铝液腐蚀。

（2）足够的高温机械强度和高温抗氧化性能。反射式加热炉的气氛温度远远高于铝液温度，特别是当炉内铝液快放完时，整支保护管都处在高温状态，很容易变形、氧化起层脱落。另外，搅拌和扒渣工艺操作时容易碰弯、碰断保护管。

（3）能承受热冲击的作用，在加大块料时为防止碰撞，热电偶必须拔出。因此，对热电偶保护管的热冲击很大。

（4）应有良好的抗渣性能，如添加的精炼剂、除气剂和覆盖剂对保护管均有腐蚀作用。

2.陶瓷保护管

纯铝及铝轮毂等行业对铁杂质含量要求很严格，因此必须采用陶瓷保护管。陶瓷保护管种类繁多，SiC保护管虽然耐腐蚀，但强度低，耐热冲击性能较差。Si_3N_4、赛隆（Sialon）保护管耐高温、耐腐蚀、强度高、耐热冲击性极佳，又不污染铝液，在铝液中使用寿命可达1年以上。目前因其价格昂贵，应用很少。采用NSiC（Si_3N_4结合SiC）保护管，其使用寿命达4~6个月，用于东大三建工业炉等，可代替进口产品，效果很好。

（二）铝液与铝电解液测温——便携式浸入型测温仪

现有的浸入型测温仪具有如下缺点：

（1）不断地更换保护管或热电偶。

（2）频繁地切断偶丝，制作新的测量端。

（三）锌、镁液专用保护管

锌、镁液测温机理虽与铝液相近，但应有针对性地分别采用锌、镁液专用的热电偶保护管。作者采用特种钨钼合金保护管，用于株洲冶炼厂锌液测温，使用寿命在1年以上。采用NSiC保护管，用于临江镁业的镁液测温，使用寿命在半年以上。实践证明，碳钢管在镁液中的使用寿命优于不锈钢管。宝钢热镀锌槽采用NSiC保护管，使用寿命在3个月以上。

四、铝电解液温度测量

铝电解工业是耗能大户，1t铝电耗为13500～15000kW·h，而温度与能耗关系很大。理论与实践都证明，降低电解液的温度，可提高电流效率，这是降低铝电解工业能耗的有效途径。因此，人们都致力于准确地测量与控制铝电解液的温度。但因铝电解液为含冰晶石（Na_3AlF_3）的强腐蚀性高温熔体，连续测温十分困难。为了测出电解液的真实温度，用热电偶浸入电解液测量是最直接而有效的方法。目前国内外铝厂仍是每天由人工测量铝电解液温度，这种测量结果无法参与电解槽的实时在线控制。

（一）铝电解槽连续测温用陶瓷保护管及涂层

1.复合氧化物保护管

用氧化镧（质量分数为68.2%）和氧化铬（质量分数为31.8%）制成φ15mm×10mm×500mm的保护管。将该保护管插入冰晶石中，连续使用1个月后，仍可继续使用。复合氧化物有尖晶石型、钙钛矿型、白钨矿型、金红石型及复合钙钛矿型等多种结构形式。

2.涂层保护管

将上述特定组成的复合氧化物$LaCrO_3$粉末，用等离子法喷涂在氧化铝保护管上，厚度为400μm。将该保护管插入冰晶石等熔盐中，连续使用1个月，保护管仅有轻微腐蚀。但是，在相同条件下没有涂层的氧化铝管，仅使用1周，保护管被腐蚀就不能再用了。

3.外延法

为延长保护管的使用寿命，可把保护管埋入铝电解槽的碳质炉墙内，用外延法求得铝液温度。此方法误差过大，一般不采用。

4.阳极保护法

氧化锡等氧化物对纯冰晶石是稳定的，但却与溶解或悬浮在冰晶石中的金属铝起反应。

当有电流通过SnO_2且电流密度在0.01A/cm²以上时，其腐蚀速度明显降低。因为氧化物同金属反应本质是还原，即获得电子的过程，如给氧化物施加一定的正电位，即变成阳极，因而难以获得电子，致使氧化物的腐蚀速度明显降低。但值得注意的是，应对电流密度有一定要求，即在阳极表面上通过的电流密度最小为0.01A/cm²，否则达不到预期的效果。

（二）铝电解槽内电解液连续测温

目前国内外尚未找到适宜的耐电解液腐蚀的材料。作者采用整体嵌合式一次浇铸成形新技术，开发出铁基合金与陶瓷复合管型浸入式热电偶，已获国家发明专利。其特点是强度高，韧性好，不粘电解质，灵敏度高。该热电偶在贵州铝厂进行试验，使用寿命最长达48d。

（三）铝电解质温度间歇式在线测量装置

铝电解槽是一个大滞后系统，并不是每次进行情况分析时都需要采集温度参数，只有在发现电解槽热平衡出现变化时，才需要采集和处理温度信号。这种需要是随机的，因此，作者同设计、生产单位合作开发出一种间歇式测温装置，在槽控机控制下在线检测温度。法国已在超大型铝电解槽中采用类似间歇式测温装置，用于生产过程的在线控制。

1.结构

铝电解质间歇式在线测温装置由三部分组成：形成测温孔的打壳机构；驱动测温探头的测量结构；控制测量过程、采集和处理温度信号的槽控机。

2.技术指标

测温探头用特种铁基铸造合金保护管（MPT–2）及K型热电偶，使用寿命在500次以上，响应时间为3～4min，测温精度为0.5%t（t为实测温度）。

铝电解质间歇式在线测温装置，在铝厂投入运行后情况良好。经专家组鉴定认为，该装置解决了铝电解生产过程中亟须解决的铝电解质温度的实时在线测量技术难题，为槽控软件在温度控制方面取得突破提供了重要的前提条件，可在现有槽控软件（物料平衡）的基础上，进而实现能量平衡控制。

五、间歇式测量钢液温度

温度是炼钢过程中的重要参数之一。合理的温度规范和准确的温度测量对提高产品质量、产量，降低消耗，实现冶金生产自动化，均有积极作用。测量钢液温度的检测环境极为恶劣，尤其是转炉，钢液温度达1500～1700℃，有时甚至超过1750℃，在吹氧时点火区温度高达2000～2500℃，而且钢液面激烈搅动，强烈冲刷传感器。因此，到目前为止，尚未研制出适于冶炼过程在线监测的温度传感器。

测量钢液温度的方法主要有两大类：非接触法与接触法。在接触法中，用热电偶测量钢液温度具有测量准确、可靠、简便等优点。用热电偶测量钢液温度，除了需要耐高温、抗氧化的热电偶，还要有抗钢渣浸蚀及热冲击的保护管，或者研制出能够短时间经受高温钢液浸蚀和冲击的专用热电偶和特殊方法。前者是研制新型保护管和热电偶，而后者则是采用小惰性结构的浸入式或投入式热电偶，能在烧毁前迅速地测出钢液温度，如快速热电偶或副枪浸入式热电偶等，而动态测温则是一种特殊的测量方法。

（一）浸入式热电偶

浸入式热电偶是各国普遍采用的热电偶。根据被测对象的不同，其结构也有所差异，但其基本结构是把热电偶装在一根较长的钢管中，热电偶的测量端要焊接或铰接起来，热电极用刚玉管绝缘，为能经受钢液及炉渣的高温浸蚀，钢管的前端套有石墨管。在保证测量准确度和不损坏枪体的情况下，应力求轻便。依据测量范围可选用下列测温元件。

1.热电偶

当温度高于1300℃时，常选用S型、B型、WRe3-WRe25、WRe5-WRe26热电偶等。热电偶丝直径一般为ϕ0.3～ϕ0.5mm。当温度低于1300℃时，可选用N型或K型热电偶，热电偶丝直径通常为ϕ2.5mm或ϕ3.2mm。

热电极材料是保证测量准确度的关键。不仅要求热电偶分度准确，稳定性、均匀性要好，而且在使用中也应充分注意：当采用铂铑系热电偶时，由于高温下有害物质的污染及合金元素的扩散，会使热电特性发生变化，所以测量10～20次后，应剪去10～20mm，更新测量端。钨铼系热电偶因高温下晶粒长大及玷污，也应在测量数次后将前端剪断，再铰接或焊接新的测量端。

2.保护管

浸入式热电偶采用的保护管有石英管（短时间可用至1700℃）、金属陶瓷保护管，有时也用氧化物、硼化物保护管等。无论何种保护管，其耐热冲击性必须好，否则要经预热后才能缓慢地浸入钢液中。为了减少导热误差，保证测量准确，保护管应有足够的插入深度。石英管的壁厚、热电极丝的粗细、测量端的直径等都直接影响热电偶的响应速度。

3.金属陶瓷保护管

真空感应炉内合金钢液温度测量时，以前多用刚玉管，但它的耐热冲击性差，易损坏。直到20世纪70年代初，英国莫根（Morgan）公司研制出$Mo-Al_2O_3$（Mo的质量分数约为80%，Al_2O_3的质量分数约为20%）薄壁金属陶瓷保护管，广泛用于各种合金钢液的温度测量，使用寿命达70～80次。目前国产$Mo-Al_2O_3$及$Mo-Al_2O_3-ZrO_2$两种材质的薄壁管，在真空感应炉中使用，平均使用寿命大于120次，最高达500次，比英国同类产品的使用寿命提高2倍以上，受到用户欢迎。其主要特性如下：

（1）使用温度：1400～1600℃。

（2）使用寿命：大于120次。

（3）使用方式：不经预热可直接插入钢液中间断使用。

（4）热响应时间：小于30s。

（5）耐热冲击性：在1500℃的氩气氛中反复急冷急热次数大于100次。

（6）规格：ф10mm×6.0mm×（140～190）mm。

（7）显示仪表：仪表的量程应根据选用的热电偶和测量范围而定，响应时间要小于2.5s，准确度不应低于0.5级。浸入式测温仪已经数字化，可以给出清晰的四位显示，准确度达1℃，并具有峰值保持装置，即使从熔体中抽出后，仍维持测得的温度数值。由于采用干电池供电，使用十分方便。

（二）消耗型热电偶

消耗型热电偶专门用于快速测量钢液、铜液等的温度。欧美各国用它取代较笨重的浸入式热电偶，现已全面推广应用。我国不仅有S型、B型热电偶，而且还在世界上首先开发出消耗型钨铼热电偶。消耗型热电偶的工作原理与普通热电偶相同。

1.消耗型热电偶的特点

（1）测量元件小，响应速度快。

（2）每测一次更换一支新的热电偶，因此没必要定期检定，而且准确度较高。

（3）几乎不需要维修、保养。

（4）由于纸管不吸热，故可测得真实温度。

消耗型热电偶的测量系统是由测温探头、补偿导线及显示仪表构成的。固定在测温枪内的补偿导线应采用耐热级或铠装补偿导线，通过接插件与显示仪表相连。

2.结构

（1）消耗型热电偶。各部分的作用及特点如下：

①保护帽。它的作用是保护石英管顺利通过渣层，进入钢液时保护帽迅速熔化，石英管露出。如果没有保护帽，通过渣层时，石英管要粘渣影响测量。值得注意的是，应依据被测熔体选择适合的保护帽。比如，测量铜液时，绝不能用铁帽，必须用铜帽或铝帽。

②“U”形石英管。保护快速热电偶的“U”形石英管用透明石英制造，其外径不小于ф2.5mm，厚度不小于0.5mm。石英管应与高温水泥平面垂直。

③热电极丝。用来制造快速热电偶的丝材，其热电性能应符合相应的标准要求。丝材的直径一般为ф0.1mm。为了保证热电偶在测温过程中参考端温度不超过100℃，除了用绝缘性能好的纸管保护，铂铑偶丝的剪切长度不能短于27mm。

④消耗型钨铼热电偶的分度方法。采用熔丝法分度快速热电偶，对铂与钯丝的要

求：纯度为99.99%，直径为φ0.3～φ0.35mm；使用前熔丝应清洗，并在400～600℃下进行软化处理5～10min。

被分度的热电偶与支撑丝一起用钯丝或铂丝在测量端处跨接或绕接（4～5卷），然后放入炉中分度。在钯丝熔化前10～15℃时，炉温升速为3～6℃/min；当熔化前5～10℃时，炉温升速为2～4℃/min，并且每隔15s记录一次读数，热滞处即为Pd熔点，此时的热电动势即为该热电偶在Pd点的热电动势值。

⑤补偿导线。制造消耗型铂铑及钨铼热电偶的补偿导线合金丝的热电性能与技术条件应符合要求。对于B型消耗型热电偶，因低温时热电动势很小，可用铜线作补偿导线。关于消耗型热电偶的回路电阻，包括补偿导线在内，不得大于3Ω。

⑥高温水泥。它是一种特制的密封绝热材料，其作用是支撑石英管及外保护管，同时应具有良好的绝缘性能。对高温水泥的要求：耐高温，热稳定性好，低热传导；对它的灌注必须充实、平整，并能在常温固化又具有一定强度。常用的有硅镁质、铝镁质及全镁质三种高温水泥。它的质量及热电极埋入深度，是测温过程中参考端温度t_0能否超过100℃的关键环节。参考端埋入深度一般不小于13mm，测量端露出高温水泥面的高度一般不小于12mm。当测量时间小于8s时，一般参考端温度小于100℃。例如，钢液温度为1700℃时，参考端温度为65℃。但是，热电极埋入深度大于5mm，则参考端温度大于100℃，致使测量结果偏低，引入较大误差。

（2）无喷溅消耗型热电偶。如果需要测量盛钢桶、钢锭模内钢液的温度，或者必须靠近钢液进行测定时，多采用此种热电偶。顾名思义，其特点是测量时无喷溅。防喷溅材料有珍珠岩及陶瓷。

（3）注流用消耗型热电偶。由盛钢桶向钢锭模中浇注时常选择注流用消耗型热电偶测量注流的温度。透明石英管露出长度为25mm，而测量端又要从透明石英管的顶点露出一点。透明石英管既要耐高温，又要具有耐钢液流动压头的能力。在测量时直接将热电偶的端头插入注流中心。

（4）感应炉用微型消耗型热电偶。为了面向铸造行业，尤其是从经济上考虑，开发出了超小型无喷溅的感应炉用微型消耗型热电偶。它的特点是，可安全、迅速地测量出感应炉及坩埚内钢液温度。

（三）副枪浸入式热电偶

氧气顶吹转炉炼钢的特点是吹炼时间短，反应激烈，终点温度不易控制。为了适应生产发展的需要，从20世纪60年代开始用电子计算机控制转炉炼钢，控制方法有以下两种。

1.静态控制

在吹炼开始前，确定物料平衡和热平衡关系公式。根据公式进行配料计算，然后按计算结果装料与吹炼。在吹炼过程中，不做任何测试和修正。此种控制方法称为静态控制。由于理论计算模型与实际偏离较大，因此静态控制的命中率约为70%，比人工控制提高10%左右，仍不够理想。

2.动态控制

在吹炼开始前，配料计算与静态控制相同，但可依据吹炼过程中测得的参数对终点进行预测与判断，从而可调整或控制吹炼参数，以便对原模型进行修正，使之达到预定的目标。动态控制的命中率可达90%左右。命中率的高低关键在于能否在吹炼过程中，快速、准确地获得熔池的各参数，尤其是温度及碳含量。当前绝大多数国家采用副枪测量钢液温度及碳含量，可实现动态控制。

所谓副枪，是在氧枪的另一侧设置的水冷枪，枪头上安装了可更换的探头。副枪用探头有下列三种形式：测温探头、复合探头、多用探头（既能测温，又能测出氧含量）。在复合探头内有一个装有热电偶的样杯，在测量时，副枪下降，探头进入钢液，首先测出熔池温度；与此同时，钢液也进入探头样杯内，当副枪提升时，样杯内的热电偶测出了杯内钢液的凝固温度曲线，由曲线可迅速判断出钢液中碳含量。

副枪的结构类似于转炉的氧枪，它是由高压水冷却的二层或三层钢管构成的。副枪支撑在升降小车上，用钢丝绳及拖动机构带动副枪沿滑道上升或下降。每次测量后，自动更换探头。用副枪测出的钢液温度及碳含量由仪表自动记录、打印或经变送器转换成统一信号送至计算机，作为冶炼过程的参数。

副枪浸入式热电偶的突出优点是，可在转炉吹炼过程中进行测量，不必停吹或倒炉，是实现转炉炼钢自动化的关键性测试手段。

（四）动态测温法

动态测温技术是20世纪60年代发展起来的一种新的测温方法。它的特点是，在非稳态导热过程中，测出传感器的温度随时间变化的函数关系（动态曲线），然后依据一定的数学模型，利用电子计算机推算出被测熔体的实际温度。由于传感器测温时不需要达到热平衡，所以测温速度较快，既可用普通热电偶代替贵金属热电偶，降低测温费用，又可降低对保护管材料耐高温、耐腐蚀的苛刻要求。动态测温法的缺点是利用外推法计算实际温度，准确度难以提高。此种方法用于测量2000℃以上的超高温时，其优越性才能得到充分发挥。这种新的测温方法有待于进一步发展、完善。

第六节　热量与热流测量仪表

一、热量表

（一）热量表的工作原理

热量表（又称热能表）是测量和显示载热液体经热交换设备所吸收（供冷系统）或释放（供热系统）热能量的仪表。本节介绍适用于以水为介质的热量表。

热量表不能直接测量系统消耗的热量。它是利用将一对温度传感器分别安装在供热管网的进水管和回水管上，将流量传感器安装在进水管或回水管上，当水流经热量表的管道时，流量传感器采集流量信号，配对温度传感器给出表示温度高低的模拟信号，计算器采集来自流量传感器和温度传感器的信号，利用公式算出热交换系统所消耗的热量。

（二）热量表的结构与分类

1.热量表的组成

热量表由计算器、温度传感器、流量传感器三部分组成。

（1）温度传感器：安装在热交换系统中，用于采集温度并发出温度信号的部件。

（2）流量传感器：安装在热交换系统中，用于采集流量并发出流量信号的部件。

（3）计算器：接收来自流量传感器和配对温度传感器的信号，进行热量计算、储存和显示系统所交换的热量值的部件。

2.热量表的分类

（1）按流量计的测量原理，分为机械式（其中包括涡轮式、孔板式、涡街式）、电磁式、超声波式等。这是最常用的分类方法。

（2）按基本结构，分为整体式热量表、组合式热量表、紧凑式热量表。

（3）按使用用途，分为用户式热量表、楼栋式热量表、管网式热量表。

（4）按使用功能，分为热量表、冷量表、冷热量表。

（5）按口径，分为DN15、DN20、DN25等。

3.热量表用温度传感器的工作原理

热量表常用的测量元件是薄膜铂电阻，它们分别安装在热力管线的进水管和回水管上，与计算器配合使用可以测量进水与回水之间的温度差。为了提高分辨率、减小引线电阻对测温精度的影响并兼顾成本控制，一般多采用两线制Pt1000薄膜铂电阻作为温度传感器。

在热量计算中，进、回水的温差是影响热量计量精度的关键，保证温差准确的基本方法是提高温度传感器的精度，但这样会大幅提高温度传感器的成本。因此，只满足工业铂电阻标准的温度传感器应用在热量表中存在较大偏差，必须研究针对两支温度传感器进行配对处理的测量方法。

配对温度传感器是将偏差相同或相近的两支温度传感器分别作为进、回水温度传感器使用。这样既可以降低对温度传感器的精度要求，又可以保证对温差的高精度测量。因此，配对铂电阻的误差校验是非常关键的。

二、热流计

在国际上重视温度测量的同时，由于能源计量的需要，对热流的测量也逐渐发展起来。但我国现在对热流计、热量计、热通量传感器等仪表称呼还不完全统一。使用热流计和热通量传感器时要注意，因为两者的英文缩写均为HFS（Heat Flow Sensor和Heat Flux Sensor）。

（一）热流计的结构

现有的热流量传感器，基本上都是由带有热电堆的薄片制成的。通常采用半镀绕丝技术，把铜镍丝绕在可挠曲的塑料片上，而绕丝的一半镀以纯铜或纯银，其交界处起到热电偶的作用，从而形成若干支铜-铜镍或银-铜镍热电偶所组成的热电堆。

用模压技术制作的圆盘型热电堆。其典型尺寸为：直径φ1cm~φ30cm，厚度为2~5mm，热电偶数目在1000~2000之间。制造热电堆的技术还有光刻技术、印制电路技术与厚膜技术等。

（二）热流计的应用

1.热分析领域的应用

在热分析领域内，将样品放在温度场中，它所吸收或放出的热量可用差热分析仪（DTA）和差示扫描量热仪（DSC）进行测量。所谓DTA，是在程序控制温度下，测量被测物与参比物之间的温度差与温度关系的一种技术。而DSC是在程序控制温度下，测量输入被测物和参比物的功率差与温度关系的一种技术。依据测量方法的不同，又分为功率补偿型和热流型。DSC法由于灵敏度高，分辨能力强，能定量测量各种热力学及动力学参数，因此在应用研究及基础研究中获得了广泛应用。

2.确定最经济的保温层厚度

利用热流计的测定结果来确定最佳保温层厚度。保温层施工经费（元）随保温层厚度的增加而增加；而热损失所耗费用随厚度的增加而减少。

3.了解设备散热损失

当需测热流的设备很庞大或涉及面很广时，检查它的异常部位和测量热流分布就需要很多劳动力。现在发电厂锅炉上同时用热流计和红外热像仪可迅速发现异常部位。采用这种方法时，首先在距离设备较远处，用红外热像仪测量锅炉整个壁面的温度图像，温度不同亮度也不同，然后对亮度不同的部分进行热流测量。从测量结果中可以看出，亮度低的低温部位热流密度小，亮度高的高温部位热流密度大，这就可以有效而迅速地发现异常地点。另外，根据红外热像仪得到的温度图像，计算出相同亮度部位的面积，再将各部分的面积与热流密度的乘积相加，即可求出散热损失。

4.设备安全管理

大型电炉的炉底衬过薄时容易发生穿底事故，如果过厚，则停炉时会造成很大的经济损失，所以经常需要正确地掌握其厚薄。通常在炉底安装热电偶，根据炉底温度上升情况来估计炉衬损坏情况。但对于强制冷却炉底的大型电炉，该种方法已经不太起作用。目前正在用热流计作为操作管理的重要仪器。

为了掌握炉衬的破损情况，一般把热流传感器埋设在最易损坏的金属液面的圆周方向的炉壁中或炉壁上。水冷却时，必须安装水冷型热流传感器。利用热流传感器推测残存砖厚度在电炉使用后期是很重要的。此外，热流传感器也经常用于安全管理和为了延长电炉寿命的检测。

第七节 行业测温实用技术

一、隧道窑、高炉与热风炉的温度测量

（一）隧道窑的温度测量

隧道窑内温度测量的目的主要是对窑内气体温度随时间的变化进行管理。关于测温点的选择，应尽可能减少测量误差。因此，温度传感器最好安装在隧道窑内温度变化较小的预热带、冷却带的炉壁中。对于温度变化大，但对质量影响至关重要的燃烧室，最好安装

在炉顶及燃烧室的侧面。

（二）高炉与热风炉的温度测量

1.高炉的温度测量

高炉是将铁矿石还原成铁的设备。在投入焦炭的同时，要从炉体下部送入热风。为了获得热风而设置热风炉，在炉内燃烧与送风两种过程反复进行，在燃烧期积蓄燃烧热，在送风期再将存储的热量给予冷风后形成热风进入高炉。

2.热风炉炉顶的温度测量

（1）高炉煤气加热的热风炉温度（<1280℃）测量，热电偶保护管采用高铝或刚玉管，铂铑热电偶的使用寿命在60d左右。作者采用耐热合金保护管，使用寿命达到300d。

（2）焦炉煤气加热的热风炉，其炉温高于1300℃，只能采用SiC等非金属保护管。上海宝钢一直采用日本反应烧结SiC保护管，它的特点是高温强度高，气密性好（≤9%）。我国其他钢厂使用的多为再结晶SiC保护管，气孔率很高（25%～30%），强度低，因此在热风炉上应用效果较差。

（3）红外辐射温度计，运用红外测温技术测量炉顶温度，从原理到实施均无问题。只是以往的红外辐射温度计现场维护量大，目前虽有所改进，但误差仍然偏大。

3.烧结机点火器专用热电偶

烧结机点火器的温度约为1150℃。其特点是，点火时温度高，灭火时温度低，温度变化大。采用陶瓷保护管的铂铑热电偶，平均使用寿命约50d。作者采用耐热合金保护管的N型热电偶，平均使用寿命为110d，约为铂铑热电偶的2倍，而价格仅为铂铑热电偶的1/5。其性价比十分优越。

二、造纸、粮食及食品工业的温度测量

（一）造纸

造纸生产过程的温度因在200℃以下，所以多采用铂电阻测温。生产过程的干燥工序，都在高速旋转的密闭设备中进行，如果设备内的温度超过70℃，则停止操作。因此，采用200支传感器监测滚筒轴承温度，这是造纸行业重要的管理项目之一。轴承温度的测量范围是0～200℃，而热电阻的敏感部分较长，不适用于局部温度测量。此处温度测量的目的是及时发现轴承温度异常升高，所以多采用适于局部温度测量的铠装热电偶。

（二）粮食

由于农业现代化及物流的发展，粮食的流通也日益兴旺。散装物料的输送、存储均采

用筒仓。筒仓与普通仓库相比，虽然储藏能力很大，但由于外界温度变化或粮食自身呼吸等原因，引起粮食内温度升高，水分增加，细菌繁殖，致使粮食质量低下，腐败变质。为了测量筒仓内温度，尤其是大型筒仓多选择专用温度传感器。

（三）食品工业

食品工业在生产过程中的温度测量对象有粉体、固体及液体。现在人们对食品文化越来越关心，因此食品工业用传感器的开发十分活跃。食品工业用温度传感器除用于杀菌过程外，均用于常温或低温领域。由于传感器直接与食品接触，因此对保护管材质与安装方法等卫生要求极其严格。除高可靠性外，食品工业用传感器必须满足如下要求：

（1）清洁卫生。

（2）安装、维修与保养方便。

（3）采用食品级材料，与食品接触部分应精抛光、无死角，绝对不泄漏食品。

肉类制品等食品工业专用温度计，采用无毒的硅胶套管、聚四氟引线。探头形式有斜面或锥面式两种，探头直径为φ3～φ5mm。传感器为P100铂电阻，测温范围为-50～200℃。

三、火电与石油化工行业的温度测量

（一）热电厂

热电厂的设备由锅炉、汽轮机及发电机组成，其使用的温度传感器依据要求不同有运行监控用温度传感器、自动控制用温度传感器及热管理用温度传感器。运行监视用温度传感器有锅炉管壁温度传感器等，自动控制用温度传感器有主蒸气温度传感器、锅炉流体温度传感器、汽轮机轴承衬瓦温度传感器等，热管理用温度传感器有蒸汽温度传感器、给水温度传感器及排气温度传感器等。

1.管壁表面温度测量

管壁表面温度传感器多采用铠装热电偶。在锅炉中，该温度传感器处于高温、振动、有腐蚀性气体等恶劣环境，应充分考虑防止断线及耐蚀性是很必要的；而且为了同管壁接触紧密，要将与管表面具有相同曲率的导热板焊接在管壁表面上。

2.主蒸汽温度测量

为了测量主蒸汽温度，通常采用带有盲钻管的热电偶。为了使管内的热电偶与管底部压紧，并能适应管的振动、热膨胀等，多采用有压簧结构的热电偶。插入管路内盲钻管应满足如下条件：

（1）机械强度高，应满足抗压强度与抗弯强度，以及由卡门涡街引起的共振。

（2）耐高温，抗氧化。

（3）为提高测量精度，要有足够的插入深度，但可能引起强度下降。

3.管道外壁测温热电偶（阻）

该测温热电偶（阻）主要用于管道外壁的温度测量，采用抱箍或卡箍式固定装置，用弹簧压紧式的温度探头使其与管道外壁紧密接触。其具有拆卸方便、反应灵敏、抗压、抗震和测量可靠等优点，尤其适用于DN≤100mm、PN≥10MPa的高压管道温度测量。

（二）声学测温系统及其在电站锅炉中的应用

声学测温系统主要由声波发射/接收单元、处理控制单元、通信系统、数据处理与图像重建计算机等构成。

1.声波发射/接收单元（STR）

声波发射/接收单元是声学系统的主要装置，它具有声发射和接收功能，组成一个单元设置，由一个用法兰安装在炉墙壁的不锈钢喇叭形波导管和一个前置放大器组成。考虑到炉内的噪声特性和高温情况下声波的传播特性，通过控制电磁阀产生0.55～0.83MPa的压缩空气，经波导管内孔板产生声压级为130dB以上的宽频带声波，作为系统的声源。声波接收部分是用耐腐蚀镍基合金制作的压电式传感器，用来接收本单元和其他单元发出的声信号，输入前置放大器，经放大、处理后输出到处理控制单元。

STR根据系统组态要求，可以按单一声发射器、单一声接收器、声发射和接收器三种方式运行。对于单路径平均温度测量，每条路径设置两个STR；对于断面温度场测量，可根据安装条件和测量精度要求，设置多个STR。

2.处理控制单元（PCU）

处理控制单元是一个专门的微处理机系统，主要由微处理器、存储器、多路转换开关、可变增益放大器、多路A/D转换器、上下位机通信接口和电源等组成。处理控制单元具有的功能包括：

（1）电磁阀的控制，对所有接收声波信号的滤波、放大。

（2）根据系统组态的要求，控制STR顺序发声和多路声波接收信号的采样与存储，以及采样结果的上传。

（3）具有4～20mA模拟量输出和RS422串行数字量输出。

（4）能识别锅炉吹灰器运行的固有噪声，剔除吹灰器投入时产生的无效数据。按设定值定时启停压缩空气清扫系统，吹扫波导管及墙孔内的粉尘、渣粒和杂物。

（5）可设置路径长度、气体介质特性参数、发射/接收器数量、测量周期等。

3.数据处理与图像重建计算机

数据处理与图像重建计算机主要完成对下位机采集数据的接收、处理，为用户提供所需的各类实时图像，供监测、分析、存档和打印输出。它具有几种显示方式，可显示测温路径、路径上的平均温度、测量区域某一小区的平均温度、实时温度场显示等。

4.系统的安装要求

根据要求的监测点确定STR的安装位置，如炉膛及其出口、辐射过热器、高温过热器、再热器区域。在为调整燃烧工况监测炉膛断面温度场时，STR应安装在最上层燃烧器上部大于5m的位置。

安装STR波导管的孔径应为150mm或更大些，要保证接口的气密性；特别注意波导管与炉膛空间的声学阻抗匹配，最大限度地提高输出声波的能量；应保证压缩空气在0.83MPa压力下达到1700L/min的流量；与STR相连的压缩空气管路应有一个柔性的过渡段。

为提高系统的抗干扰性及稳定性，前置放大器箱与STR之间最大距离不得超过2m，而且不能装在炉墙上。前置放大器与处理单元之间的电缆最大长度为152m，中间不得有接头。在不安装冷却系统时，处理控制单元工作的环境温度最高为38℃。

（三）石油化工行业的温度测量

1.液体温度测量

液体温度大多采用接触法测量。液体的比热容及热导率都比较大，与检测元件的热接触好。用接触式温度计时注意下列事项，可获得较高的准确度。

（1）当测量液体温度分布时，宜选用热容量小的检测元件。

（2）将液体充分搅拌，只测一点即可代表液体的平均温度。

（3）当测量管道内液体温度时，应注意检测元件要与液体充分接触。

（4）测量高温熔体温度时，可采用浸入式高温计。

2.石油化工企业中测温的特点

（1）被测对象的温度比较低。主要使用廉金属铠装热电偶。

（2）测量准确度要求高。在石油化工企业中由于温度的微小波动，将直接影响产品的收得率，因此要求准确地测量与控制温度。

（3）常用于0℃以下的低温，有时低达-200℃。

（4）多用于还原性或腐蚀性气氛。从石油化工企业的生产过程或产品性质可以看出，传感器多处于还原性或腐蚀性气氛。不仅如此，连接传感器的配管、配线等也要接触具有腐蚀性的化学试剂、废油及含有腐蚀性物质的废水等。

（5）严格要求防火、防爆。从石油化工企业的原料到成品，在整个生产工艺过程中，经常有极其易燃的物质，因此必须做好万无一失的准备，最好选用防爆传感器及阻燃的绝缘材料。

3.热电偶的劣化及其解决方法

在石油化工企业中使用的传感器，最大的问题是准确度与使用寿命，而使用寿命又与劣化有关。廉金属热电偶在正常温度范围内连续使用时，其使用寿命一般为10000h。如果温度波动较大，其使用寿命要减半或更低。

在石油化工企业中热电偶的劣化不仅与使用温度有关，而且还与使用气氛、被测介质的状态、热循环的次数及热电偶的安装方法有关。如果不注意此特点，热电偶的劣化速度会很快，一个月内其偏差甚至达100℃。为了减少劣化，实现长使用寿命、高准确度测量的目标，要长期积累现场使用的有关数据，总结经验，探讨劣化的原因及对策。

4.防水、阻燃性补偿导线

石油化工企业中使用的补偿导线，不仅要求准确度高，而且还要求防水、阻燃。补偿导线通常采用的绝缘层为聚氯乙烯（PVC）或聚乙烯（PE），它们一般都能防水，但使用条件不同，也将有一定的吸水或透水性。在绝缘层两侧水的压差越大，其透过量越大，两侧的温差增大，渗透性也变大，而且绝缘层越薄，水透过越容易。当然，防水效果好的是铠装补偿导线。

补偿导线不同于电线，因无高压及大电流通过，所以它自身不能引起火灾。然而，当其他物质燃烧时，也担心火灾会蔓延过来。聚氯乙烯一般是阻燃的，但在苛刻条件下也是可燃的，同样是危险的。有效的解决办法是制成铠装补偿导线，或者选用阻燃的绝缘材料，如交链聚乙烯、氯丁二烯等制成补偿导线也有成效。这种阻燃性补偿导线，最初是为确保核电站的安全而研制的。然而，最近在石油化工、发电厂及钢铁厂中的应用也不断增加。

（四）反应釜内的温度测量

为了控制各种化学反应，监控反应釜内的温度也很重要。通常在反应釜内安装超细多点式铠装热电偶，监控异常反应的发生。因受管径所限，若采用粗直径热电偶，响应慢，不能及时发现异常现象。因此，多采用超细多点式铠装热电偶。反应釜温度监控点多，一个位置最多的测定点数可达20个。

（五）硫回收装置温度测量

炼油厂为了不使脱硫产生的硫排放到大气中，往往要增设硫回收装置。在近1300℃的高温下，且含有硫（H_2S）的气氛中测温，其条件极其恶劣，装置中所用的热电偶使用寿命非常短，迫切需要有长使用寿命的热电偶。而且硫回收炉与普通燃烧炉不同，是在正压下运行。因此，当保护管破裂后，高温腐蚀性气体将浸入温度计内，在这种条件下，多采用耐蚀性优越的陶瓷保护管。为了防止破损事故发生，宁愿牺牲测量精度，也要减少保护管的插入深度。为了防止从缝隙中进入腐蚀性气体，往往采用空气净化方式。

四、煤化工气化炉的温度测量

（一）水煤浆气化炉的温度测量

1.工况特点

水煤浆气化炉的工况非常复杂，主要特点是高温、高压、氧化性和还原性气氛交替变换，温度和压力骤变，燃烧室的工作温度为1350～1500℃，工作压力最大达8.7MPa，加之强烈冲刷，因此开发专用热电偶一直是确保水煤浆气化炉高效运行的难题之一。

2.存在问题

（1）热电偶密封效果不好，水煤浆气化炉加压过程中，出现压力变化，热电偶易泄漏。

（2）热电偶保护管不具备耐高温、抗强冲刷和耐蚀性，水煤浆气化炉启动后，在较短的时间内，热电偶示值偏低，甚至无测量值。

（3）热电偶结构无法适应水煤浆冲刷，套管极易损坏。

3.新型传感器的研制和应用

（1）采取可伸缩式结构，插入长度可以在±100mm范围内调节，从而使热电偶测量端保持在炉内的准确位置，保证安全生产。

（2）采用由减振弹簧、万向转球、限位导向管组成的减振组件，热电偶探头在高压和冲刷的作用下，万向转球可随探头的倾斜而进行万向旋转，热电偶也会随炉墙的变化而随动，避免了热电偶扭曲变形甚至发生断裂，起到缓解振动的作用。

（3）在接线盒和保护管的连接处设有密封阻漏装置，由卡套螺纹和柔性石墨构成，有效地防止了高压腐蚀介质发生泄漏。

（4）变径双法兰组的安装方式和抽芯式结构的结合运用，可反复安装拆卸，既安全又轻便快捷。

（二）干煤粉气化炉的温度测量

1.工况特点

干煤粉气化炉目前有壳牌气化炉、西门子气化炉、科林气化炉、航天气化炉等多种气化炉。壳牌气化炉的特点：空间狭小，在500～600mm的环隙空间测温（多点采集）；气化炉的介质为煤粉，工作压力4MPa。因此，要求热电偶必须具有不低于炉内工况压力1.5倍的耐压能力，并具有在超压情况下的应急措施，既能承受高温又更换装卸方便。

2.存在问题

（1）热电偶法兰连接处易泄漏。

（2）热电偶丝在弯折过程中，冷端易泄漏。

（3）热电偶外套易被腐蚀。

3.新型传感器的研制和应用

（1）采用法兰与测温主体分离式结构，即先完成法兰的安装固定，再进行测温主体与法兰的配合安装。此方案可使笨重的法兰一次性安装，而在日常的维护中只需更换主体部分即可，方便快捷。与此结构密切结合的是测量元件可独立更换性。每支测量元件都是可单独拆卸的个体，如果哪一支发生故障，可单独抽出更换，减少了维护成本和备品备件的数量及费用。

（2）炉内因含有大量H_2S，为提高耐蚀性，热电偶材料全部采用Inconel600合金，保持了测温元件、安装法兰以及密封卡套等的材料一致性。

（3）采用具有多级阻漏的密封结构，即每一支元件均具备双级阻漏装置，当任何一支测温元件发生损坏时，因阻漏的存在，环形空间内的高温高压气流不会泄漏，满足安全环保的现场要求。

（4）应用。该专利产品已应用于河南中原大化、天津碱厂、云南云维、广西柳化等十余个壳牌气化炉的煤气化装置。

（三）清华炉的温度测量

1.工况特点

目前在国内该炉型是非常具有代表性的新生代气化炉，炉膛操作温度达1200℃，环隙工作温度为400℃，压力为11MPa。实现炉膛高温区和环隙及水冷壁低温区同时测量是清华炉温度测量的特点。

2.存在问题

（1）炉内环隙小，仅有110mm左右的空间，因此对热电偶的安装要求极高。

（2）炉内压力大，对热电偶的密封要求极高。如果密封不可靠，法兰连接处就易泄漏。

（3）工作温度高，如结构不合理，一体化的温度变送器就易损坏。

3.新型传感器的研制和应用

（1）采用三点式结构，分别为炉膛高温热电偶、环隙低温热电偶、水冷壁低温热电偶。

（2）采用B型高温热电偶及无压烧结碳化硅保护管，具有高温、高压和耐蚀性。采用螺纹与炉连接，确保密封承压。

（3）环隙低温热电偶采用柔性K型铠装结构和耐腐蚀的316不锈钢或Inconel合金，直接插入炉内的环隙和水冷壁测温。

（4）采用法兰安装方式，并在法兰和接线箱之间设有全不锈钢散热装置，以确保接线箱内的温度变送器在适宜的环境下稳定工作。

（5）具有多级阻漏的密封结构，各元件之间独立密封，且均为双级阻漏装置。当任何一支测温元件损坏时，不仅可以独立更换，而且因为阻漏的存在，可保证安全生产。

第七章　人工神经网络法及其在化学中的应用

第一节　模式神经元网络的算法改进

人脑的运作存在一个生物周期，对所学知识的记忆会随着时间的流逝逐渐遗忘，对经常出现或者比较特殊的知识会记忆深刻。为了更好地模拟人脑认知事物的过程，研究工作者将这种记忆遗忘机制引入模式神经元网络中。模式神经元网络虽能通过将匹配度与两个警戒参数相比较来实现模式的粗分类和细分类，但它并不适用于所有对象。人脑认识事物的过程，对已学知识可以在外界经验知识的指导下进行总结，也可以在自身思考的方法下进行总结。ANN（Artificial Neural Network）网络的改进算法中将粗分类算法作为一个单独的模块，可以根据具体对象具体问题进行选择。该方法可以是外部设定的，也可以是网络自身总结的，或者是两者的结合。

一、记忆—遗忘曲线及其原理

人脑记忆过程包括识别、保持、重识别和回忆四个阶段。在信息处理过程中，记忆是对输入信息的编码、存储和读取的过程。人脑的记忆能力十分强大，它可以存储1015bit的信息，但一般人的记忆能力只有理论值的1/10。德国心理学家艾宾浩斯研究发现，对事物进行学习之后遗忘就立即开始，但遗忘的整个过程并不均衡。他根据实验结果绘制了描述遗忘过程的艾宾浩斯记忆—遗忘曲线。

二、改进后的人工神经网络

人脑对事物的认识总是先不断地学习积累，有了经验后再对已认识的事物进行总结和分类。在还没有形成经验知识前，人脑总是把要认识的事物与已经认识的事物比较判断、学习识别；知识积累到一定阶段，人脑会根据已学知识的特征对其进行总结和分类，形成经验方法；再认识事物时，会根据此经验方法来学习认识。人脑对事物的记忆有强有弱，且相似的事物总是最先想起来与原事物进行比较判断、学习识别。

模式神经元网络提出生物钟周期来区分白天学习识别和黑夜休息整理，引入了粗分类准则和人脑的记忆—遗忘机制。在记忆周期内，网络学习认知事物；到达或者超过记忆周期时，对所学事物进行学习整理排序。改进后的模式神经元网络是一种实现多级分类，快速识别的学习网络。它具有自学习、自组织、自适应的特点，网络结构可以动态改变，可以用于机器视觉识别系统、模式识别及分类问题等方面。ANN网络在初始阶段，比较层、识别层和知识层没有存储任何信息。

当第一个样本进入比较层时，不需要匹配直接被用来初始化网络的第一种模式和代表该模式的权值，在识别层增加一个神经元代表该模式，并将其输入知识层进行分类。由改进后ANN网络的工作原理可知，把记忆强度引入ANN后，对样本进行识别时，总是先与记忆强度强的进行比较，一旦识别出样本就结束与剩余样本的比较，节省了识别时间。此原理与人脑对常见事物总是很快识别出来，而对少见的或者未见的事物却需要较长时间的判断识别是一致的。网络在学习积累初期，对输入样本直接进行模式匹配识别。积累到一定阶段后，先对输入样本进行分类，再在类别中进行模式匹配识别，减少了模式匹配比较的数量，节省了网络识别时间，提高了识别速度。

三、人工神经网络的改进之处

（一）对网络算法的改进

在学习积累到一定值后，先对样本进行粗分类，再在所属类别中进行模式匹配识别，从而可以避免与其他类别中的模式进行匹配计算。在模式匹配阶段，不用计算与所有模式的匹配度，而是逐一进行匹配，一旦匹配成功则结束匹配，从而减少了计算量。根据具体学习对象和目的来选择粗分类规则，这样可以增强网络的灵活性。引入记忆周期，增强了记忆强度排序模块。

（二）对网络结构的改进

ANN网络可以分为两个阶段：当样本量少时，对样本细分类；网络已学模式积累到一定程度时，对所学样本进行粗分类。其中加入了记忆强度排序模块，在学习间隔时间超过记忆周期时，对已学模式按照记忆强度进行排序，为之后的学习识别做准备。

第二节 反向传输人工神经网络算法

一、方法原理

反向传输人工神经网络算法（back propagation artificial neural network，BP-ANN）是ANN传输方式中使用最多的。BP-ANN由三个部分组成：输入层、隐蔽层和输出层，数据由输入层经标准化处理并施以权重传输到隐蔽层，隐蔽层进行输入的权重加和与转换，传输到输出层，输出层给出神经网络的预测值或模式的判别结果。

BP-ANN算法：

若网络的输入为矢量x（x_1，x_2，…，x_n），在隐蔽层中的结点s所接受的输入及偏置（bias）的权重加和为：

$$T_s = \sum_{n=1}^{t} P_{ns} h_n + k \quad (7\text{-}1)$$

$$\phi_s = f(T_s) \quad (7\text{-}2)$$

式中，P_{ns}——输入层中结点n和隐蔽层结点s的连接权重；

h_n——输入层中第n个结点的输出；

T_s——隐蔽层中第s个结点的偏置（*bias*）；

l——变量个数；

f——激活函数（acti-vation function）。

式（7-3）即为U的激活函数：

$$f(U) = \frac{1}{1 + e^{-\omega(T)}} \quad (7\text{-}3)$$

式中：ω——函数U的形状函数。

和隐蔽层相似，输出层结点k值的计算采用下式

$$T_r = \sum_{n=1}^{m} P_{ns} h_n + k_r \quad (7\text{-}4)$$

式中，m为隐蔽层结点数，结点r最后输出的是

$$\sigma_r = f(T_r) \tag{7-5}$$

网络各层结点的输出为：

$$q_s = \frac{1}{1+e^{\omega(T_s)}} \tag{7-6a}$$

$$q_r = \frac{1}{1+e^{-\omega(T_s)}} \tag{7-6b}$$

式中：ω——U函数的形状；

q——层中结点s的偏置是T_s，其大小变化可使激活函数沿z轴做相应移动。

正向的信息传输完成后，计算的是输出值与目标值（target）之差。权重的校正是反向的，即首先校正输出层与隐蔽层间的连接权重，再校正隐蔽层与输入层间的连接权重。网络改进了输出与目标间的误差函数E：

$$E = \frac{1}{2}\sum_p \sum_r (a_{pr} - \beta_{pr})^2 \tag{7-7}$$

式中：p——要进行训练的样本；

r——输出层神经网络结点数；

a_{pr}——输出层结点的目标值；

β_{pr}——输出层结点的实际计算值。

二、BFGS算法

BP网络在各个领域中都得到了广泛的应用，但它仍有不足，如训练时间较长，易于出现局部最优及需设置多个参数等。另外，若网络训练过程中，可能由于权重调得过大，致使全部或大部分神经元权重加和的总值偏大，其激活函数在“U”函数的饱和区工作，函数的导数很小，以致网络权值的调节过程非常慢甚至使迭代无法进行而停止。此时不必设置速率常数和增添附加项，收敛速度快，得到的结果也较好。其误差函数E为：

$$E = \frac{1}{2}\sum_p \sum_r (\alpha_{pr} - \beta_{pr})^2 \tag{7-8}$$

式中：p——训练集中第一个试样；

r——输出层结点数；

α_{pr}，β_{pr}——试样的目标值及计算值。

BFGS（Boryben Fletcher Goldfarb Shanno）算法对某个变量的实型函数进行一系列的线性最小化，其方向由梯度函数h提供的信息来决定：

$$h=\left(\frac{\partial E_{net}}{\partial x_1},\frac{\partial E_{net}}{\partial x_2},\cdots,\frac{\partial E_{net}}{\partial x_n}\right) \tag{7-9}$$

式中，h中元素是误差函数对应于权重和偏置的导数。

三、数据预处理及网络结点数

ANN中的某些参数（如形状参数α、速率常数β和域值θ等）可以预先设定，也可在迭代过程中自动调整，但网络的结构和初始权重通常要由实验来决定。

ANN的结构是指构成该网络的层数及每层结点数，一般具有三层的网络即可满足大多数问题的要求。输入层的结点数由变量的个数来决定，且网络结点值范围为0~1，输入值需作标准化处理。若输入层中某结点值为0，则由此结点输入的信息传输不到隐蔽层和输出层。此时，输入信息的标准化处理可采用下式：

$$S_i=0.8\times\frac{x_i-x_{i\min}}{x_{i\max}-x_{i\min}}+0.1 \tag{7-10}$$

式中，x_i是第i个变量；$x_{i\max}$，$x_{i\min}$分别是输入数据中的极大值和极小值。

作为输出层，单结点通常用于连续值的计算，此时ANN类似于非线性拟合，多结点输出一般用于模式识别。如有三类，可分别以（1，0，0）、（0，1，0）和（0，0，1）来表达第一、第二和第三类。隐蔽层的结点数是一重要参数，可对网络性能产生重要影响。根据经验规则，网络中连接权重数应小于样本数，且要兼顾网络性能及运行时间，故隐蔽层结点为3。

四、测试集的监控和最优模型的选择

网络训练中，需要调整的参数很多，要尽可能地避免“过训练”（over-training）。尽管训练集作出模式判别所引进的均方根偏差随着迭代次数的增加尚可继续降低，但测试集的均方根偏差开始上升。“过训练”是由于所建造的数学模型去“契合”个别样本所致。为了避免过训练，可采用测试集监控训练集的训练过程。

通常，随着训练过程的进展，训练集的均方根偏差总是在下降。测试集的均方根偏差开始时下降，之后可能变平或上升，若测试集的均方根偏差开始上升，不管训练集的均方根偏差是否下降，均应停止迭代。一般测试集均方根偏差曲线有多个极小值，应选取与最小的极小值相对应的连接权重作为分类的最优数学模型。

为了验证用测试集来监控训练过程这种操作的正确性，常用固定迭代次数来终止训练过程的方法进行比较。随机将某数据集分为训练集（45个样本）和测试集（5个样本），平行20次实验，迭代次数固定为1000次，运用测试集监控法所得预测结果总是优于固定迭代次数法。可能导致偶然（chance）相关或局部最优。可能的解决方式是，在同样的网站结构条件下，精确值计算至少重复200次取平均值。设分类问题中的类1和类2分别对应H_0和H_1，对于m次计算结果，n为总的计算结果，若（$n-m$）次计算结果中显著性水平p满足下列条件：

$$p<\sum_{i=0}^{m+1}\frac{m!}{(m-r)!r!}2^{-n} \tag{7-11}$$

可将结果归为类2，否则归为类1。

增加隐单元层能提高ANN系统的功能。这里的训练学习过程，是由ANN自行完成的，并没有事先通过程序为之提供有关的逻辑规则，只变化其连接结点之间的权值，适应训练集使之得出正确分类。这种使用了非线性的隐单元的系统在“学习”时，要求在一定的输入下，具有训练集所预期的输出。实际输出与预期输出的均方差或其他差值指标作为准则，在学习算法中将决定网络从一个单元到另一个单元的权值，达到给定准则。

五、BP神经网络结构

ANN有多种模型，其核心问题就是网络的构建，如Hopfield网络模型，自适应双向联系记忆网络模型、反向传播（BP）网络模型、认知模型及Kohonen自组织网络模型。其中最重要的一种是BP模型，此种模型与人脑的思维过程和方式完全相同。梁雪等采用多元散射校正（MSC）预处理方法和BP-ANN相结合的方法在较大程度上消除了外界因素的影响，使用具有代表性的光谱数据点建立模型，能够建立准确的冬小麦叶绿素含量预测模型，可代替经典分析方法，满足冬小麦叶片叶绿素快速分析的需要。

神经网络的结构是指构成一种神经网络的层数及每层节点数。BP网络是多层网络，具有三层（输入层、隐蔽层和输出层）可满足大多数问题的要求。三层中隐蔽层为一层，根据问题的要求，有时隐蔽层可用两层。层与层之间实行全互联连接，前层单元的输出不能反馈到更前层，同层单元之间也没有连接。BP网络实现了多层学习的设想。当给定一个网络输入模式时，它由输入层单元传到隐蔽层单元，经隐蔽层单元逐层处理后再送到输出层单元，由输出层单元处理后产生一个输出模式，这是一个逐层状态更新过程，称为前向传播。若输出响应值与期望输出模式有误差，则转入误差反向传播，将误差值沿连接通路逐层反向传送并修正各层连接权值，当各个训练模式都满足要求时，学习结束。在实际训练时，首先要提供一组训练样本，其中的每个训练样本由输入样本和理想输出组成。当网络的所有实际输出与其理想输出一致时，训练结束。否则，通过误差反向传播的方法来修正权值使网络的理想输出与实际输出一致。反复学习直至样本集总误差达到某个精度要求，并记录此时调整后的权值，用于计算。在BP神经网络中，输入结点数、隐蔽层结点数等是非常重要的，因为它们会直接影响到结果的好坏，如由于过拟合而导致预测结果较差。

六、精确值计算和模式识别

BP网络在用于数值回归时类似于非线性拟合，通常输出结点有一个。用于分类问题时，其输出结点数与拟分的类数有关。两类为两个结点，三类为三个结点。两类时，输出可分别表达为（1，0）和（0，1），三类时可分别表达为（1，0，0）、（0，1，0）和（0，0，1）。

七、人工神经网络的过拟合和过训练问题

过拟合（overfitting）和过训练是ANN中非常重要的问题。假设样本数量和输入结点已定，隐蔽层结点过少时，网络不能够很好地反映数据的性质，得不到好的预测模型；反之，隐蔽层结点过多，会发生过拟合。构造预测数学模型对训练集误差较小，但测试集误差可能较大。

第三节　Kohonen自组织特征映射模型

Kohonen的自组织特征映射模型（Kohonen self-organizing feature map，KSOM）在矢量量化、聚类分析和模式识别中有着广泛的应用，它通过模拟生物单元有序排列的组织原则，对输入信号的不同特征产生在空间上有组织的“内部表示”。其主要功能是将输入的n维空间数据映射到个较低的维度输出，保持数据原有的拓扑逻辑关系。

KSOM是一种两层结构的网络，由输入层和输出层构成，两层间连接着权矢量。若给定一组输入矢量，输出层神经元间互相竞争并修正最匹配神经元及其预先确定的周围邻域内神经元的权矢量，当该权矢量稳定过程结束。只有训练过程中学习率和修正邻域迭代次数逐渐减小，才能保证KSOM的渐进收敛。KSOM可以采用各神经元之间的自动组织去寻找各类型间固有的、内在的特征，从而进行映射分布和类别划分，KSOM对解决各类别特征不明显的、特征参数相互交错混杂的、非线性分布的类型识别问题是非常有效的。Euclidean距离d由下式表示：

$$\|d\| = \left|x^p - w_j\right| = \sum_{i=1}^{n}(x_i^p - w_{ij})^2 \qquad (7-12)$$

式中：x_i^p——在p时刻结点i的输入；

w_{ij}——输入结点i与输出结点j在p时刻的连接权重。

将权重w_{ij}修改得

$$w_j(t+1) = w_j(t) + \eta(t)\left[x^p - w_j(t)\right] \qquad (7-13)$$

式中，η的取值范围是0～l，并且是随迭代次数的降低而增加。

KSOM算法步骤包括：

（1）在0.5 ± r范围内给w_j赋值；

（2）输入权重矢量x（t）；

（3）计算Euclidean距离，选择距离最小结点；

（4）修正所选结点权重及其邻近结点。

有人用KSOM法对绿茶、红茶和乌龙茶等共31个试样的茶叶质量和产地进行了鉴定，主要以纤维素、半纤维素、木质素、多酚、咖啡因及氨基酸这6种化学成分为变量，对KSOM网络设置神经元。对于未知的茶叶，根据它的结点即可对其质量及产地进行鉴定。

第四节　Hopfield神经网络

Hopfield ANN是一种反馈式网络，其所有神经元单元都是一样的，它们之间相互连接。它是一个非线性动力学系统，具有一般非线性系统动力学的许多性质，具有从不同方面利用这些复杂性质完成各种复杂计算的功能。在Hopfield ANN中，连续系统和离散系统之间的主要区别取决于用微分方程模型，还是用差分方程模型来进行描述。离散Hopfield ANN的神经元变化函数为符号函数，网络的节点状态仅仅取两值±1；连续网络的神经元变换函数为单调上升的函数，节点状态可以取0～1间的任一个实数。Hopfield ANN的应用形式有联想记忆和优化计算两种形式。权重w_{ij}表示为：

$$w_{ij} = \left\{\sum_{x=1}^{p} x_i^s x_j^s\right\} \qquad (7-14)$$

式中，p是试样数量；

S是第S个试样。

对于未知试样，用式（7–15）可得输出out_i：

$$out_i = sign(\sum w_i r_i) = \begin{cases} +1, w_{ij}r_i > 0 \\ -1, w_{ij}r_i < 0 \end{cases} \quad (7\text{–}15)$$

第五节　人工神经网络的应用

ANN技术可以有效地对数据进行解析和分类，适合处理原因与结果关系不确定的非线性数据，而众多化学、生物和药学问题正具有这种不确定性的特点，因此，ANN技术在这些领域中得到了广泛的应用，如对多组分的测定、在纺织中应用、药效预测等的研究。

一、对多组分的测定

（一）在光度分析和光谱分析中的应用

光度分析是根据吸光度与待测物浓度之间的线性关系（比尔定律）进行定量分析的，待测物质对紫外或可见光范围内某一特定波长的光会产生特征吸收。光度法进行测定时，若各组分间的相互影响使得吸光度与组分浓度之间不能保持良好的线性关系，就必须借助一些非线性算法来解决问题。张瑞生等利用基于ANN的Extended Delta–Bar–Delta算法对分光光度分析和原子吸收两种典型体系中的非线性定量关系进行了研究。为解决分析化学中的一些问题提供了一种新的手段，在ANN用于多组分同时测定方面，以光度分析的应用最为广泛。

ANN是光谱数据分析的有力手段，如谱线的退卷积、混合物多组分测定及重叠峰分解等。各种类型的光谱和化学结构中的官能团关系是典型的多因素非线性问题，ANN在该领域（质谱、红外、近红外、紫外、光学折射和核磁等）得到了成功的应用。严征宇等采用BP–ANN对紫外吸收光谱严重重叠的复方替硝唑进行含量测定，其测定结果准确。利用该方法对紫外吸收光谱重叠未分离的多组分含量进行了测定。网络隐蔽层的节点数为5，且各结点输入为9时，溴苯胺和亚硝酸钠的平均回收率分别为102%和101%。潘忠孝等考察了ANN用于铬氨酸、色氨酸、苯丙氨酸和二羟基苯丙氨酸的紫外光谱及多组分测定时网络参数选择对网络训练和预报性能的影响，提高了训练效率，改善了预报性能。他们还测定了不同浓度的邻硝基甲苯、间硝基甲苯和对硝基甲苯混合样品的吸光度，组成原始吸光度矩阵。分别用目标转换因子和迭代目标转换因子以及ANN法进行分析。

李燕等研究了5种有毒有机化合物（乙苯、苯乙烯、邻二甲苯、间二甲苯和对二甲苯）的红外光谱。由于5种物质的沸点相近，光谱性质相似，不能使用常规方法同时进行测定，所以他们利用ANN在非线性多组分校准方面的优势，将5种物质的不同浓度组成90个校正样本和10个预测样本，选择红外光谱的指纹区850～654cm^{-1}作为分析的波数范围，每隔4cm^{-1}测定吸光度并组成输入向量，迭代15000次，学习效率0.15，动量因子0，隐蔽层节点数为5。训练后，将待测样本的吸光度数据输入，计算出了5种有毒化合物的浓度。

殷龙彪等将ANN用于邻二氯苯、间二氯苯、对二甲苯和环己烷四种组分的红外光谱进行定量分析，为不经分离直接测定多组分的红外光谱分析提供了一条新的途径。同时，将BP-ANN用于近红外光谱数据的分类和药物不同浓度的分类。此外，为了消除药物在配方设计中溶剂的不同性质以及对聚合物方面进行不同强度的识别时的不相关信息和减少变量数目，还对输入数据的选择进行了研究。

王雁鹏等应用ANN技术分析了32000多张质谱和6700多张红外光谱，来预测可能的结构碎片。经过对大量谱图进行研究分析后，设计了一套由37个单独的网络构成的神经网络系统。1个一级网络用于确定36种结构（苯、酚、烷、醇、碳基、苯氧基等），每种结构再分别用1个次级网络训练以更精确地判别。实际上，他们使用了1个一级网络和5个次级网络（苯唑、羧基、醚、甲基、饱和化合物）对有机化合物碎片进行预测。郭伟强等首次将ANN技术应用于色谱峰的纯度鉴别。Kustrin等用ANN对GC和GCMS进行模式识别，分析了蒽、菲混合物的HPLC色谱，提出基于ANN模型的混合物定量分析方法，模型训练中采用最小均方算法，收敛速度很快。马波等对ANN技术在色谱保留机理的研究和保留值的预测、溶质分子构型与色谱保留的定量关系、谱图解析等方面的应用作了综述，介绍了BP网络的发展及其在色谱领域中的应用，并对ANN在色谱中的应用前景做了展望。

（二）色谱分析

色谱分析对一些性质非常相似的物质很难实现完全分离，对色谱重叠峰，可以采用几何法、代数法和模式识别法进行解析。邵学广等首先用逐步回归分析法对三组分稀土元素的重叠色谱数据进行筛选，提高数据显著性，然后用BP-ANN进行训练与预测，对重叠色谱峰的各组分含量进行定量分析，预测结果的回收率可达（100±5）%。Marengo等用实验设计和ANN研究了5个试验参数对不同极性杀虫剂离子相互作用色谱的保留值的影响。5个参数分别是移动相的pH、相互作用粒子烷基链的长度、在移动相中有机改性剂的浓度、离子相互作用试剂的浓度和流速。利用Levenberg-Marquardt算法改进的BP-ANN选择24种烷基吡啶的分子连接性指数和偶极矩作为输入向量，在非极性固定液SE-30和极性固定液PEG-1500色谱柱上的实际保留指数作为目标向量，用双曲正切和线性传递函数进行训练，利用所选择的24种烷基吡啶的分子连接性指数和偶极矩两个参数，对烷基吡啶在非极性固定液SE-30和极性固定液PEG-1500色谱柱上的保留指数进行了预测，分析结果较好。黄俊等采用变步长BP-ANN，以预柱柱温、主柱柱温、柱间压差、预柱与主柱间的放空量4个因素作为输入向量，以实际测定的二维柱色谱系统的有效塔板数为输出向量，采用4-6-1体系，学习步长初始值为0.2，记忆常数为0.5，步长调整因子取1.02，*b*取0.96，传递函数取Sigmoid函数。对高效能微填充柱—毛细管柱构成的二维柱色谱系统建立了柱效与影响因素的权接拓扑模型，用于不同操作条件下二维柱系统的柱效预测，取得了好的效果。王岳松等测定、收集和计算所选定的一组氨基酸的拓扑指数和各种物化参数之后，通过相关分析选择其中最有代表性的几个参数作为BP-ANN的输入参数，用于正相薄层色谱中氨基酸保留规律的研究，证明氨基酸的色谱保留值与其结构之间呈现较强的非线性关系。运用BP-ANN的改进模型，研究了诱导效应指数I摩尔折射度R、疏水亲脂参数IPg和分子联通性指数与气相色谱保留行为的关系，实现了对色谱保留值的预测，预测结果的最大相对误差不超过8.7%。

何洋池等以拓扑指数为结构描述符，用基于Levenberg-Marquardt优化的BP-ANN建立了醇类化合物的结构与色谱保留值的相关模型，用于未知醇类化合物在ES-30和VO-3两根色谱柱上保留指数的同时预测，其学习速率优于文献中的普通BP-ANN法，预测度与普通BP神经网络法接近，但优于多元线性回归法，是一种好的预测有机化合物气相色谱保留指数的方法。程祥磊等以ETDA为淋洗液，用均匀试验设计法研究了高Cl^-浓度下Cl^-与NO_2^-、NO_3^-的分离条件。将实验条件和实验结果作为BP-ANN的训练集，对网络的结构和训练速率进行筛选和优化。经过2567次训练后，网络训练误差达到10^{-5}。对训练结果的考察表明，ANN以较少的实验数据成功建立了离子色谱分离条件的预测模型，最大相对误差为0.55%。Zhao Ruihuan等采用改进的BP-ANN方法，一方面模拟甲醇—四氢呋喃—水体系作为HPLC流动相组成时32种溶质的保留行为以及，以甲醇—乙腈—水体系作为HPLC流动相组成时49种溶质的保留行为。每种溶质在训练组和预测组时计算和实验得到的容量因子的相关系数大于0.95；对含四氢呋喃的体系来说所有数据点的平均偏差为8.74%；含乙腈的体系来说所有数据点的平均偏差为7.33%。另一方面，用由反相HPIC色谱分析胆汁酸得到的数据分类和预测两组不同的肝脏和胆囊疾病。Hilder等利用ANN对离子交换毛细管电泳的实验条件进行优化，利用优化得到的结果成功地实现了在DIONEXASg-HC填充柱中以电压驱动流动的8种无机阴离子（IO_3^-、BrO_3^-、NO_2^-、Br^-、

NO_3^-、I^-、SCN^-、CrO_2^-）的分离。

（三）电分析

于科岐等提出了交流示波计时电位法的ANN校正方法，并对其可行性和实用性进行了探讨。分别解析了大量Tl^+存在时的Pb^{2+}和大量In^{2+}存在时的Cd^{2+}的交流示波计时电位的dE/dt–E曲线，结果表明Pb^{2+}和Cd^{2+}预测结果的最大相对误差不超过5%。张卓勇等将前馈ANN用于导数脉冲伏安分析法同时测定邻、间、对二硝基苯，结果表明，ANN的处理能力明显优于偏最小二乘法。Ensali等基于钼、铜试剂生成络合物的反应，提出了一种同时进行钼、铜分析的吸附阴极示差脉冲溶出伏安测定法。该方法利用主成分ANN法处理数据，对钼、铜的检出限分别为0.06μg/L和0.02μg/L，被用于河水、自来水以及合金样品的测定。齐建锋等研究了集成ANN分峰法，不必改变样品体系原有的化学环境，可将Pb^{2+}和Cd^{2+}的阳极溶出重叠峰分离成独立的单峰，并分别获得各阳极溶出峰的溶出电位E_p和溶出电流i_p，他们首先用测量Pb^{2+}–Cd^{2+}–OH^-表样水体系获得的阳极溶出伏安曲线i_1–E的数据训练网络BANN1，然后用测量Pb^{2+}–OH^-和Cd^{2+}–OH^-表样水体系所获得阳极溶出曲线i_2–E和i_3–E的数据训练网络BANN2和BANN3，完成ANN的“学习”过程。已完成“学习”过程的集成ANN，对待测样品水体系进行“联想”，可将重叠溶出峰i_1–E分离成独立的子峰i_2–E和i_3–E。他们将ANN用于脉冲极谱法中Pb（Ⅱ）和Tl（Ⅰ）重叠信号的解析，并对神经网络参数的影响和优化做了研究。

（四）传感器

庞全等采用日本NEMOTO公司生产的4只催燃式气体传感器组成四维气敏传感器阵列，首先在0～3000mg/L浓度范围内等间隔配置25组含CO及CH_4成分而浓度各不相同的混合气体样本，由气敏阵列测定生成25组测试模式，利用BP–ANN进行训练学习，然后输入由气敏阵列测得的未知混合气体的测试模式，进行逆运算而得到CO和CH_4的浓度。他还针对在汽车通风控制和其他方面具有重要意义的CO和NO_2的同时测定问题，以及利用SnO_2半导体传感器进行测定时，在传感器表面并行的NO_2的氧化作用和CO的还原作用导致传感器失灵和SnO_2传感器信号增长和衰减时间长的缺点，提出将不同SnO_2传感器，在不同温度条件下操作，与基于ANN的特定训练结合在一起解决上述问题，并取得了满意的结果。Penza等基于表面声波多元传感器阵列报道了利用ANN进行模式识别和甲醇与2–丙醇挥发性混合物两组分的分别测定方法。他用4种石英晶体制成了压电化学传感器阵列。气相色谱固定相用作传感器材料，阵列与ANN相连。经过反复试验，确定隐蔽层节点数为3，训练周期为900，经过学习后网络用于识别丙醇、苯、氯仿和戊烷。

二、在纺织中应用

丝织物的品种复杂且织物非常轻薄，有效的丝织物风格客观评价方法一直是重要的研究课题。可以用ANN对丝织物风格评价进行研究，提出ANN评价丝织物的方法。纺织工艺生产技术多工序、多流程且产品物理结构复杂，产品最终质量的影响因素很多，用以前传统方法进行产品质量预测和生产工艺优化，不可能考虑各个因素，同时调整生产工艺和试验因子将浪费很多人力物力。利用ANN技术的系统自适应性和容错能力进行生产系统调整，会得到比较理想的结果。很多纺织过程（如纺纱）中，纤维的特点及纺织工艺参数与纱线品质之间存在非线性关系，比较适合用ANN来预测纱线质量及优化工艺。

（一）纺纱工艺优化

ANN在纺织中应用最多的领域是使用BP网络来实现纺纱工艺优化，Sette等用5项机器工艺参数指标和14项棉纤维指标构成输入矢量，输出矢量为纺线强度和伸长指标，ANN采用两个隐蔽层的BP网络，训练后，纺线强度和伸长指标预测结果误差分别为5.7%和3.7%，明显优于多元回归。在气流纺纱中ANN能用来预测纺出纱线的拉伸特性，用只含有一个隐蔽层的BP-ANN建立原料特性和纺纱工艺参数与最终纱线拉伸特性的关系，预测误差很小。

（二）织物疵点识别

ANN已用于识别和分类织物疵点。Chen Peiwen等用CCD扫描采集织物表面（疵点）图像，经光学傅里叶变换（FT）并经处理得到织物的能量谱图，产生有93个分量的输入矢量，用BP网络训练，实验中每个疵点仅用5块试样进行训练，只需0.2秒就能识别出12个疵点中的9个。

（三）起球等级评价

织物起球等级评定涉及从织物表面提取起球信息及建立起球信息与起球等级的关系，可以通过ANN实现对针织物起球的客观评定，使用激光三联技术获取织物表面的三维信息，并提取起球特征参数，用ANN经客观起球特征参数与主观评定等级进行训练后，输入客观起球特征参数，输出主观评定等级，与多元回归相比，结果准确。

（四）纤维和织物识别

用ANN与红外线光学显微镜结合实现非破坏性纤维鉴别。实验表明，用ANN鉴别纤维是一种快捷和可靠的方法，不仅可以分辨出化学组成相近的纤维（如亚麻和棉），还可以鉴别出未经训练的样本中的混纺纤维。ANN与织物特征相结合可用于织物鉴别。

（五）上染率控制

上染率决定了所用染料量是否能获得理想的织物色泽。ANN以织物表面反射光谱为输入，可直接输出上染率。也可直接安装在印染流水线上，用多个传感器分别在织物宽度方向表面反射光谱为输入，经ANN处理直接控制印染设备，以控制上色差的产生。

三、药效预测

关于药效预测，分为两种情况：

（1）判断该药物分子可能具有的若干类药效是哪种药效。

（2）判断某种药效的大小。对于第一种情况，可采用具有N个输出节点的ANN，其输出是一个向量，该向量的第k个元素大于预定值，则可认为它具有第k类药效；如果仅是判断某种药效的大小，则可采用只有一个输出节点的ANN，其输出值就是该药物分子药效大小的相对值。

四、在其他方面的应用

除了以上几个方面，ANN在其他领域也有着重要应用。例如，预测单取代苯发生亲电取代反应时邻位，对位及间位三种不同反应产物的比率并预测了芳香系亲电加成、迈克尔加成等化学反应的过程及产物。ANN在解析离子选择性电极的测量数据并实现多种元素的同时测定，熔盐相图及中药质量评价过程的控制和分析等研究中也有成功的应用。在化学工程中，ANN主要用于构造数学模型、预测、问题的检测和诊断以及过程的控制等。ANN与其他方法的结合，如ANN与偏最小二乘法、遗传算法、模拟退火及小波分析相结合在各方面研究中体现出了各自的优势。例如，针对BP算法存在的不足，可用遗传算法对BP算法进行优化。

第六节　人工智能神经网络在新能源微电网中的运用

新能源是指以新技术和新材料为基础，使非传统能源得到现代化的开发和利用的能源形式。微电网是将分布式电源、负荷、储能装置、变流器以及监控保护装置有机整合在一起的小型发配电系统。新能源发电是微电网中的重要一环，在新能源技术的支持下能够确保微电网的稳定运行。但在自由化电力市场和可再生能源的快速发展下，对新能源微电网运行产生了新的挑战，出现了新的问题。为了解决这个问题，需要相关人员能够及时、准确地把握分布式电源风能发电量及负荷需求预测情况。

一、人工智能神经网络

人工神经网络是现代人工智能最重要的分支，是一种模仿生物神经网络的结构和功能的数学模型或计算模型，主要研究的是神经网络应用的网络基础、算法、代码等内容。人工智能对信息的智能化处理主要分为专家系统分词法、神经网络分词法、神经网络专家系统分词法三种。下面主要就后两种进行分析。神经网络分词法主要是模拟人脑进行运行，分布操作处理，在建立好计算模型之后将分词知识分散地存入神经网络内部，并通过概念内部权值来获得正确的分词效果。神经网络分词法的关键是构建知识库和网络推理规则。神经网络专家系统分词法主要是将神经网络分词法和专家系统分词法结合在一起的方法，具有神经网络自学、自组织的特点。在本质上，神经网络专家系统分词法是一种对人脑思维方式的模拟。

二、新能源微电网

微电网主要是由分布电源、储能装置、能量转换装置、监控系统、保护装置等组合形成的小型发配电系统。微电网在实际应用中是一种能够自我控制、自我保护、自我管理的自治系统，在使用的时候能够和多个网络一起运行，也可以单独运行。微电网从微观上看是一个功能俱全的小型电力系统，在使用的过程中能够实现功率的平衡，从宏观上看是一个虚拟电源。

新能源电网为大电网和新能源之间的关联提供了重要支持，并实现了对需求侧管理及可再生资源的有效利用，满足了一些偏远地区的用电需求，是提高能源利用率的一种重要方式。但受构成微电网太阳能、风能等分布式能源的不稳定，在新能源发电预测准确度、电网运行管理上存在较大的难度，由此在无形中加大了新能源发电量的预测难度。另外，影响电力负荷的外来因素呈现出一种非线性的复杂关系，在负荷预测上很难按照顺序线性时间顺序来建模，加剧了微电网负荷预测的难度。人工神经网络能够有效处理类似短期负荷预测的非线性复杂问题，减少外界因素对风力发电预测的干扰。

三、神经网络在微电网短期负荷预测的应用

（一）神经网络预测模型的构建

RBF神经网络预测模型。根据模型发现RBF神经网络主要由三层构成，包含由信号源节点构成的输入层、深受描述问题决定的隐含层、能够对输入模式做出反应的输出层。RBF神经网络预测原理是应用径向基函数（RBF）作为隐含层节点的基本，形成隐含层空间，实现对输入变量的变换调整，将低维模式输入数据转变到高维空间中。

（二）基于神经网络预测模型的短期负荷预测

短期负荷预测在电网能量管理、电网运行优化、电网稳定等方面起到了十分重要的作用，是神经网络系统进行计算、仿真分析的重要依据。为了能够更好地满足市场发展对短期负荷预测的要求，需要借助RBF神经网络打造短期负荷预测模型。这里所研究的短期负荷预测数据是某地区微电网4月到12月每小时用电量的实际测量数据，借助数据系统观测同一地区、同一时间段每小时的气温和风速数据。在短期负荷预测之前需要对负荷的类型进行划分，之后对各类数据信息进行整理和预处理。样本数据信息的选择深刻影响预测精准度，为此，需要相关人员结合实际确定样本数据信息。首先，选择和负荷关联较高的时间、气温、风速，将一周前、一周后最大和最小负荷作为输入样本数据，并和当前与之对应的样本一起作为输出数据。其次，实际测量数据是目标负荷数据，将短期负荷预测结果作为重要输出数据。最后，应用“数据块”对输入、输出数据信息进行统一化处理，按照日期类型划分的7种类型数据开展网络训练，打造基于RBF神经网络短期负荷预测模型。

（三）基于RBF神经网络短期负荷预测结果和MALAB仿真

将前文的输入数据代入基于RBF神经网络短期负荷预测模型中，通过MALAB进行仿真计算，得到研究对象未来24h内的短期负荷预测值。通过预测对象日短期负荷预测结果可以发现，12月1日的负荷预测结果更加贴近实际负荷要求，预测精确度较高。

四、RBF神经网络在微电网风力发电中的预测

（一）基于RBF神经网络的风力发电量预测

这里研究的微电网系统主要是以最大限度利用可再生能源风力发电为主，通过自产自销的方式建立独立的微电网系统，应用该系统减少由于风电变动对系统稳定带来的不利影响。首先，应用RBF神经网络对风速以及和风速相关的要素进行预测，将风速、气

压和气压（t-1）要素作为预测风速的重要输入数据。预测日期选定为12月1日在内的一星期。网络训练时间是除去预测对象日的累积时间。其次，将风速预测结果、微电网风力发电量数据信息作为重要的样本输入数据，将这些数据代入RBF神经网络风力发电量预测模型中。最后，借助模型对未来一天内的风力发电量展开预测，实现对风力发电的高效利用，达到节能减排的发展目标。

（二）基于RBF神经网络的风力发电量预测和MALAB仿真

在对未来一天内的风速、风力发电量预测分析之后得到基于RBF神经网络的风力发电风速和发电量预测结果关系，结果证实了预测模型构造的可行性。

在人工智能神经网络、新能源微电网内涵的基础上，应用人工智能神经网络技术打造了基于RBF神经网络的新能源微电网短期负荷预测模型和风力发电预测模型，对未来一天以内的短期负荷和风力展开预测、仿真分析，误差较小，适合被人们应用在未来风力发电中，在节能减排发展目标的实现上起到了十分重要的作用。

第八章　天然气流量测量

第一节　容积式流量计测量天然气流量

容积式流量计利用机械测量元件，把流体连续不断地隔成单位体积进行累加计量出总体积而实现流体计量。由于流量计是一种无时基的仪表（测量时间间隔是任意选取的），因此一般不用它测量瞬时流量，而是用来测量累计流量。

容积式流量计准确度相对较高，而且不受流动状态的影响，不受雷诺数大小的限制，除脏污介质和特别黏稠的流体外，可用于各种液体和气体的计量。该类流量计工作压力可达10MPa，目前流量计产品口径为25～400mm。由于它被广泛应用于石油、天然气、工业燃气、民用燃气贸易计量，所以属于国家计量法所规定的强制检定范畴内的工作计量器具。

容积式流量计的结构形式很多，根据其测量元件结构特点，用于天然气及人工燃气测量的流量计主要有腰轮流量计、刮板流量计、湿式气体流量计、皮膜式气体流量计等。由于容积式流量计在使用中对上下游流体流态变化不敏感，测量准确度较高，并且可直接得到气体累积量特点，所以可应用于高准确度要求的气体测量，也可作为标准流量计使用。

一、容积式流量计概述

（一）容积式气体流量计的优缺点

1.优点

（1）测量准确度较高，其测量气体的基本误差一般为0.5%～1.5%，甚至更高。

（2）适用性好。由于该类流量计的特性一般不受流动状态的影响，也不受雷诺数大小的限制，除脏污气体和一些特殊气体外，可用于各种气体流量测量。

（3）测量范围较宽，典型的量程比为10：1至30：1（但在高准确度测量时，量程比会有所降低）。

（4）直读式仪表，无须外部能源就可直接得到气体流量总量，使用方便。

（5）设有温度、压力自动补偿的一体化智能型容积式气体流量计具有自动体积转换、压缩因子修正、标态总量显示输出的功能，使气体标态体积计量更加科学准确，同时为实现能量计量创造条件。

2.缺点

（1）机械结构较复杂，大口径流量计体积较大、笨重，因此一般适用中小流量测量。

（2）与其他几类通用流量计（如差压式流量计）相比，被测介质种类相对窄些；工作压力、使用温度、口径、流量范围均有一定局限性（如工作压力不高于10MPa，温度80℃以内，仪表口径在400mm以内，最大流量不超过2500m³/h）。

（3）大部分此类仪表只适用于洁净、单相流体，如含固体颗粒、脏物时，应在流量计上游加装过滤器，既增加压力损失又增加投资和维护工作量。

（4）由于金属材质的热胀冷缩特性明显，在低温下，材料收缩间隙变大，材料还易变脆容易损坏，故此类流量计不适宜低温场合；反之，当介质温度较高时，由于处于高温介质中的转子膨胀速度与处于低温环境中的壳体的膨胀速度不同步，极易造成转子卡死故障。所以，该类流量计不适宜在高低温状态下运行。

（5）部分容积式流量计，在测量过程中会给流体流动带来脉动，较大口径仪表还会产生噪声，甚至使管道产生震动。

（二）容积式流量计技术要求

容积式流量计技术要求主要内容包括：安装技术要求、基本误差、耐压强度和压力损失、环境温度、电源电压与频率变化、共模干扰、外磁场、绝缘强度、黏度修正、温度修正、压力修正等。

1.流量计安装技术要求

（1）流量计应安装在与其进出口接头公称内径相同的管道上，管道与流量计间的连接应不使密封件凸出管道内；管内壁应清洁、无积垢。

（2）流量计进出口轴线与相连管道轴线目测应无偏斜。

（3）采用法兰连接时，法兰的尺寸应符合《钢制管法兰》（GB/T 9124.1—2019）的规定。

（4）被测流体内若含有固体颗粒或脏物，应在流量计入口前安装过滤器。过滤器的网目应依流量计厂家使用说明选择。

2.基本误差

（1）流量计的基本误差：指包括显示部分在内的整个流量计的基本误差。

（2）重复性误差：流量计各流量点的重复性误差应不超过流量计基本误差限绝对值的1/3。

3.耐压强度与压力损失

（1）耐压强度。流量计应能承受试验压力下历时5min的耐压强度检验而不损坏、不渗漏。一般试验压力是流量计公称压力的1.5倍。

（2）压力损失。流量计的压力损失应不超过具体产品规定的压力损失。

4.环境温度

（1）环境温度从20℃ ± 2℃变化到-10 ~ 50℃范围内任一温度时，流量计电子显示部分的累积流量误差应不超过累积流量基本误差限的1/3。

（2）环境温度每变化10℃，流量计电子显示部分瞬时流量值的变化应不超过瞬时流量基本误差限绝对值的1/3。

5.共模干扰的影响

电子显示部分两输入端的任一端与地之间加有频率为50Hz、电压有效值为250V的交流干扰电压时，流量计仍应符合前条中关于基本误差与重复性误差的要求。

6.黏度修正

在流量计工作的介质黏度范围内，流量计的误差不超过基本误差。如果超过，则应在使用说明书中所列的方式加以修正。

（1）列出被测介质黏度修正公式或修正曲线，经修正后，流量计的误差不超过基本误差限。

（2）列出不经黏度修正或经黏度修正后的黏度附加误差值，并注明在工作黏度范围内由于黏度变化可能引起的最大误差。

7.温度修正

在流量计工作温度范围内，流量计的误差不超过其基本误差。如果超过则应加以修正。

（1）列出温度修正公式或修正曲线，经修正后，流量计的误差不超过基本误差限。

（2）列出不经温度修正或经温度修正后的温度附加误差值，并注明在工作范围内由于温度变化可能引起的最大误差。

8.压力修正

在流量计的公称压力范围内，流量计的误差不超过其基本误差限，如果超过，则应加以修正。

（1）列出压力修正公式或修正曲线，经修正后的流量计的误差，不超过其基本误差限。

（2）列出不经压力修正或经压力修正后的压力附加误差值，并注明在公称压力范围内由于压力变化可能引起的最大误差。

（三）容积式流量计的性能测试

1.基本误差

（1）试验条件

①环境条件：温度15 ~ 35℃（允许最大变化为1℃/10min）；相对湿度45% ~ 75%，大气压力85 ~ 108kPa。

②电源条件：电压偏差10% ~ 15%，频率偏差 ± 5%，谐波电压10%（交流电源），纹波电压<1.0%（直流电压）。

（2）基本误差在试验条件下，用溶剂法流量标准装置（包括体积管）或质量法流量标准装置或标准流量计进行试验确定。

（3）流量标准装置或标准表的精确度等级应等于或优于被测流量计准确度等级的3倍，最低不得低于2倍。当流量标准装置的准确度等级低于被测流量计准确度等级的3倍时，被测流量计的误差应为流量计实际误差与流量标准装置（或标准表）误差采用均方根法合成后的误差。

（4）试验应至少在包括流量计上限值和下限值的5个点进行，每点不少于3次。试验时，各个流量点的实际流量值应不超过上述规定值的 ± 2.5%。

2.压力损失

流量计的压力损失检验在下列条件下进行：

（1）流量计上、下游取压孔分别位于流量计上游1倍公称通径出口和下游4倍公称通径出口处的管道水平直径的端点上。

（2）取压孔内径一般不大于流量计公称通径的8%，并在3 ~ 12mm范围内。

（3）流量计上下游取压孔间的压差（压力损失）应符合具体产品规定的压力损失。

（四）容积式流量计各特性特点

1.漏流量特性

漏流又称滑流、间隙流。所谓漏流，顾名思义，是一种未经“测量室”计量而从“测量室”流过的一种泄漏量。这是一切容积式流量计所共有的特性之一。根据容积式流量计的各种不同计量原理，归纳起来，构成“测量室”的原理大致有以下三种：

（1）弹性材料密封。如旋转活塞流量计，在计量腔内紧贴“测量室”内壁放入一块弹性材料，使该弹性材料随流体沿内壁移动，使“测量室”的置换体积增大，阻止流体漏流到另一个“测量室”中。这种形式的主要问题是如何在设计上保证当壁面出现弯曲、延伸或其他变形时，其每次所置换的体积量是相等的。

（2）机械密封或填料密封。如往复式活塞流量计等。活塞与缸体之间是靠这种接触摩擦方式密封，在计量过程中必然要产生很大的内摩擦，从而会产生较高的压力损失。

（3）表面张力密封。如腰轮流量计、刮板流量计等就属于这类密封形式。这种密封形式的原理是利用流体的表面张力进行密封，即在转子与转子之间、转子与壳体之间留有一定量的间隙。由于存在间隙，使转子在运动过程中互不接触，而利用这些间隙中的流体表面张力密封。

由于这一间隙可以控制在一个很小的范围内，对于流量计获得较高的计量准确度和复现性起一定的作用。同时，由于这些间隙的存在，转子与壳体之间不接触，因此压力损失也相对降低些。这种密封形式发挥作用的情况直接与计量介质物性有关（如黏度、密度），对不同的计量介质就应规定不同的间隙，否则会造成较大的漏流量。

上面三种密封形式都会产生不同程度的漏流量，从实际情况来讲，表面张力密封形式所产生的漏流量相对比较大。下面具体分析其原因。

表面张力密封形式，因为间隙很小，比较而言，转动件与固定件邻接表面的面积很大，所以可将间隙处的流动看成两平行面间的流动。

2.压力损失特性

所谓压力损失，指流体通过流量计时，所引起的不可恢复的压力降。压力损失也是容积式流量计的又一重要特性。一般不论什么种类的流量计都存在不同程度的压力损失，但其差异非常大，如超声流量计与标准孔板流量计，一个非常小，另一个相对较大。流量计压力损失的大小可依据安装在流量计前、后的差压计（或压力计）来观测。流量计前后的压力差就是流量计的压力损失。

从漏流公式也可以看出，压差与漏流量成正比。由于压差直接影响到流量计的基本误差，因此研究容积式流量计的压力损失特性也是非常重要的。

容积式流量计的压力损失可归结为两个方面原因：其一是机械阻力引起的压力损失；其二是流体黏滞性引起的阻力损失。

由于容积式流量计的内部测量元件的动作（或运转）是在流体压力作用下进行的，这样流量计运行就要消耗一部分能量，这部分能量消耗最终以流量计前后不可恢复的压力降显示出来。

关于流体黏滞性引起的压力损失，可以从漏流量公式看出，即漏流量与流体黏度成反比，黏度越高，流体的漏流量越小，正因如此，液态高黏度的流体误差曲线向正方向倾斜，而低黏度的流体误差曲线向负方向倾斜。由于气体黏度远远低于液体黏度，故气体流体误差曲线相对比较平直并向正方向倾斜，液体流体误差曲线均向负方面倾斜。

综上所述，容积式流量计压力损失主要取决于以下因素：

（1）压力损失随流量计流量增加而增大。

（2）压力损失随流体黏度增大而增大。

（3）对气体流量计，当工作压力增高，气体密度增大时，压力损失也相对增大，但误差曲线却向正方向倾斜。

二、气体腰轮流量计

腰轮流量计，也称罗茨流量计，是一种典型的容积式流量计。该流量计已存在近一个世纪了。它的结构可以说在许多方面是从泵、风机或压缩机原理的扩展而发展起来的。20世纪30年代，腰轮流量计已开始应用于石油管道上进行液体的计量。

这种流量计的工作原理和工作过程是依靠进出口流体压力差产生运动，转子每转一圈排出4份“计量空间”（或称测量室）的流体体积量。在腰轮上没有齿，它们不是直接相互啮合转动，而是通过安装在壳体外的传动齿轮进行传动。

腰轮流量计用于气体计量已经有相当长的时间了，过去腰轮流量计主要用于中低压、中小排量气体流量的测量。随着科技的进步，腰轮流量计各方面的性能均有显著提高，故在中等压力、大排量的气体流量测量中也开始应用，并且从中选择精确度较高的，用于作为标准流量计使用。

（一）气体腰轮流量计的测量原理与结构特点

1.测量原理

气体腰轮流量计内部有一个具有一定容积的“测量室”或称“计量斗”空间，该空间是由流量计的运动件（转子）和其外壳构成的。当气体通过流量计时，在流量计的进口和出口之间产生一个压力差，在这个压力差的作用下，使流量计的转子不断运动，并将气体一次次地充满“测量室”空间，并从进口送到出口。由于预先求出该空间的容积，测量出运动件的运动次数就可求出流经流量计的气体体积流量。

2.腰轮流量计结构特点

腰轮流量计由壳体、腰轮转子组件（内部测量元件）、驱动齿轮与计数指示器等构成。腰轮的组成有两种，一种是有一对腰轮，此种称为普通腰轮流量计；另一种是两对互成45°角的组合腰轮，此种称为45°角组合式腰轮流量计。

从转子组合角度来看，一对腰轮流量计振动、噪声相对较大，而两对45°角组合的流量计振动小，运行较平稳。

另外，腰轮流量计分立式和卧式两种。立式腰轮流量计，结构紧凑，可有效利用空间减少占地；而卧式腰轮流量计占地面积较大。

腰轮流量计除上面所讲的几个主要部分外，还有以下两种重要的零部件。

（1）滑动轴承。滑动轴承一般采用石墨轴承，其润滑性可以与硫化钼和聚四氟乙烯媲美，热冲击性能好，热膨胀系数低。

石墨材料按工艺不同可分为碳化石墨、电化石墨、金属浸渍石墨、树脂浸渍石墨等。一般腰轮流量计选用呋喃树脂浸渍石墨做轴承材料。

（2）推力轴承。对于立式腰轮流量计的推力轴承，是关系到腰轮是否长久站立起来的关键。

腰轮立起来后，全部重量都由推力轴承承担，同时还必须耐磨，使用寿命长。为了满足上述这些要求，采用YG6X硬质合金做推力轴承的材料。对大口径腰轮结构是采用两个直径18mm、高10mm的硬质合金圆柱体。一个装在轴端、高出轴端0.7mm，另一个装在可调止推轴承座上。

当推力轴承磨损后，转子端面与中间隔板的间隙减小，甚至产生摩擦，这时需要拆下流量计下端盖，旋松调整螺母，通过调整，使转子与中间隔板间隙保持在规定的数值范围内。

（二）气体腰轮流量计的安装要求

1.环境条件要求

（1）周围无腐蚀性气体，机械振动小，灰尘少，且远离热源的场所。对于配有体积修正仪的智能型流量计，还应有符合规定的电磁环境。

（2）环境温度；不超过-20～+80℃范围。

2.管道条件

在安装流量计前，管道必须进行清洗和吹扫，清除一切杂物、锈蚀物和污物。连接管道一般应与流量计进出口等口径同轴线，不得有凸出管壁的凸出物凸入管道内。流量计应采取无应力安装，充分考虑工作温度变化引起的管道应力。

3.计量系统要求

气体腰轮流量计的计量系统，除流量计外，还应配套管路系统、控制阀门、过滤器以及温度、压力测量仪表、流量调节设备等。

4.安装方式

气体腰轮流量计原则上要求在垂直管道上安装，气体由下至上通过避免杂质、固体颗粒物沉积在流量计内，但也可在水平管道上安装。

5.设置旁通管道

为了便于检修维护和不影响流量计正常运行，一般都要求设置旁通管道。

6.旁通阀检查

为了便于观察和检查旁通阀是否泄漏，在旁通管路两个串联的开关阀中间的连接短管上，设一小口径检漏阀，用以随时方便地检查两旁通阀是否泄漏。

7.气体腰轮流量计配套仪器设备的选择

（1）为了减少流量计的附加误差，可选用与流量计配套的自动温度补偿器和自动压力补偿器。

（2）为了便于控制与管理，可以选用带各种信号输出功能的流量计，以及与之配套的计算仪、记录仪和专用流量计算机等。

（3）为确保流量计安全运行，配备必要的辅助设备，如在流量计前安装过滤器、沉渣器。为了防止压力波动，必要时在流量计上游安装缓冲罐、膨胀室、安全阀；为了保证流量计安全运行，还可考虑配备压力、流量控制设备，使系统的压力和流量不至于超过流量计所能承受的上限值。

（三）气体腰轮流量计的使用与维护

流量计的正确使用方法和及时维护对于准确计量、安全运行、延长其寿命是非常重要的。只有正确使用，才能使流量计在规定的误差范围内运行。只有及时维护，才能保证其正常运行。为此，应注意如下问题。

1.试运行

新选型设计或重新安装的气体腰轮流量计系统，经安装验收检查无误后应进行试运行工作检验。

（1）关闭流量计前后的阀门（开关阀和调节阀），缓慢打开旁通阀，从旁通阀流过，冲洗管道中残留杂物并使气体流量计进出口压力平衡。若无旁通管路，则可用一个事先预制的短管（长短、口径与流量计一致）代替流量计安装在管路中，使气体通过，待管路被冲洗干净后，取下短管换上流量计。

（2）流量计正确安装后，投运前应加注润滑油。润滑油型号可按流量计制造厂家提供的型号选用，也可选用高速机械油。由于用于天然气流量的流量计大多安装在露天场合，而我国南北地区四季温差很大，因此润滑油选用时要注意这个问题。

流量计在运行中应经常观测润滑油颜色和视镜中的油位，发现润滑油的颜色异常时应及时更换新润滑油，当视镜中的油位低于视镜中心线时，应及时加注补充润滑油。加注润滑油量和加注方法按流量计产品说明书要求进行。

（3）启动流量计运行工作。对有电信号运转的智能型流量计，先接好信号线和电源线，接通电源使仪表正常工作。然后，缓慢打开流量计后面的调节阀（亦称出口阀），最后缓慢关闭旁通阀。用流量计出口的调节阀调节流量计，使流量计在正常流量运行。

（4）如果被测气体的温度较高，与环境温度的温差较大，则流量计运行前应注意对其计量系统进行预热，使流量计及其管路系统慢慢升温。防止出现因转子受热膨胀过快而外壳环境温度低、膨胀速度慢而使转子卡死故障。

（5）流量计运行后，定时巡视各项运行参数的变化，并做好记录，包括温度、压力、流量等数据。同时，检查整个计量系统振动、噪声、泄漏等工况以及过滤器前后压差状况。

经稳定运行一段时间后，试运行结束。

2.流量计正常运行维护工作

（1）流量计正常运行后应经常注意被测气体的流量、温度、压力等参数是否符合流量计规定的使用范围。如果偏离较大，应查明原因，进行相应调节。

（2）启动和停运流量计工作仍按试运时的顺序进行。严格执行岗位操作规程、流量计检定（或校正）操作规程、流量计故障处理、停运程序、备用流量计启动及旁通阀封印等规定。

（3）定期对整个计量系统进行检查、维护和检验。内容包括流量计、阀门和管路系统，过滤器等配套设备，温度计、压力表、密度计等测量仪表，安全阀、限流阀和整流器等保护设备，以及流量计显示仪表、记录装置、补偿装置等辅助仪表仪器等。

对于上述内容中属于国家规定的强制检定范围的计量仪表必须按期进行周期检定。

（四）流量计算

1.操作条件下体积流量计算

当流量计使用高频脉冲发生器时，输出信号为频率，操作条件下体积流量由式（8-1）计算。

$$q_{vf}=\frac{f}{K} \tag{8-1}$$

式中：q_{vf}——操作条件下的体积流量，m^3/s；

f——输出频率，s^{-1}，由频率计采集得到；

K——流量计系数，每单位体积输出脉冲数，$(m^3)^{-1}$。

2.质量流量计算

流量计的瞬时质量流量按式（8-2）计算。

$$q_m=q_{vn}\rho_n \tag{8-2}$$

式中：q_m——质量流量，kg/s；

q_{vn}——标准参比条件下的体积流量，m^3/s；

ρ_n——标准参比条件下的天然气密度，kg/m^3。

3.能量流量计算

能量流量可以通过体积流量或质量流量与被测天然气高位发热量H_s的乘积计算得到。按体积流量计算的公式为

$$q_e = q_{vn}\hat{H}_s \qquad (8\text{–}3)$$

按质量流量计算的公式为

$$q_e = q_m H_s \qquad (8\text{–}4)$$

式中：q_e——能量流量，MJ/s）；

$\hat{H}_s$——标准参比条件下的体积高位发热量，MJ/m³；

H_s——标准参比条件下的质量高位发热量，MJ/kg。

三、膜式燃气表

（一）膜式燃气表的结构和原理

膜式燃气表主要由机芯、指示装置、外壳和计数显示器等主要部件组成。其中，机芯又可分为膜片计量室和机械联动传动部分（包括联动装置和气门分配装置）。由橡胶材料制成的膜片将计量室分成两部分，滑阀通过与分配阀口的相对位置的改变使这两部分交替地与管道入口和出口相通。膜片感受气体压力而在计量室内伸缩往复移动，使得计量室内前后两部分气体交替地充入和排出。一台膜式燃气表中有两个膜片计量室，滑阀的交替运动形成了气体的连续流动，再由联动机构将滑阀的运动传给计数显示器，以显示通过的体积量。

膜式燃气表，由于生产厂商的不同，它的外壳由当初的镀锌钢板焊接而成，中间有横隔板的箱式整体，改为现在冲压形成或压铸形成的壳体。膜片由当初用浸油的绢纱或用铬酸法鞣制的羊皮膜片，改进为用聚酯纱涂双面胶的人工合成隔膜等现代技术材料，做成系列化两囊四室膜式燃气表。

1.工作原理

膜式燃气表是最具有代表性，而且使用最普遍、数量最多的容积式流量计。它的基本原理是，假如要测量某方形桶内所盛液体体积。

我们可用一个标准的小容器（亦称标准器），先向标准器中灌入被测液量方桶中的液体，灌满至标准器规定的刻线后，将液体排除到其他容器中，排完后再按原来方法重复进行，直到方桶内液体排完为止。这样通过灌满、排出标准器的次数，即可测量出被测量方桶内液体容量。但根据这一原理进行正确计量，必须具备以下三个条件：

（1）首先要知道标准器的准确容积。

（2）在把液体灌入标准器过程中，不能发生滴、漏、洒液体现象。

（3）要准确记录标准器排除液体的次数。

膜片式燃气表就是基于上述计量原理，并满足以上三个条件而设计的。实际上，燃气表的工作是连续交替进行的。所谓的标准器即相当于燃气表中的两个计量室。燃气不断地交替进入膜片计量室，充满后排出。同时，通过一定的传动机构，将充气排气的循环次数转换成体积，反映到燃气表的计数器上。

膜式燃气表多是由两个囊室、两个膈膜、两个滑阀、两套摆杆曲柄机构（合称为汇交力系）和与之联动的计数器组成。两个囊室中各有一个定位在中间的可往复翻转运动的皿形隔膜，将其分割成容积可变的四个空腔。

2.膜式燃气表机芯的工作原理

膜式燃气表是一种机械仪表，膜片运动的推动力是依靠燃气表进出口处的气体压力差。它的源动力是由高于常压的被测气体进入隔膜的一侧腔内，所产生的压强推动隔膜向另一侧移动而产生的推动力（也就是隔膜所牵动的立轴原地转动的扭矩），当隔膜移到另一侧的极限（也称作死点）的位置时，力矩不再产生能让隔膜返回来的力，就必须靠第二个隔膜相继产生同样的力来带动前一个隔膜做返回移动，当改变第一个隔膜的出气口为进气口时，这个隔膜的另一侧又有了气体的推动力而继续做往返运动，也能改变第二个隔膜的移动方向。隔膜所牵动的立轴做往复地摆动运动，通过其摆杆、连杆去牵动一个共用的曲柄轴，当曲柄轴接收到的扭矩相差一定的周期（90°）时，就能做到连续转动，并由它带动滑阀来改变进出气口的方向和带动计数装置，达到连续自动计量的目的。膜式燃气表由于结构不同而有不少类型，但其计量原理却都基本相同，是同样遵循上述基本原理设计和制造的。它是使燃气进入容积恒定的计量室，待充满后将其排出，通过一定的特殊机构，将充气、排气的循环次数转换成容积单位（一般是m^3），传递到燃气表的外部指示装置，直接读出燃气所通过的容积量。由于使气体从一个计量室内部排出比较困难，故一般均设有两个或两个以上的计量室交替进行充气和排气。由于单个计量室的充、排气是不连续的，而且也不能使燃气表转动起来。因此，膜式燃气表一般均有四个计量室，它以燃气表进、出气口燃气的压力差作为动力，推动两个相邻计量室之间的皮膜夹盘组件做直线运动，并通过特别设计的连杆机构使气门盖有规律地交替开、关，使曲柄做四周运动，从而使燃气表达到连续供气和计量的目的。

3.膜式燃气表的分类及构造特点

由于膜式燃气表的种类较多，各种类型的分类方法介绍如下。

（1）按计量室分类。

膜片计量室是燃气表的心脏，它是燃气表计量能力的基本元件，计量室容积的变化必然会使燃气表产生或快或慢的现象。根据计量室的数目、型式和膜片运动状态可作如下分类。

按计量室的数目分类：

a.四室型。四室型表是一种最典型、最常见的表。它是由两个膜片和两块隔板将计量室分成4个小室，每两个小室内燃气的进入和排出由一个滑栅和滑阀（阀座和阀盖）来控制。曲柄轴旋转一圈的计量室容积如前所述，等于一个膜片往复移动容积的4倍。

b.三室型。如美国生产的斯蒲拉基式燃气表就是这种形式。这种表中间没有隔板，共有3个室，滑阀的运动和联动装置都不同于其他类型的燃气表。曲柄的转动通过滑阀上部的蜗杆和涡轮转换成刻度盘上的燃气通过量。调整误差可自外壳上的孔口处，用调节螺杆改变曲柄臂的长度，从而改变膜片的位移量，使计量容积增加或减少。

c.二室型。这是一种特殊类型的燃气表。由于这种燃气表容易在短期内失效，现在一般都不采用，其构造是在燃气出口和入口气门处各有一个类似活塞的滑阀，它的动作是通过弹簧片的移动来操纵的，即通过膜片的移动使弹簧片弯曲。当膜片移动到反曲点时，弹簧片的支端自行脱扣，凭弹力作用，在瞬间使滑阀改变位置。

②按计量室的形式分类

a.隔板式。这种表的特点是在滑阀和联动装置与计量室之间设有隔板，计量室由隔板与外壳组成。在隔板式中又可分为开敞气门室式和密封气门室式两种。开敞气门室的隔板上都只有一个室，密封气门式的机械传动部分和气门室设置在一个单独的密封机构中。

b.独立内机式。独立内机式燃气表的特点是没有隔板，计量室与外壳相互隔开，除计数器外，有一个完整的单独机芯。

燃气进入燃气表后，先充满上壳的全部空间，然后再通过气门的分配室进入计量室。在欧洲普遍使用此种燃气表。由于这种燃气表有单独的机芯，内部机构完全同外壳隔离，因而准确度较高，制造工艺先进，并且可提高转速做成体积小而计量室能力较大的燃气表，用于工业燃气计量。

（2）其他分类法。

①按联动装置分类。联动装置是由牵引臂、立轴（亦称旗杆）、快慢调节器、气门旋杆、曲柄和曲柄轴等构件组成。它能将计量室内膜片夹盘的往复运动变成曲柄旋转运动，然后再传至滑阀的联动机构。这些部件的长度和安装角度以及相互的准确配合，对燃气表的误差曲线、稳定性以及工作压力损失和波动均有很大影响。

联动装置又可分为牵动臂型式和曲柄运动型式。

②按气门装置分类。燃气表气门的构造大同小异。按气门布置的相对位置可分为平行式、非平行式两类。

③按指示装置分类。主要分为指针式、混合式（指针式与直读式相结合）、数字显示式（主要用于IC卡膜式燃气表）。

④按外壳材料分类。主要分为钢板外壳（包括焊接和冲压）、浇铸外壳和高压压铸铝制外壳。一般用于大容量燃气表和独立内机式的膜式燃气表，大多是冲压、拉伸方法制外壳。

浇铸外壳多用于大容量和高压的燃气表。高压压铸铝制外壳，耐腐蚀性强，适用于安置室外。

⑤按用途分类。按用途分类可分两类，即工业燃气表和居民家用燃气表。

（3）膜式燃气表结构特点

膜式燃气表主要是由计量系数、气路以及气路分配系统、运动传递系统和计数系统四大部分组成。

①计量系统。两个基本相同计量容器主要由计量室、膜片、膜板、折板、折板座、折板轴等零件组成。作用是保证膜片往复摆动一周，有一个恒定容积的气体输出。

②气路及气路分配系统。主要由接头、外壳、表内出气管、分配阀栅、滑阀等零部件构成。滑阀在分配栅上滑动，周期地改变气流途径，使气体循环交替地充满或排出左右4个气室，以实现对气体体积的计量。

③运动传递系统。主要由立轴、牵动臂、拉杆、中轴支架组件等零件构成。其作用有两个。其一，传递能量，气体压力作用在膜片上，进出产生压差形成膜片运动的动力，传递系统将该力传递给滑阀进行滑动（包括直线、转动和扇形摆动）。同时，传送系统也将这种力传给计数显示器系统，实现累积计数的目的。其二，改变运动形式。表内运动的形式有转动、直线往复滑动和摆动。这些运动形式均由传动系统中的各连杆铰链加以实现。

④计数系统。计数系统主要由传动齿轮、调速齿轮、计数器等零件组成。其作用是记录和显示气体流过燃气表的体积量。

（二）膜式燃气表技术要求与使用规则

1.膜式燃气表技术要求

（1）流量范围。所谓流量范围，是指由最大流量和最小流量所限定的一个区域。在这个区域内的流量不能超过表本身所规定的误差限。

（2）回转体积。回转体积是涉及膜式表容积的一个拟定值，也是膜式燃气表的关键计量指标，国家对此有明确规定，要求实际值在额定值的±5之内。

（3）计数器的要求。计数器或指示装置不限于直接机械传递的字轮式、齿轮指针式或机电进位字轮式、电子式（液晶或数码显示等），还有非接触式的光电传感器至微处理机运算显示的指示装置。

机械计数器整位数（计量单位是m^3）应不少于4位，也就是说应该满足该规格膜式表最大流量运行2000h的累积指示值（达到此值后方能回零）。对大规格膜式表来说，最多不超过8位。

同样对指示装置及其专用输出传动轴等，要求其转动灵活，机械阻力小，否则将会增加膜式表的压力损失，甚至影响到计量误差。

对于非接触传递的光电传感器应取10倍数当量，避免造成传递误差，并设有一定的抗干扰措施。

2.膜式燃气表使用规则

（1）首先确定是应用于什么场合，是城镇居民家庭燃气计量，还是企业工业计量，从而决定燃气表的品种。民用燃气表一般耐压低，排量小；而工业用燃气表耐压高，排量相对较大。

（2）应依据客户实际用气量的范围，选用燃气表。使燃气表连续工作时通过表的最大流量等于燃气表的标称流量。

（3）由于燃气管网压力等级差异很大，因此选表时，必须考虑管网输气压力参数指标。所选表的压力等级要高于输气管网的压力等级。

（4）根据燃气种类选用燃气表。由于各种膜式燃气表所适用的燃气都具有一定针对性，所以选用时必须注意这点。燃气分为三大类，各类成分及特性差异较大。选用燃气表时必须详细阅读产品说明书，了解其适用介质的情况。

（5）燃气表安装要求：燃气表一般要求安装在干燥的房屋内，室内温度在25℃左右。应固定在坚固的墙壁上，保持垂直位置。

（6）燃气表既是燃气的计量器具，又可计量可燃性危险性大的气体，因此它应由专门部门或生产厂家派专人维修。

（7）膜式燃气表是一个精密的计量仪表，不可随意磕碰、敲打；不得靠近燃火；不得在其附近有腐蚀性的气体或油烟、灰尘侵害；更不可随意拆卸，以免发生燃气泄漏事故。

（8）对于燃气表使用者，应经常查看其是否计量指示正常，是否有响声，周围是否有臭味（燃气内一般均加入臭味剂，以便泄漏发现），如发现燃气泄漏，要查找泄漏部位，并及时关断仪表前阀门，或用肥皂沫堵漏点处，打开门窗放风；及时向燃气部门报告，请其迅速处理。

（9）如发现计量不准或表针停止运动不计量了，也应该请燃气部门来处理。切忌自己动手带气拆卸。

（10）燃气表在检定有效期内（一般为5年），是无须修理的，也就是说使用燃气表的计量性能不会超出标准规定的误差值。但若因故障重新修理后，应请燃气部门拆下送检。

（三）耐久性检验及其要求

膜式燃气表在其设计的可靠性寿命周期内，应能保证功能完好，各项技术指标都不能超过规定的极限值。

表的耐久性能也是关系供需双方利益的重要技术指标。由于燃气表涉及千家万户，因此关系到经济利益，更重要的是关系到生命、财产安全。所以，表的耐久性、可靠性更显得格外重要。

耐久性检验的快捷方法是做耐久性试验：先对各种规格的膜式表分别抽样，以空气为介质（或各类燃气）做耐久性运转实验。

第二节　气体涡轮流量计测量天然气流量

涡轮流量计是速度式流量计中的一种，也是叶轮式流量计中的主要品种（叶轮式流量计还有风速计、水表等）。

涡轮流量计、容积式流量计及科氏质量流量计是三类重复性、准确度最佳的流量仪表。而涡轮流量计又具有自己独特的特点，如结构简单、重量轻、准确度高、压力损失小、量程范围宽、振动小、抗脉动流性能较好；可适应高参数（如高低温、高压）情况下测量。

一、涡轮流量计优缺点

（一）涡轮流量计主要优点

（1）准确度高，气体涡轮流量计全量程一般为1.0%～2.0%，高准确度为0.5%～1.0%。

（2）重复性好，一般可达0.05%～0.2%，因此经常选用作为标准流量计使用。

（3）量程范围宽，中大口径一般可达20：1以上，小口径为10：1；始动流量也较低。

（4）压力损失较小，在常压下一般为0.1～2.5kPa。

（5）结构紧凑，体积轻巧，安装使用方便。

（6）由于一般采用脉冲频率信号输出，适于总量计量及与计算机连接；无零漂移，抗干扰能力强。若采用高频信号输出，可获得高的频率信号3～4kHz，信号分辨率强。

（7）可采用多种显示方式，可只带机械计数器或只配普通型流量计算仪，也可在机电计算器上增加温压补偿仪，且可长期采用电池供电（可连续运行两年以上），使用方便。

（二）涡轮流量计主要缺点

（1）介质中含有悬浮物或腐蚀性成分，容易造成轴承磨损加速及卡住问题。

（2）要长期保持计量特性，需要定期校准。对于贸易计量，最好配备现场实流校准设备。

（3）介质的物理特性（如密度、黏度等）对涡轮流量计的特性有较大影响，与温度、压力关系密切，因此要进行温压修正。

（4）流量计受流体流速分布畸变和旋转流的影响较大，为此需在流量计的上游侧设置较长的直管段或整流器，在下游侧也需设置一定长度直管段，为此需占场地较大。

（5）对被测介质清洁度要求较高，需要加装过滤器，既带来了压损增大，又增大了维护工作量。

（6）小口径（DN50mm以下）仪表的流量特性受物性影响严重，其仪表特性难以提高。

综上所述，涡轮流量计尽管存在缺点，但总体上优点远胜于缺点，并且具有其他流量计不具备的特性，再加上标准化工作非常完善，满足涡轮流量计工作需要，为此发展前景非常广阔。

二、涡轮流量计工作原理、结构特点及其分类

（一）工作原理

当被流体通过涡轮流量传感器时，流体通过导流器冲击涡轮叶片。由于涡轮的叶片与流体流向间有倾角，流体的冲击力对涡轮产生转动力矩，使涡轮克服机械摩擦阻力矩和流体阻力矩而转动。实践证明，在一定的流量范围内，对于一定的流体介质黏度，涡轮的旋转角速度与通过涡轮的流量成正比。所以通过测量涡轮的旋转角速度可测量流体流量。

涡轮的旋转角速度一般都是通过安装在传感器壳体外面的信号检测放大器用磁电感应的原理来测量转换的。当涡轮旋转时，涡轮上由导磁不锈钢制成的螺旋形叶片依次接近和远离处于管壁外的磁电感应线圈，周期性地改变感应线圈磁回路的磁阻，使通过线圈的磁通量发生周期性变化而产生与流量成正比的脉冲电信号。此脉冲电信号经信号检测放大器放大整形后送至显示仪表（或计算机）显示出流体流量。

在某一流量范围内、一定黏度范围内，涡轮流量计的体积流量（q_v）与输出的信号脉冲频率（f）成正比，即

$$f=Kq_v \qquad (8-5)$$

式中：K——涡轮流量计的仪表系数，1L或1/m³。

在涡轮流量计的使用范围内，仪表系数K应为一常数，其值由实验标定得到。每一台涡轮流量传感器的校验（或合格）证上都标明经过实流校验得到的仪表系数K值。

（二）涡轮流量计结构、特点及分类

涡轮流量计由涡轮流量传感器（亦称变送器）、前置放大器和显示仪表所组成。

1.仪表壳体

仪表壳体一般采用不导磁的不锈钢制成，对于大口径传感器亦可用碳钢与不锈钢组合的镶嵌结构。壳体是传感器的主体部件，它起到承受被测流体的压力，固定检测部件、连接管道的作用。壳体内装有导流器、叶轮、轴、轴承，壳体外壁安装有信号检测放大器。

2.导流器

导流器通常选用不导磁的不锈钢或铝合金材料制作，安装在传感器进出口处，对流体起导向、整流以及支承叶轮的作用。

3.涡轮

涡轮亦称叶轮，一般由高导磁材料制成，是传感器的检测部件。它的作用是把流体的动能转换成机械能。叶轮有直板叶片、螺旋叶片和丁字形叶片等。叶轮由支架中轴承支承，与壳体同轴。叶片数目多少视传感器口径大小而定。叶轮形状及尺寸大小对传感器性能有较大影响。要根据流体的性质流量范围、使用要求等选择叶轮。

4.轴与轴承

它的作用是支撑叶轮的旋转，需要有足够的刚度、强度、硬度及耐磨性、耐腐蚀性等。它的质量决定传感器的可靠性和使用期限。因此，它的结构与选材以及维护都非常重要。通常选用不锈钢或硬质合金制作。

5.磁电转换器

磁电转换器，亦称信号发生器，它是由永久磁铁、导磁棒和线圈组成。它的作用是把涡轮的机械转动信号转换成电脉冲信号输出。

6.前置放大器

它是由晶体管组成的放大电路，它将磁电转换器产生的信号放大后输送给显示仪表，它和磁电转换器组成涡轮流量计的发讯器。

（三）气体涡轮流量计结构特点

气体涡轮流量传感器的结构组成与液体涡轮流量传感器大体相同，但也有差别。以轴流式为例。其结构主要包括壳体、前导流器、导流圈、涡轮（叶轮）、防尘迷宫件、轴承、主轴、内载式储油管、后导流器、加油系统、信号发生器、信号传感器、压力传感器、温度传感器、内藏式四通阀组件等。各主要零部件的功能如下：

（1）壳体。壳体是传感器的主要部件，承受被测气体的压力，固定安装检测部件，连接管线的作用。其材料同前文所述一致。

（2）前导流器。对被测气体起压缩、整流、导向作用，并起支撑叶轮的作用。材料一般选用铝合金、不导磁不锈钢、锌合金等。

（3）导流圈。对被测气体进行导向、节流，调整流量。对仪表流量范围分段有重要作用。材料用铝合金等。

（4）涡轮（叶轮）。这是传感器的检测元件，接受流体的动量、克服阻力矩，是齿轮传动机构的动力源。叶轮有直板叶片或螺旋叶片等几种，它可由高导磁材料制成。其高频信号可由叶轮切割电感传感器产生，也可选用塑料或铝合金材料制造，并在其上镶嵌导磁体或磁体。对于气体涡轮流量计而言，当通径D≤200mm时，材料可选用塑料或铝合金；当D>200mm时，材料应选用铝合金。制造铝合金涡轮成本高，但稳定性好、强度高，维修费用低。叶轮由支架中轴承支撑，与表体同轴。其叶片数目视口径大小而定。

（5）防尘迷宫件。避免灰尘进入机芯，起保护轴承作用。该部件的优劣直接影响涡轮流量计寿命。实际使用情况证明，静密封比动密封防尘效果更好，最好与涡轮一起设计形成径向迷宫。

（6）轴承。支撑主轴和叶轮旋转，减少传动轴摩擦阻力。需选用加工精度高，低噪声，有足够的刚度、强度、硬度以及耐磨耐腐蚀的不锈钢制作。它和主轴一起决定传感器的可靠性和使用期限。

（7）主轴。起传动支撑作用，它与轴承的装配结构、装配精度以及主轴本身的同轴度直接影响流量计准确度及使用寿命。材料选择与轴承要求一致。

（8）内载式储油管。对于采用加油系统的涡轮流量传感器，一般采用该结构件，它是加油系统的缓冲装置。它可有效避免一次加油过量影响仪表准确度及污染机芯，也可有效避免使用过程中因失油造成轴承损伤。

（9）后导流器。支撑轴承、机芯、加油连接件，防止灰尘进入机芯；材料为铝合金或锌合金。反推式涡轮流量传感器的后导流器还要求能产生足够的反推力。

（10）加油系统。由油杯组件、止回阀、油管、接头、密封圈等组成。

（11）信号发生器。由铝合金或塑料圆盘镶嵌磁体或导磁体组成。它与涡轮同步转动，周期性改变磁场强度，由磁传感器将叶轮旋转的高频信号检测输出。

（12）信号传感器。感应涡轮或信号发生盘产生的磁场变化，产生脉冲信号，并传递给前置放大器。

（13）压力传感器。带有温度压力修正功能的流量计均有该部件，一般为压阻式传感器。

（14）温度传感器。带有温度压力修正功能的流量计均有该部件，一般为铂电阻，也可用数字温度传感器。

（15）内藏式四通阀组件。一般是一体化温压补偿型气体涡轮流量计设计有该部件。

三、流量计算方法

（一）体积流量计算

操作条件下的体积流量计算实用公式见式（8–6）。

$$q_f = \frac{f}{K} \tag{8–6}$$

式中：q_f——操作条件下的体积流量（m/s）；

f——输出工作频率（Hz），由频率计采集得到；

K——系数（m^{-3}），可按流量计铭牌上给出值，或翻查流量计参数设置值，或检定证书或校准证书给定值。

（二）质量流量计算

质量流量由式（8–7）计算。

$$q_m = q_n \rho_n \tag{8–7}$$

式中：q_m——瞬时质量流量（kg/s）；

q_n——标准参比条件下的体积流量（m/s）；

ρ_n——标准参比条件下天然气密度（kg/m^3）。

（三）能量流量计量

能量计量可以通过体积流量或质量流量与发热量H_s或H_s的乘积计算得到。

按体积流量计算的公式见式（8–8）。

$$q_e = q_n \hat{H}_s \tag{8–8}$$

按质量流量计算的公式见式（8–9）。

$$q_e = q_m H_s \tag{8–9}$$

式中：q_e——瞬时能量流量（MJ/s）；

q_n——标准参比条件下天然气的体积发热量（MJ/m^3）；

q_m——标准参比条件下天然气的质量发热量，（MJ/kg）。

四、涡轮流量计选用原则、安装要求及运行维护

（一）涡轮流量计选用原则

（1）涡轮流量传感器最适宜测量洁净的单相气体，因此应根据被测气体的洁净程度（相比较而言，管输天然气优于井口天然气；液体石油气优于人工燃气；液化天然气优于管输天然气）选择与其相适应的流量传感器。

（2）根据天然气或其他燃气计量性质，决定流量计的准确度等级，即企业（如油气田、长输管道、城镇燃气公司等）用于内部交接计量（其目的是为本企业内部核算），还是用于外部贸易交接计量（其目的是供需双方财务结算依据）。如果是企业内部交接计量，流量计准确度等级可相对低一些（如若企业资金充裕，也可购高准确度的流量计），外部贸易交接计量，则应按国家有关规定或双方协议确定配备准确度等级较高的流量计。

（3）应根据管网、管通干线、支线的流量范围（及将来的发展趋势）选择流量计（主要包括口径、流量范围、压力等级）。

一般天然气长输管道（如西气东输、川气东送等）、城镇燃气管网主干线、油气田天然气管网主干线，压力较高、流量较大，应选用中高压、大口径流量计。而对于压力相对较低，流量中低下水平的支线管道，宜选用中低压、中小口径、中小排量的流量计。

在选择流量计流量范围上应注意三个问题：

第一，在市场经济条件下，影响天然气管道、管网输量均衡的因素增加，输气量波动性较大，为此应选择范围宽的流量计。

第二，从测量准确度角度，希望流量计运行在仪表系数处于线性的区域。

第三，从使用寿命和安全性来考虑，流量范围应有余地，一般认为在断续使用（如日运行8h以下），按实际使用时的最大流量的1.3倍选择传感器口径。在连续使用（每日运行8h以上）场合，按实际最大流量的1.4～1.5倍选择流量计口径。

一般情况下，传感器流量范围下限附近误差稍大，通常将实际最小流量的0.8倍作为选用传感器流量范围下限值。

（4）经济性：涡轮流量计选用在经济性方面主要考虑三个因素。

第一，购置费用。同一规格型号的流量计价格差异较大，比如进口产品往往比国产产品或合资产品价格高出1倍或2倍以上。如若再加上运输、调试、零配件购置储备，其总费用大幅增加。

第二，运行维护费用。有活动件的流量计比没有活动件的流量计其故障率、更换零部件频率也相应增大，由此使运行维护费用增加，同时又影响正常输供气。

第三，辅助设备购置，安装及管理费用。如有的类型流量计由于其本身流量特性要求流动状态、流场要符合某些技术要求而增加直管段、过滤器、整流器等，也相应增加了购

置费、安装费等。

（二）安装要求及注意事项

涡轮流量计的特性及运行寿命受流体运动状态、工作环境、流体物性等方面的直接影响，因此正确地安装传感器是保证其测量准确度的首要条件，为此应注意如下事项。

（1）安装地点应选择便于维修并避免管道振动，同时避免强磁场干扰及热辐射影响的场所。

（2）流体流动速度分布不均匀和旋涡流的存在是涡轮流量计产生测量误差的重要原因之一，所以按国家有关标准规定在流量计上游前、下游后必须安装一定长度的直管段或整流器。

（3）安装前应将管道内杂物、焊渣、粉尘清理干净。

（4）为便于维修，不影响流体通过，必须安装旁通管路。

（5）新建投产管道，为保护流量计不被损坏，要事先预制一段与传感器等长等径的短管，安装在传感器的位置上，待扫线工作结束，确认管道内清扫干净后，再拆下短管，安上流量传感器。

（6）截止阀安装在流量传感器上游（并全开），流量调节阀安装在传感器下游。对可能产生逆向流的流程应加装止回阀。

（7）流量传感器应与管道同心，密封垫圈不得凸入管路内。传感器前后管道应支撑牢固，不产生振动。

（8）对带温压补偿一体化的流量计在试压时要注意压力传感器的保护，应注意流量计压力过载值为压力传感器额定工作压力的1.5倍。

（9）流量计原则上要安装在室内，如安装在室外时，上部应有遮盖物，以免雨尘浸入和烈日暴晒。

（10）电气连接注意事项：除涡轮流量计机械就地显示外，大部分涡轮流量传感器都需要将电信号经传输电缆送到显示仪表。安装显示仪表前，要核对流量传感器的输出特性（如输出脉冲的频率范围、幅值、脉宽等）与显示仪表输入特性是否相配；按照流量传感器仪表系数设定显示仪表的参数设置；核对流量传感器电源和线制，以及阻抗匹配。本质安全防爆型流量传感器还应该核对安全栅型号规格。

传输电缆通常用带屏蔽和防护套的双芯或三芯的通信电缆，有效截面面积1.25～2.0mm^{2}的多股铜线。

屏蔽线只能一端接地，最好在显示仪表端接地。尽可能用一根完整电缆（中间没有接头）。电缆应装入金属管内，以免受外部机械损坏。

传输电缆的路径不应与动力电缆线平行，也不要敷设在动力电源线集中区域，以避免受电磁场干扰。

（三）涡轮流量计运行与维护

（1）未安装旁路管道的流量传感器，应以中等开度开启流量传感器上游阀，然后再缓慢开启下游调节阀。以较小流量运行一段时间（如10min），然后全开上游阀，再适当开大下游阀，调节到所需流量（注意调节流量只能用下游调节阀）。

（2）对装有旁路管道的流量传感器，只全开旁路阀门，运行一段时间后（如5~10min）再以中等开度开启流量传感器上游阀，稍后再缓慢开启下游阀，逐渐关小旁路阀，使仪表以较小的流量运行一段时间。然后全开上游阀，全关旁路阀，根据需要调节下游调节阀开度至所需流量。

（3）不能轻易打开流量计表头前后盖，不能轻易变更流量传感器中的接线与参数。

（4）对于需要加油的流量计，一定要按规定的要求，定时定量加注润滑油。

（5）尽量使流量计在仪表系数曲线线性区域运行，杜绝和防止长时间超流量运行。

（6）对于电子显示的流量计，要经常检查电池是否欠压，及时更换电池。

（7）流量计按期送检。因长期运行、轴承磨损等原因，仪表系数发生变化，要通过检定调校。若超差无法调校到规定的准确度等级，则应更换机芯或整个流量传感器。

（8）要注意过滤器两端压差变化，以判断是否堵塞或是否需要停运进行清理。

（9）若发生故障，显示机构不计数和时断时续不准确时，则应停运并及时启用备用流量计。事后应对故障流量计故障期间的影响流量正确估算，妥善公平处理。

（10）切忌用高温蒸气清洗或流经流量传感器，以免损坏有关配件。

（11）经常检查显实仪表工作状况（通过“自校”挡），评估显示仪表示值。如有怀疑存在不正常现象，应及时检查处理。

第三节　超声流量计测量天然气流量

一、超声流量计工作原理及结构特点

（一）超声流量计工作原理

超声流量计由于其种类较多，其测量原理也是多种多样的。目前使用的是传播速度差法包括时差法、相位差法和频差法。

1.时差法

一般情况下，被测量的流速在每秒数米以下，而声速约为1500m/s，流速带给声速的变化量至多不过是10^{-3}数量级。由于流体流速不同，会使超声波的传播速度发生变化。

2.相位差法

由于时差法所测量的时间差非常小，且当时的技术水平难以测得准确，因此早期使用了检测灵敏度较高的相位差法。

3.频差法（又称声循环法）

首先从发生器沿顺流方向发射超声波脉冲，在接收器处接收这个信号，再在放大器处把此接收信号进行放大，把经放大的输出信号加到发生器上，从发生器再次发射出超声波脉冲，以后重复进行。

（二）时差法超声流量计工作原理

1.一般原理

流量计以测量超声波在流动介质中传播时间与流量的关系为原理。在有气体流动的管道中，超声波顺流传播的速度要比逆流时快，流过管道的气体流速越快，超声波顺流和逆流传播的时间差越大。

2.多声道超声波声速差法工作原理

多声道超声流量计其测量准确度远远高于单声道或双声道超声波量计，因此日益受到生产厂家和用户的重视。

多声道超声波声速差法流量计采用声速差法，就是通过准确测量超声波沿着气流顺向和逆向传播的声速差，测量各种口径管道内稳态或脉动气流的双向流速量。

（三）超声流量计结构特点

基本构成及主要技术性能

时差法超声流量计是由超声流量传感器（表体、超声换能器及安装部件）和变送器构成。

（1）超声流量传感器。超声流量传感器是超声流量计的重要组成部分，包含换能器、管道（或标准管段）以及安装附件等。

超声流量传感器可分为便携式和固定式。通常传感器中使用1～5对换能器，甚至更多，以提高流速测量的精确度。

每一对换能器都是可逆的，可以交替发射和接收声信号。声波传播的路线通常被称为声道，按几何学声道应是线状的单声道的形状有Z式、V式、W式等。

另一种选择是取侵入式（穿透管壁）还是非侵入式的超声换能器。侵入式的与流体直接相接触，声道多样化，机械尺寸较为准确。而且穿过流体的检测角（或称声道角）比非侵入式的要大约45°。这样对流速的变化较为敏感。为了使用方便，将侵入式传感器设计制造成带有法兰的标准管段，并系列化。

非侵入式传感器，或称外夹式，用于安装在已有的管道上，亦可做成管段式。超声波通过声楔（塑料制品或金属材料）进入管道和流体，穿越流体后，经对面的管壁、声楔，为另一超声换能器所接收。

非侵入式超声流量传感器的优点是不破坏管壁的完整性；其缺点是由于声波折射而多次改变方向，超声信号损耗较大。

各种超声流量传感器的用途和适用范围如下：

①夹装式传感器，换能器在管道外部安装，适用于固定式和便携式。换能器不接触流体，不干扰流场，不受流体压力的影响，特别适合封闭管道中高压、强腐蚀和放射性流体流量的测量。

②插入式传感器，用于管壁允许打通孔的管道。可以是标准管段式或现有管道，不少产品维修可不影响管道正常工作。

③内置式传感器，适用于安装在混凝土管道或管壁不允许打孔、换能器不能在管外进行安装的管道。

（2）超声换能器。超声换能器是一种电声转换器（分为发射换能器和接收换能器），常用压电换能器。它利用压电材料的压电效应，采用适应的发射电路把电能加到发射换能器的压电元件上，使其产生超声波振动。超声波以一定角度射入流体中传播，然后由接收换能器接收，并经压电元件变为电能，以便检测。发射换能器利用压电元件的逆压电效应，而接收换能器则是利用其压电效应。

（3）超声流量计形式。

①流量计按换能器安装方式可分为插入式和外夹式两种形式。

②插入式流量计根据换能器的数量不同，分为单声道、双声道和多声道流量计。

③流量计按输出方式有脉冲输出、模拟输出和数字通信输出等。

二、超声流量计计量通用技术要求

（一）随机文件

（1）流量计应附有使用说明书。

（2）外夹式流量计的使用说明书应详细说明流量计的安装方法和使用要求。

（3）流量计使用说明书中应对换能器给出工作压力、温度范围，并提供换能器安装的几何尺寸。

（4）流量计应附有出厂鉴定报告（或资料）。

（二）流量计标记

流量计上应有铭牌，并应注明以下内容：

（1）制造厂名；

（2）产品名称和型号；

（3）耐压等级；

（4）制造计量器具许可证标志和编号；

（5）标称直径和适用管径范围；

（6）适用工作压力、温度范围；

（7）在工作条件下最大、最小流量（或流速）；

（8）分界流量；

（9）准确度等级；

（10）防爆等级和防爆合格证编号；

（11）制造年月。

每一对超声换能器应在明显位置标有永久性的唯一性标识和安装标识。

换能器的信号电缆与超声波换能器需一一对应时，应在明显位置标有永久性的唯一标识和安装标识。

（三）外观要求

（1）新制造的流量计应有良好的表面处理，不得有毛刺、划痕、裂纹、锈斑和涂层脱落现象。

（2）表体的连接部分的焊接应平整光洁，不得有虚焊、脱焊等现象。

（3）接插件必须牢固可靠，不得因振动而松动或脱落。

（4）显示的数字应醒目、整齐，表示功能的文字符号和标志应完整、清晰、端正。

（5）密封性。通过检定介质到最大试验压力，历时5min，流量计表体上各接头（接口）应无渗漏。

三、超声流量计安装使用注意事项

（一）流量传感器或换能器的安装

1.换能器类型的选择

适用于传播时间法的换能器类型较多，各厂家生产的换能器的结构不同，适用流体条件、管道条件和安装条件等也不相同，此外与声道的设置方法有关。

气体超声流量计因固体和气体界面，使超声波传播效率相对比较低，因此只能用直射式换能器。因此，气体流量测量一般不宜采用外夹装式超声流量计。

换能器的安装方法应注意以下三点：

（1）当流体沿管轴平行流动时选用Z法。

（2）当流动方向与管轴不平行或管路安装地点使换能器安装间隔受到限制时，采用V法及X法。

（3）当流动分布不均匀而流量计前面直管段又较短时，可采用多声道来克服流速扰动带来的流量测量误差。

2.流量传感器（带测量管段的插入式换能器总成）安装

（1）安装本类流量传感器时管网必须停流，测量点管道必须截断后再接入流量传感器。

（2）连接流量传感器的管道内径必须不与流量传感器相同，其差应在±1%以内。

（3）流量计测量管轴线与管道轴线方向一致，其夹角不超过3°。

3.外夹装式的安装

（1）剥净安装管段内保温层或保护层，并把换能器安装处的壁面打磨干净，漆锈层磨净。

（2）换能器工作面与管壁面之间保持有足够的耦合剂。

（3）选择合适的换能器夹具。夹具分为机械式和磁性两类。

（4）对于垂直管道，若为单声道传播时间法的流量计，换能器的安装位置应尽可能在上游弯管的弯轴平面内，以获得弯管管流场畸变后较接近的平均值。

（5）换能器安装处和管壁反射处必须避开接口和焊缝。

（6）换能器安装处的管道衬里和结垢层不能太厚。衬里、锈层与管壁间不能有间隙。对于锈蚀严重的管道，可用手锤振击管壁，以震掉内壁锈层及垢层。

4.信号传输电缆

（1）电缆。电缆的性能是保证仪表信号传播质量的重要因素。各个厂家所生产仪表的电缆长度要求不同，这与仪表自身的性能要求有关。如电缆过短，对反射噪声的衰减不利；电缆过长，又会对信号衰减过多，影响仪表正常工作。所以，应按照厂家产品使用说明书中要求的性能、型号和长度选用。

（2）电缆的敷设。

①必须使用制造厂商所附电缆或使用说明书所要求电气性能或指定型号的信号电缆。

②所有信号电缆必须由金属穿线管保护，穿线管的所有接口部位都必须密封防水。

③换能器引出的电缆与信号电缆的连接应经过连接盒。

5.安装环境要求

（1）温度。一般要求安装的环境温度应在-20～55℃。当安装环境温度超出上述范围时，应对流量计采取隔热或保温防冻措施。对暴露在野外的流量计还应采取遮雨、防晒等措施。

（2）振动。流量计的安装应尽量避开有强烈机械振动影响的位置，特别是要避开可能引起流量计信号处理单元、超声换能器、流量测量管等部件发生共振的环境。

（3）电磁或电子干扰。流量计相关导线安装时，应尽量避开可能存在强烈电磁或电子干扰的环境，否则应对其采取必要、有效的保护措施。

（4）声学噪声干扰。流量计安装时，尽量避免接近噪声源。在安装时，应采取必要的措施消除环境声学噪声的干扰。

（二）使用与维护

1.调试与校验

超声流量计的调校包括对流量显示的二次仪表的电子线路进行调校，对换能器的正确安装实行调校。对换能器的安装进行调校是使得发射换能器的声波信号经流体中的传播后能正常地被接收换能器接收。而对带测量管段的超声流量计，由于发射换能器与接收换能器的相对位置固定，因此其调校相对较为简便，主要针对二次仪表的电子线路进行校验。

超声流量计的调校因仪表的测量电路不同而异，具体的调校步骤应严格按照产品说明书的要求进行。但一般涉及以下几个方面。

（1）零点调整。当实际的流速为零时，仪表的流量也应调整为零。通常零点的调整是由自动调整功能完成的，但对于高精度的测量，可以停止自动调零功能，在零点上设置零点偏差，以后的测量，仪表将自动输出扣除零点偏差后的数值。

（2）阻尼设定。适当的阻尼设定可用来精确地观察测量值的变化过程，或用来获得测量值的平均值。通常，当自动零点功能起作用时，所获得的响应时间大约是阻尼设定时间的10倍。为了观察测量值的真实变化，或为了以适当阻尼地观察测量值时，应设定合适的阻尼时间。

（3）工作参数（量）的设定。工作参数（量）的设定，包括模拟输出范围（4～20mA）的设定，显示单位的设定，流量（或流速）范围的设定等。

（4）在不正常测量情况下的输出设定。当管内无流体等不正常情况下，可设定保持流量值不变，高限度输出；低限度输出；零输出。同时，累积脉冲输出时，输出截止，内部累积也截止。

（5）空探测点的设定。可设定当管道内无流体（空管）时输出一个报警信号。

（6）连续通信的设定。可设定RS-232C的通信波频率、奇偶性和停止位。

（7）低流量切除。流量低到一定值时，可设置一切断点切断流量显示。切断点一般可设定在0～0.999m/s。当阀门关闭时，由于管内流体有对流现象，这时就有流量显示，所以有必要设置低流量切断功能。某些仪表的切断点初始值设定为0.01m/s，可人为改变设置。

（8）其他如测量值的校准。累积输出单位的设定：时间的设定以及状态输出的设定都是仪表调整中的内容，应根据说明书的要求进行设定。

2.运行

（1）定标。定标就是把仪表准确计算流量所需的参数，通过一定的形式和方法输入转换器的过程，以达到定刻度的目的。

对于直接测量的线平均流速（传播时间法），要计算流量就要有有关参数，如流体中声速、黏度、单位脉冲等。

大多数便携式仪表只需在测量现场把所需定标参数通过键盘输入转换器即可。固定安装的仪表有通过键盘输入者，也有通过转换器内的各种形式开关或电位器等进行定标，而用平行法布置的双声道、四声道和八声道传播时间法仪表的定标，则由厂家通过EPROM编程等来完成。

定标的具体步骤和方法，按产品使用说明书进行。

带管段的中小口径超声流量计，通常出厂前已完成定标和校验，因此不必在运行前再去做定标工作。

（2）超声流量计的日常维护。超声流量计的日常管理主要是根据其自诊断系统反馈的信息有针对性地进行检查和维护。虽然不同厂家制造的超声流量计对检查运行状况参数的要求所有不同，但主要是温度、压力、天然气组成及流量计的性能参数。

四、流量计算方法

（1）标准参比条件下的瞬时流量按下式计算，即

$$Q_n = Q_t(P_t/P_n)(T_n/T_f)(Z_n/Z_f) \quad (8\text{–}10)$$

其中：

$$Q_t = VA \quad (8\text{–}11)$$

式中：Q_n——标准参比条件下的瞬时流量（m^3/h）；

Q_t——工作条件下的体积流量（m^3/h）；

V——流体轴向平均流速（m/s）；

A——流通面积（m^2）；

P_n、P_t——分为标准参比条件下绝对压力（其值为0.101325MPa）、工作条件下的绝对静压力（MPa）；

T_n、T_f——分别为标准参比条件下的热力学温度（其值为293.15K），工作条件下的热力学温度K；

Z_n、Z_f——分别标准参数条件下的压缩因子和工作条件下的压缩因子。

（2）标准参比条件下的累计流量按下式计算：

$$Q_n = \int_{t_0}^{t} q_n dt \quad (8\text{–}12)$$

式中：Q_n——标准参比条件下在$t\sim1$一段时间内的累积量（m^3）；

$\int_{t_0}^{t}$——对$t_0\sim t$时间段的积分；

dt——时间的积分增量。

第四节 涡街流量计测量天然气流量

一、涡街流量计工作原理、结构及分类

（一）工作原理

在测量管道的流体中设置非流线型的旋涡发生体，当雷诺数达到一定值时，从旋涡发生体下游两侧交替地分离释放出的两串规则的交替排列的旋涡，这种旋涡称为卡门涡街（有的资料称为卡曼涡街）。在一定的雷诺数范围内旋涡的分离频率与旋涡发生体的几何尺寸、管道的几何尺寸有关，旋涡的频率正比于流体流量，并可由各种形式的传感器检测出。

（二）涡街流量计结构特点

涡街流量计一般由传感器和转化器两部分组成。

传感器包括旋涡发生体、检测元件和仪表壳体等；转换器包括信号转换器、信号放大器、接线端子、支架及防护罩等。

1.旋涡发生体

旋涡发生体是流量传感器的主要部件，它与流量计计量特性密切相关。对它的要求有以下几点：

（1）能控制旋涡在旋涡发生体轴线方向同步分离。

（2）在较宽的雷诺数范围内有稳定的旋涡分离点。

（3）能保持恒定的斯特劳哈尔数。

（4）能产生较强的涡街，信号的信噪比高。

（5）形状和结构简单，便于加工。

（6）发生体的材料满足流体性质的要求，耐腐蚀、耐磨损、耐温度变化；固有频率在涡街信号的频带外。

2.检测元件

检测元件是涡街流量传感器的又一个关键部件。旋涡发生体与检测方式有个互相匹配问题，而由此产生的不同检测方法，也直接影响流量计的计量性能。

（1）热敏式检测元件。采用热敏元件作检测元件的流量计称为热敏式涡街流量计。流体流经旋涡发生体，旋涡分离引起局部流速的变化，流速的变化又会交替地改变热敏电阻的阻值。热敏电阻置在桥路的两个臂，恒流电路将桥路的电阻变化转换为交变的电压信号，对这个信号进行放大测量就可以得到与旋涡频率同步的脉冲信号。热敏式检测法检测灵敏度高，下限流量低，对振动不敏感，一般用于洁净无腐蚀性流体的测量。

（2）差动电容式检测元件。差动电容式检测法所用的检测元件是差动电容。安装在涡街流量传感器中的电容检测元件相当于一个悬臂梁。

当旋涡体产生时，在两侧形成微小的压差，使振动体绕支点产生微小变形，从而导致一侧电容间隙减小，另一侧电容间隙增大，通过差分电路检测可以得到与旋涡频率同步的信号输出。

差动电容式涡街流量计的一个重要优点是可耐温度高。其缺点是检测电路复杂（如电容的测量需要调制、解调电路）、工艺性较差。

（3）振动体式检测元件。采用振动体式检测元件的方法称为振动体式检测方法。此种流量计称为振动体式涡街流量计。

在旋涡发生体轴向开设圆柱形深孔，孔内放置软磁材料制作的软质空心小球或圆盘（振动体）。流体旋涡产生的差压推动振动体上下运动，位于振动体上的检测传感器（有电磁传感器或光纤传感器）检测出振动频率。这种检测方法的优点是振动性能好，可用于高温（400℃左右）和低温（-260℃）流体测量。

（4）光电（光纤）式检测方式。光电（光纤）式涡街流量计于20世纪80年代中期开始出现，主要分为光电反射式涡街流量计、激光检测式涡街流量计和光纤检测式涡街流量计三类。

光电反射式涡街流量计的原理是发光二极管发出的光，通过反射镜反射，最后光电二极管接收。旋涡产生的交变压差信号作用到反射镜上，反射角度改变，光电二极管接到的光信号也随之改变，光电信号的变化频率就是涡街信号的频率。

激光检测式涡街流量计的原理是激光二极管发出的激光从发生体下游穿过流体，发生体下游的交变旋涡引起激光发生折射，激光最后射向光电二极管，通过快速傅立叶分析仪获得旋涡频率。

光纤检测式涡街流量计的原理是光纤作为旋涡发生体，流体通过它时，被拉紧的光纤会交替产生旋涡分离现象，光纤振动的频率就是旋涡的频率。光电（光纤）式涡街流量计具有灵敏度高、测量范围宽、抗电磁干扰能力强等优点，不足是怕脏污的介质、对管线振动敏感。

3.信号检测放大器

由于信号检测方式不一样，信号放大器的结构有很大差异。仅以应力式涡街信号放大器为例进行介绍。

（1）电荷放大器。将传感器压电晶体元件输出的交变电荷信号换成与电荷量成比例的交变电压信号输出。

（2）电压放大器。将电荷放大器输出的电压信号进行放大，放大器的增益可用电位器进行调整。电路一般采用同相输入运算放大电路，放大器的增益由反馈电位器进行调整。增益调整的目的主要是根据仪表现场使用条件调整得到仪表最佳工作状态（灵敏度和耐振度最佳点）。

（3）低通滤波器。涡街流量计的输出信号基本属于低频范围，但其信号是由多次谐波组成的，信号中夹杂着高频干扰噪声信号和高频振动噪声信号，这些噪声信号是需要滤掉的。另外，涡街引起的横向升力是随着流速的平方增大，因此，随着流速的增加信号幅度也在增加。为了在全量程范围内能使输出信号幅度变化平稳，低通滤波电路一般设计为二阶网络，用于消除高频噪声干扰，同时在整个流量范围内能起到信号平衡的作用。

（4）斯密特触发器。触发器将正弦信号转换成方波脉冲信号输出。为了抑制噪声干扰，一般将其设计为大回差触发器，有的还设有触发电平调整开关（或电位器）。

（5）输出电路。用于输出保护及提高信号驱动能力。

（6）F/F转换电路。将不同流量对应的不同频率的脉冲信号转换成标准的0～1000Hz、0～2000Hz标准频率信号输出。

（7）F/I转换电路。将放大器输出的脉冲信号转换成4～20mA电流信号输出。

（8）DSP信号处理系统。数字信号处理系统，可改善信号放大器的性能，进一步提高信号可靠性。

（三）涡街流量计的分类

涡街流量计可按以下原则分类。

1.按被测介质分类

可分为气体涡街流量计、液体涡街流量计和蒸汽涡街流量计三大类。由于被测介质物性差异较大，因而各类流量计的技术性能、应用范围也有很大不同。

2.按传感器分类

流体旋涡频率检测传感器可分为多种，主要包括热敏式（又分为热丝式和热敏电阻式）、振动体式、应变式、应力式、光电（光纤）式和超声波式。流量计的名称决定于传感器的名称，如热敏式涡街流量计、应力式涡街流量计等。

3.按旋涡发生体分类

现在已经开发出形状繁多的旋涡发生体，可分为单旋涡发生体和双旋涡发生体两种。单旋涡发生体的基本形状有圆柱、矩形柱、三角柱和T形，其他形状皆为这些基本型的变形。

4.按使用环境和用途分类

可分为普通型、防爆型、高温型、低温型、耐腐蚀型、插入型、质量型和智能型。

二、涡街流量计安装要求、选用原则及使用方法

（一）安装要求

涡街流量计属于对管道流速分布畸变，旋转流和脉冲流很敏感的流量计，因此对现场管道安装条件应予以充分重视，严格按照相关标准规定或产品说明书的要求执行。

（1）传感器应水平或垂直安装（流体流向自下而上），在与其公称直径相应的管道上。

（2）传感器的上游或下游应配置一定长度的直管段。

（3）应设置旁通管道（并加装截止阀），以便于传感器拆卸清洗，送检期间，维持管道输气生产正常进行。

（4）为减小振动对涡街流量计的影响，建议采取以下措施：

①首先选择传感器安装场所时尽量注意避开振动源。

②对小口径流量计可考虑采用弹性软管连接。

③对于较大口径流量计可考虑加装管道支撑桩（或墩）。

（5）成套安装，包括前后直管段、整流器等是保证获得较高准确度测量的一个措施。近年来引进不少橇装流量计就是这个道理。

（6）电器安装应注意以下几点：

①传感器与转换器之间采用屏蔽电缆或低噪声电缆连接，其距离不应超过使用说明书的规定。

②布线时应远离强功率电源线，尽量用单独金属套管保护。

③应遵循“一点接地”原则，接地电阻应小于10Ω。整体型和分离型都应在传感器侧接地，转换器外壳接地点应与传感器“同地”。

（二）涡街流量计的选型原则

经过几十年的发展，涡街流量计的检测技术和信号处理电路日益得到完善和提高，产品质量也呈现很大的进步。对不同检测形式的涡街流量计有各自的测量优势，因此了解各种检测技术的涡街流量计技术特性对选型工作十分重要。涡街流量计的选型原则包括以下几个方面。

（1）首先明确被测流体是液体还是气体。因为涡街流量计可适用不同的流体，但不同规格型号的流量计却有不同的侧重，有一定的针对性。只有先确定被测介质是液体还是

气体，然后才能在相应的范围内去选型。

（2）准确度等级的选择。因为流量计准确度等级的高低不仅是计量准确性的问题，还涉及产品的价格。从维护双方利益、公平贸易的角度，均希望配置高等级准确度的流量计，但是有时高低等级准确度流量计的价格差距都是很大的。本着相对计量准确、双方满意、满足生产与贸易、节约资金的原则去选择合适等级准确度的流量计。如果企业资金雄厚，为了内部严格管理明确责任，购买高等级准确度的流量计也无可非议。

（3）压力等级选择。不论是油气田长输管道的天然气计量，还是城镇燃气，都是易燃易爆的危险性气体。正因如此，流量计的压力等级的选择是直接关系到安全生产、计量贸易的大问题。所以，应采用慎重和保守的态度去选准选对流量计的压力等级。

（4）根据被测量介质的流量范围正确计算选择流量计口径。涡街流量计在选型过程中，确定流量计口径也是关键性问题之一。从原则上希望流量计口径与管道口径一致或基本一致，这样避免出现变径管、缩径管，尽量减小直管段的长度。但在实际工作中往往容易出现两个口径不一致甚至差别很大的情况。因此，在选择流量计口径时必须根据被测介质的工艺参数、涡街流量计的技术参数，综合进行计算，确定流量计的口径。

（5）根据被测介质的物化参数正确选择仪表材质。涡街流量计在测量腐蚀介质（如含硫化氢的天然气）过程中，随着使用时间的延长，流量计的一些部件会被腐蚀而损坏，直接影响到流量计正常运行和计量的准确性，因此在选型时，必须对涡街流量计的材质提出要求。

涡街流量计与测量介质接触的部位有本体、旋涡发生体、旋涡检测体、电极、探头等部件。根据测量介质的物化性质，这些部件使用不同的材质，因此涡街流量计在选型时，可以对这些特殊的部件规定材质。

涡街流量计的主要部件大多数采用不锈钢制造，常用的不锈钢型号有321、304、316、316L等。在测量含有腐蚀性气体时，可以选择哈氏合金、钛合金、工程塑料等各类防腐材料。

涡街流量计测量腐蚀性介质具体使用的材质和要求请参看各有关厂家说明书和材料使用相关手册，以提高流量计的安全使用寿命。

（6）合理选择涡街流量计的温度等级。不同检测技术的涡街流量计允许最高测量温度不同。如超声式涡街流量计测量介质温度不能超过200℃，电磁式涡街流量计测量介质温度不能超过150℃，而热敏式涡街流量计，测量介质温度更低。同一种测量技术的流量计可能有不同的温度等级。如应力式涡街流量计分为高温型和低温型。通常情况下，当测量介质温度高于300℃时，与常温介质相比，高温型检测元件低流速测量性能会变差，使得下限流量提高，因此合理选择涡街流量计的温度等级也很重要。

（7）根据测量或按控制要求选择流量计的输出方式和通信方式。涡街流量计输出有许多形式，也有各种通信方式，因此可根据需要对其输出进行选择和组合。

（8）根据安装环境条件选择流量计的防爆和结构形式。当涡街流量计安装在有爆炸危险的场所时，必须选用防爆型涡街流量计。目前，使用较多的防爆方式有本安型和隔爆型。

（三）涡街流量计使用注意事项

1.现场安装完毕通电和投运通流前的检查

（1）主管道和旁通管道上各法兰、阀门、测压孔、测温孔及接头应无渗漏现象。

（2）管道振动情况是否符合说明书规定。

（3）传感器安装是否正确，各部分电器连接是否正确与良好。

2.接通电源静态调试

在通电不通流体时转换器（流量计算仪）应无输出，瞬时流量指示为零，累计流量无变化，否则首先检查是否因信号线屏蔽或接地不良，或管道振动较强烈而引入干扰信号。如确认不是上述原因时，可调整转换器（计算仪）内电位器，降低放大器增益或提高整形电路触发电平，直至输出为零。

3.投运通流动态测试

关闭旁通阀，先打开上游进口阀，后开下游口阀，流动稳定后转换器输出连续的脉宽均匀的脉冲，流量指示稳定无跳变，调阀门开度，输出随之改变。否则，应细致检查并调整电位器直至仪表输出既无误触发又无漏脉冲为止。

三、流量计算方法

（一）体积流量计算

1.操作条件下瞬时体积流量的计算

操作条件下瞬时体积流量按下式计算。

$$q_f = \frac{f}{K} \tag{8-13}$$

式中：q_f——操作条件下瞬时体积流量（m^3）；

K——仪表系数[（m^3）$^{-1}$]；

f——频率（Hz）。

2.在标准参比条件下的瞬时体积流量计算

在标准参比条件下的体积流量应根据在线实测的气流静压和温度，按下式进行计算：

$$q_n = q_f \cdot \frac{p_f}{p_n} \cdot \frac{T_n}{T_f} \cdot \frac{Z_n}{Z_f} \tag{8-14}$$

式中：q_n——标准参比条件下的瞬时体积流量（m³/s）；

q_f——操作条件下的瞬时体积流量（m³/s）；

p_f——操作条件下的绝对静压力（MPa）；

p_n——标准参比条件下的绝对静压力，其值为0.10132MPa；

T_f——标准参比条件下的热力学温度，其值为293.15K；

T_n——操作条件下的热力学温度（K）；

Z_n——标准参比条件下的压缩因子；

Z_f——操作条件下的压缩因子。

（二）质量流量计算

质量流量计算按下式计算：

$$q_m = q_f \rho_f = q_n \rho_n \tag{8-15}$$

式中：q_m——瞬时质量流量（kg/s）；

ρ_f、ρ_n——分别为操作条件下，标准参比条件下天然气的密度（kg/m³）；

q_f、q_n——意义同前。

（三）能量流量计算

能量流量可以通过体积流量或质量流量与发热量的乘积计算得到。

（1）按体积流量计算的公式为

$$q_e = q_n \hat{H}_s \tag{8-16}$$

式中：q_e——瞬时能量流量（MJ/s）；

$\hat{H}_s$——标准参比条件下天然气的体积发热量（MJ/s）。

（2）按质量流量计算的公式为

$$q_e = q_m \hat{H}_s \tag{8-17}$$

式中：$\hat{H}_s$——标准参比条件下天然气的质量发热量（MJ/s）。

其他符号意义同上。

第五节　临界流文丘里喷嘴测量天然气流量

一、文丘里喷嘴测量原理

关于临界流文丘里喷嘴的测量原理，最近几年颁布的两个标准对其描述存在差异。

（1）是以一次装置安装在充满流体的管线中为依据确立的。装入一次装置后装置的上游侧与喉部或下游侧之间产生一个静压差，根据该压差的实测值和流动流体的特性以及装置几何相似且使用条件相同就可以确定流量。

（2）喷嘴是一个入口孔以逐渐减小到喉部，经过喉部又逐渐扩大的用于测量气体流量的测量管。当上游滞止压力保持不变，逐渐减小喷嘴出口压力，即减小背压比，通过喷嘴的气体流量先是不断增加，当达到临界压力比时，气体在喉部达到临界速度即等于当地音速，流过喷嘴的气体质量流量达到最大，进一步降低背压比，流量将保持不变。

二、文丘里喷嘴计量技术要求

（一）外观要求和随机文件

（1）应在喷嘴的明显部位清晰标明喷嘴的编号（还应注明型号、喉部直径、设计流量、制造单位等）。

（2）随机文件：喷嘴应附有使用说明书或合格证，并应注明：

①制造厂名称。

②喷嘴的型号、规格和准确度等级。

③喷嘴的出厂编号、制造日期。

④喷嘴喉部直径、材料及其他有关的技术指标。

（二）喷嘴材料及加工要求

（1）所选用的材料既应有较高的硬度又应能按规定条件精加工。材料不能有凹痕、气孔和杂质。

（2）材料及其表面处理应不受预定使用气体的腐蚀。

（3）材料应具有稳定的可复现的热膨胀特性，如果使用时的温度与测量喉部直径时的温度不同，可对喉部直径进行适当的修正。

（4）喷嘴的喉部和喇叭形入口至锥形扩散段应进行光面精加工，以使普通加工和精确加工的喷嘴算术平均粗糙度分别不超过$15\times10^{-6}d$（d为喉部直径）和0.04μm。

（5）对普通加工的文丘里喷嘴，允许使用喉部有直径台阶的喇叭形喉部临界流文丘里喷嘴，该项直径台阶不大于喉部直径的10%。

（三）锥形扩散段

（1）应检验喷嘴锥形扩散段的形状，以保证任何台阶，不连续性、不规则性和不同轴度都不超过该直径的1%。

（2）锥形扩散段的算术平均粗糙度应不超过$10^{-4}d$。

三、文丘里喷嘴安装要求及使用规则

（一）安装要求

文丘里喷嘴其测量气体流量的准确性，不仅取决于喷嘴自身加工制造的水平，而且也取决于现场实际安装的状况。加工完全标准的喷嘴，如若未按相关标准规定要求正确进行安装，将无法达到相应的准确等级。正因如此，凡涉及文丘里喷嘴的相关标准规程都对其安装提出具体要求。

文丘里喷嘴适合下列两种安装方式：其一是喷嘴的上游管道为圆形管道；其二是喷嘴的上游为大空间。

1.喷嘴的上游管道为圆形管道

（1）喷嘴可安装在圆形直管道中，圆形管道与喷嘴中心线的同轴度应保持在±0.02D之内。喷嘴上游3D以内入口管道的圆度偏差应不超过0.01D（D为管道内径），且其算术平均粗糙度应不超过$10^{-4}D$。入口管道的最小直径应为4d。

（2）当上游安装条件受到限制不能满足上述要求时，需进行专门的测试，以确定安装条件对流量测量不确定度或者通过实流检定确定流出系数。

2.喷嘴的上游为大空间

（1）如果距喷嘴轴线和喷嘴入口平面，即在入口直径2.5d±0.1D处垂直于对称轴线的平面，5d之内无管壁存在，则可以认为喷嘴的上游是大空间。

（2）在上游是大空间的情况下，为得到大流量可以并联使用多个喷嘴。

3.喷嘴上游的要求

在以上两种情况下，喷嘴的上游都不应有旋涡。当喷嘴上游为管线时，可在喷嘴入口平面的上游$L>5D$处安装流动调整器。

4.喷嘴下游的要求

对喷嘴下游的要求是不妨碍喷嘴达到临界流，对出口管道并无其他要求。

5.压力测量

（1）当喷嘴上游采用圆形管道时，最好在距喷嘴入口平面为0.9 ~ 1.1D的管壁取压口测量上游静压。

（2）当可以认为喷嘴的上游是一个大空间时，上游管壁取压口最好设置在距喷嘴入口平面10D ± 1D且垂直于入口平面的管壁上。

（3）对于上述所提到的取压口，其中心线应与喷嘴的中心线垂直相交。在孔的穿透处，洞孔应为圆形，边缘应无毛刺，并呈直角或稍加倒圆，其倒圆半径应不超过管壁取压口直径的0.1倍。

当喷嘴的上游为管线时，管壁取压口的直径应小于0.08D并应小于12mm。取压孔应为圆筒形，其长度最小为2.5倍取压口的直径。

（4）为了保证并维持临界流，需测量喷嘴下游压力。该压力由一个管壁取压口测量，该取压口设置在距扩散段出口平面下游0.5倍管道直径以内。

6.排泄孔

管道可配备必要的排泄孔，其功能及要求有以下几个方面：

（1）用以排泄某些应用场合中可能集聚的凝水或其他杂质。

（2）排泄孔应设置在喷嘴上游管壁取压口的上游。

（3）排泄孔的直径应小于0.06D。排泄孔到上游管壁取压口平面的轴向距离应大于D，而且排泄孔液压设置在不同于管壁取压口轴向平面的另一轴向平面上。

（4）在测量流量时，应保证无流体通过这些排泄孔（要求所安阀门的密闭性好）。

7.温度测量

（1）应采用设置在喷嘴上游的一个或多个温度检测元件测量入口温度。当采用上游管线时，检测元件应设置在喷嘴入口平面为1.8 ~ 2.2D的位置。检测元件的直径应不大于0.04D，而且在流动方向上应不与管壁取压口排成一行。

（2）如果流动气体的滞止温度与管线周围介质的温度相差5K以上，在选择温度检测元件和管道绝热材料时应注意，所选的检测元件应不受热辐射误差的影响，同时管道外应有良好的隔热外套，以使流动气体与周围介质之间的热传递降至最低。

8.密度测量

（1）对于某些应用场合，如当已知气体的摩尔质量不太准确时，需要直接测量喷嘴入口处的气体密度。

（2）当采用密度计时，应将其安装在喷嘴的上游并且在上游压力和温度测量孔的前面。为了准确地测量喷嘴入口处的气体密度，应注意以下几点：

①密度计的安装应不干扰压力和温度的测量。

②当密度计安装在上游主管道之外时，应进行检查，以保证密度计内的气体与主管道内的气体是相同的（密度计支线与流体干线流速同步）。

③密度计处的压力和温度条件应尽可能接近喷嘴入口的条件，以避免修正。

（二）文丘里喷嘴使用条件

文丘里喷嘴的使用条件如下：

（1）$65mm \leqslant D \leqslant 500mm$；

（2）$d \geqslant 50mm$。

四、流量计算方法

实际质量流量应采用下式计算：

$$q_m = \frac{A_{nt} C_d C_* p_o}{\sqrt{\frac{R}{T} \cdot T_o}} \tag{8-18}$$

或

$$q_m = A_{nt} C_d C_R \sqrt{p_o \rho_o} \tag{8-19}$$

式中：q_m——质量流量；

A_{nt}——文丘里喷嘴喉部的横截面积（m^2）；

C_d——流出系数。可由下式取得：

$$C_d = a - b \cdot Re_{nt}^{-n} \tag{8-20}$$

式中：Re_{nt}——喷嘴喉部雷诺数；

a、b、n——各种形式临界流文丘里喷嘴可用喉部雷诺数范围内的系数；

C_*——实际气体一维流的临界流函数；

C_R——实际气体一维流的临界流系数；

R——通用气体常数；

M——摩尔质量（kg/mol）；

p_o——喷嘴入口处气体的绝对滞止压力（Pa）；

ρ_o——喷嘴上游滞止条件下的气体密度（kg/m^3）。

第六节 标准孔板流量计测量天然气流量

在天然气贸易交接测量中，尤其是在中高压的天然气计量站中，标准孔板流量计一直占据着举足轻重的地位，曾是使用最多的流量仪表。随着带温压补偿的一体化智能涡轮、旋涡、超声等流量计的出现，孔板流量计占主流的地位受到挑战，其自身也在不断地改进。早期使用的法兰夹持型节流装置已逐渐被易于检查和维护的高级孔板阀所取代，配套使用的双波纹管压力表和玻璃棒温度计也逐渐被智能压力、差压、温度变送器及流量计算机所代替，一体化孔板流量计及温量管理器的出现，提高了孔板流量计的计量准确度，消除了人工操作所带来的误差。

一、标准孔板流量计的选择

（一）用标准孔板流量计测量天然气流量的范围

《用标准孔板流量计测量天然气流量》（GB/T 21446—2008）规定了标准孔板的结构型式、技术要求、节流装置的取压方法、使用方法、安装和操作条件、检验要求，天然气在标准参比条件下体积流量、质量流量、能量流量以及测量不确定度的计算方法。该标准适用于取压方式为法兰取压和角接取压的节流装置，用标准孔板对气田或油田采出的以甲烷为主要成分的混合气体的流量测量。该标准不适用于孔板开孔直径小于12.5mm、测量管内径小于50mm和大于1000mm、直径比小于0.1或大于0.75、管径雷诺数小于5000的场所。

（二）节流装置的选择

节流装置应按照规定制造、安装和使用。节流装置应采用已知膨胀系数的材料制造，除非使用者确认由于温度变化而引起的尺寸变化可以忽略不计的情况。

选择孔板节流装置主要确定计量管的尺寸和孔板的开口尺寸等。

应根据外输天然气流量、直径比、差压变送器量程和实验检定范围等因素综合考虑孔板节流装置的尺寸，而不应根据外输管道的尺寸大小来选择。当一条计量管路不满足外输流量的要求时，采用多条计量管路并联的形式来设计天然气外输计量站。

1.确定测量管的内直径

测量管是指孔板上、下游所规定的直管段长度的一部分，各处横截面面积相等、形状相同、轴线重合且邻近孔板，按技术指标进行加工的一段直管，即指孔板和最接近孔板阀门与管道配件（弯头、大小头等）之间的上下游直管段（包括整流器在内）。计量站的每条计量管路应满足：天然气在管内流动的雷诺数不小于5000，孔板开孔直径与计量管内径之比最好为0.25～0.6，测量管的内径最好为50～400mm；每条输送管道的计量站至少有一条备用计量管的要求。

首先，可根据天然气在计量管内的流速为10～15m/s，每条输送管道的计量站至少有一条备用计量管的要求，根据最大流量初步确定出计量管的条数和内直径，然后根据最小流量核算管径雷诺数是否大于或等于5000，最后确定满足要求的计量管。

2.确定孔板的开孔直径

利用天然气在标准参比条件下的体积流量计算实用公式确定孔板的开孔直径。设计时按已知的标准条件下的最大体积流量，计算孔板开孔直径。

二、孔板流量计安装要求

（一）直管段

直管段直度：节流装置用的直管段应该是直的。当与管道直线的偏差不超过其长度的0.4%时，则认为管道是直的。上、下游直管段上管段对接引起管道直线的偏差也应不超过其长度的0.4%。

直管段直径和圆度：在孔板上、下游侧距取压孔沿测量管轴向长度上各为0.5D（D为上游测量管内径）的范围内，应实测结果，其测量管内圆柱表面圆度公差应满足以下要求：

（1）在离取压孔（装有夹紧环时，应在夹紧环前缘）0D、0.5D及0D～0.5D之间的上游直管段上取三个与管道轴线垂直的横截面，如果有焊缝，第三横截面应位于焊缝上。在每个截面上，以大致相等的角距取4个内径的单测值，共得12个单测值，其算术平均值为其实际直径值。任一单测值与平均值比较，其偏差不得大于平均值的±0.3%。

（2）在离孔板上游端面2D长度的下游直管段上，管道内径与上游直管段的内径平均值之差应不超过内径平均值±0.5%。

（3）在所要求的最短直管段长度范围内，管道横截面应该是圆的。邻近孔板2D范围内按条件（1）做特殊检验，2～10D在现场用量具做常规检验，10D外做一般检验，一般检验只要目测检验表明管子外部是圆的，就可认为横截面是圆的。

（4）安装在孔板与其上游第一个阻流件之间的上游直管段，可由一种或多种截面的管段组成，用配对法兰口径配对连接。

直管段内壁粗糙度：直管段内部应保持清洁，除掉污垢，管道内壁上的腐蚀硬皮也应除掉。

直管段内表面粗糙度算术平均值偏差Ra应在与用于确定和检验测量管内径相同的轴向位置上进行至少4次的测量确定。

（二）孔板夹持器的安装

应注意孔板在孔板夹持器中的安装方向，使气体从孔板的上游端面流向孔板的下游端面。孔板应垂直于测量管轴线，其偏差允许在±1°之间。当采用夹紧环时，应该注意对中，夹紧环的任何部位不得凸入测量管内。

（三）装配和垫片

装配和夹紧的方法均应该保证孔板安装在正确的位置上，且保持不变。当孔板装在法兰之间时，要允许它自由热膨胀以避免孔板翘曲和弯扭。

密封垫片应尽量薄，设计采用的垫片厚度应考虑取压孔位置。垫片安装后不得凸入孔板夹持器腔内，也不得挡住取压孔及引起取压位置的改变。

夹紧环应按下述原则选择配合：若夹紧环材质的热膨胀系数大于法兰材质的热膨胀系数，夹紧环的法兰为凸面并与夹紧环的凹槽配合时，则应采用过盈配合；反之，则应采用间隙配合。

为了满足安装要求，应将孔板、夹紧环和上游侧10D（包括配对法兰）及下游侧4D（包括配对法测量管部分）先行配套组装，检验合格后再装入管道与直管段长度不足的部分连接，所产生的沟槽应受到限制。应沿着直管段轴线平行方向测量沟槽长度，当轴向长度小于或等于6.35mm时，不受深度限制；当轴向长度大于6.35mm时，沟槽深度应小于或等于0.02D。

新装测量管路系统在管道吹扫后再进行孔板的安装。

三、参数测量及信号引线

（一）流量变化范围规定

采用特定量程测量仪表的单台孔板流量计的范围度一般为1∶3，不得超过1∶4。

范围度超过上述规定时，可采用多台不同量程的测量仪表、多路并联孔板进行分段计量，或采用其他形式的流量计。

（二）仪表量程选用规定

差压仪表量程：差压值宜在满量程的10%～90%范围内。

压力仪表量程：被测压力较稳定时，工作压力宜在满量程的30%～75%范围内；被测压力波动较大时，工作压力宜在满量程的30%～65%范围内。

温度测量仪表量程：天然气温度变化应在等分刻度温度仪表满量程的30%～70%范围内。当仪表量程超过上述规定时，除更换仪表外可采用下列方法进行调整。

（1）更换孔板以调整直径比。本书推荐使用阀式孔板夹持器，以便实现快速更换和检查清洗孔板的目的。

（2）更换直管段（包括测量管）及相应的孔板。

（3）改变操作压力。

（三）温度计安装规定

温度计安装位置应符合以下规定。

（1）气流温度最好在孔板下游侧直管段外测得，它与孔板之间的距离可大于或等于5D，但不得超过15D。当环境温度与流体温度相差过大时，需对节流装置进行热绝缘。

（2）当采用流动调整器时，温度计安装应在孔板下游侧直管段外侧。如要在孔板上游侧安装时，温度计套管或插孔直径距流动调整器上游入口的距离应大于900mm。

温度计套管或插孔管应伸入管道公称内径大约1/3处，对于大口径管道（大于300mm，温度计套管或插孔管会产生共振）温度计的设计插入深度应不小于70mm。

温度计插入方式可直插或斜插。斜插应逆气流，并与直管段管道轴线成45°角。温度计插入处开孔内壁边缘应修圆。无毛刺、无焊瘤凸入直管段管道内表面。

（四）压力及差压测量规定

在操作条件下的上游静压（或下游静压）取自孔板上游侧取压孔（或下游侧取压孔）。

在操作条件下的差压取自孔板上下游取压孔。

差压测量仪表宜与压力测量仪表的取压孔和导压管分开设置，在保证双重连接不导致差压测量误差时，允许将上游静压（或下游静压）取压口与差压测量仪表的上游（或下游）取压口共用。阀（或阀组）应有封记，以防未经许可的操作影响整个测量准确度。

为避免差压、静压测量的错误，导压管与气分析的取样导管不能共用。

第九章　燃气能量计量

第一节　化学计量与燃气组分

化学是研究物质组成、结构及其变化的科学，化学计量是指对各种物质的成分和物理特性、基本物理常数的分析测定。化学测量采用相对测量，通过标准物质传递量值。气体的化学计量通过标准物质、标准方法和标准数据等手段进行量值传递和溯源。燃气是一种多组分混合气体，由于来源不同，各组分及含量也存在差异，其燃烧产生的能量也不同。燃气气体混合物的化学组成涉及化学计量，对燃气组分进行科学的测定，可以获得准确的燃气热值数据，这也是能量计量过程的一部分。

一、物质的量的含义

物质的量是国际单位制中7个基本物理量之一。物质的量是一个物理量，它表示含有一定数目粒子的集体，用符号n表示。它是把一定数目的微观粒子与可称量的宏观物质联系起来的一种物理量。

物质的量的单位为摩尔，简称摩，符号为mol。国际上规定，1mol为精确包含（6.0221367 ± 0.0000036）× 10^{23}个原子或分子等基本单元的系统的物质的量。即摩尔是一系统的物质的量，该系统中所包含的基本单元数与0.012kg碳12的原子数目相等。

因此，在使用摩尔时应指明基本单元是原子、分子、离子及其他粒子，或是这些粒子的特定组合。摩尔可用来代表特定数目的粒子，也可用来代表以克为单位的特定质量。1mol 的物质具有的结构粒子数应是阿伏伽德罗常数，如 1mol 铜原子等于 6.02 × 10^{23} 个铜原子，1molC—C 键等于 6.02 × 10^{23} 个 C—C 键。摩尔代表物质的 1 克式量，如 1molFe 的 1 克式量 =55.85 克，1molCO_2 的 1 克式量 =12.01g+2 × 16.00g=44.01g。

二、气体含量的表示

根据国家标准规定，气体含量有以下6种表示方法。

（一）气体的质量分数w_B

气体B的质量与混合气体中各组分的质量总和之比为气体B的质量分数w_B，即

$$w_B = \frac{m_B}{\sum_{i=1}^{n} m_i} \tag{9-1}$$

式中：w_B——气体B的质量分数，量纲为1；

m_B——混合气体中气体B的质量，g；

m_i——混合气体中某个组分气体的质量，g。

（二）气体的质量摩尔浓度b_B

气体B的物质的量n_B除以混合气体的总质量为气体B的质量摩尔浓度b_B，即

$$b_B = \frac{n_B}{m_A} \tag{9-2}$$

式中：b_B——气体B的质量摩尔浓度，mol/kg；

n_B——标准气体中气体B的物质的量，mol；

m_A——标准气体的总质量，kg或g。

（三）气体的物质的量浓度c_B

气体B的物质的量n_B除以混合气体的体积为气体B的物质的量浓度c_B，即

$$c_B = \frac{n_B}{V} \tag{9-3}$$

式中：c_B——气体B的物质的量浓度，mol/m³或mol/L；

n_B——混合气体中气体B的物质的量，mol；

V——混合气体的体积，m³或L。

（四）气体的摩尔分数x_B

气体B的物质的量n_B与混合气体中各组分的物质的量总和之比为气体B的摩尔分数x_B，即

$$x_B = \frac{n_B}{\sum_{i=1}^{m} n_i} \tag{9-4}$$

式中：x_B——气体B的摩尔分数，量纲为1；

n_B——混合气体中气体B的物质的量，mol；

n_i——混合气体中某个组分气体的物质的量，mol。

（五）气体的体积分数ψ_B

气体B的体积与混合气体的总体积之比为气体B的体积分数ψ_B，即

$$\psi_B = \frac{V_B}{\sum_{i=1}^{n} V_i} \tag{9-5}$$

式中：ψ_B——气体B的体积分数，量纲为1；

V_B——混合气体中气体B的体积，m^3；

V_i——混合气体中某个组分气体的体积，m^3。

（六）气体的质量浓度ρ_B

气体B的质量m_B除以混合气体的体积为气体B的质量浓度ρ_B，即

$$\rho_B = \frac{m_B}{V} \tag{9-6}$$

式中：ρ_B——气体B的质量浓度，kg/m^3或g/m^3；

m_B——混合气体中气体B的质量，kg或g；

V——混合气体的体积，m^3。

第二节 能量测量一般原理

燃气能量测量的一般原理主要是指一定量气体所含能量E为气体量Q与对应发热量H的乘积，可直接测量能量，也可通过气体量及其发热量计算能量。

通常，气体的量以体积表示，其发热量则以体积为计算基准。为了能够准确地进行能量测定，应使气体体积和发热量处于同一参比条件下。能量测定既可以是连续的几组发热量和相同时间内流量乘积的累加计算，也可以是这段时间内气体的总体积与其有代表性的（赋值）发热量的乘积。

在发热量不断变化及测量流量和（有代表性的）发热量测定在不同地点进行的情况

下，应考虑流量和发热量测定的时间差异而引起的对准确度的影响。气体体积可以在标准参比条件下测量，也可以在其他参比条件下测量，并以合适的体积换算方法将其换算为标准参比条件下的等量体积。在特定气体体积计量站使用的体积换算方法可能需要在其他位置上测量的气质数据。发热量可以在气体计量站测定，也可以在其他一些有代表性的地点测定，并将结果赋值给气体计量站。气体的量及其发热量也可以质量为基准表示。

第三节　热值测量与发热量计算

一、热值测量技术

燃气体积流量的计量主要通过流量计量仪表来实现，但在发热量测量这部分就必须依赖于发热量测量系统。燃气发热量测量系统由取样系统和直接测量（如燃烧式热量计）、间接测量（如气相色谱仪）、关联技术三种测量设备中的一种组合构成。发热量测量过程中，若要取得较高的准确度，则需要使用有代表性的样品。它取决于测量系统、操作程序、气体组成的波动和输送气体的量。其可使用连续直接取样、周期定点取样和递增（累积）取样等技术之一进行取样，所取样品既可用于在线分析，也可用于离线分析。

（一）直接测量

直接测量是以恒定流速流动的天然气在过量的空气中燃烧，所释放的能量被传递到热交换介质，并使其温度升高。气体的发热量与升高的温度直接相关。

（二）间接测量

间接测量是由气体组成计算发热量。应用最广泛的分析技术是气相色谱。

（三）关联技术

关联技术是利用气体的一个或多个物理性质及其与发热量之间的关系进行测定。也可使用化学计量燃烧原理。

结合以上三类热值测量技术，目前在城市燃气热值测量方面，主要使用的有水流式热量计、燃烧式热值仪、红外分析热值仪和气相色谱仪等计量分析仪表。

（1）水流式热量计操作复杂，对测试环境条件要求高。

（2）燃烧式热值仪可实现连续热值分析，但测试结果受燃烧喷嘴进气压力的变化影响较大。

（3）红外分析热值仪用燃气体积成分计算热值，可实现快速、便携热值分析，但精度一般。

（4）采用气相色谱仪测量，常用在线气相色谱仪测量天然气组成，也可用离线取样的方法，联合离线气相色谱仪测量组成，再根据每种组分的纯气体热值和含量，计算每种组分的发热量，累加在一起得到单位体积天然气的发热量，其满足计价需求精度的热值测量，但投入成本较高。

二、发热量计算

燃气为混合气体，其发热量分为高位发热量和低位发热量。高位发热量是指一定量燃气完全燃烧时放出的全部热量，包括烟气中水蒸气已凝结成水所放出的汽化潜热。而从燃气的高位发热量中扣除烟气中水蒸气的汽化潜热时，就称为燃气的低位发热量。显然，高位发热量在数值上大于低位发热量，差值为水蒸气的汽化潜热。

气体组分含量是燃气发热量测量的关键，燃气发热量计算的方法有以下两种。

1.摩尔发热量

摩尔发热量的计算公式为：

$$\bar{H}^0(t_1)=\sum_{i=1}^{n}\chi_i\bar{H}_i(t_1) \tag{9-7}$$

式中：$\bar{H}^0(t_1)$——混合气体在温度 t_1 下的理想摩尔发热量（高位或低位），MJ/mol；

χ_i——混合气体中组分i的摩尔分数；

$\bar{H}_i(t_1)$——混合气体中组分i的理想摩尔气体发热量（高位或低位），MJ/mol。

2.质量发热量

质量发热量的计算公式为：

$$\hat{H}^0(t_1)=\frac{\bar{H}_i(t_1)}{\sum_{i=1}^{n}\chi_i M_i} \tag{9-8}$$

式中：$\hat{H}^0(t_1)$——混合气体在温度t_1下的理想质量发热量（高位或低位），MJ/mol；

$\bar{H}_i(t_1)$——混合气体中组分i的理想摩尔气体发热量（高位或低位），MJ/mol；

χ_i——混合气体中组分i的摩尔分数；

M_i——混合气体中组分i的摩尔质量。

天然气的质量发热量与天然气理想气体质量发热量在数值上被看成相等的。

第四节　能量计算及其不确定度计算

一、能量的一般计算方程

气体的能量测定是基于随时间而变化的气体流量和发热量，即分别为$q(t)$和$H(t)$。测定能量流量$e(t)$的基本微分公式可以表示为：

$$e(t)=H(t)\,q(t) \tag{9-9}$$

对于管输燃气，将一段时间内，即t_0到t_n单位时间内的能量积分得到其能量，即

$$E(t)=\int_{t_0}^{t_n} e(t)dt=\int_{t_0}^{t_n} H(t)q(t)dt \tag{9-10}$$

但实际过程中，将时间间隔进一步细分为m个单位时间段，单位时间段内的能量为流经管道的燃气体积与其单位体积发热量的乘积，贸易计量周期内全部时间段的能量求和即得到总能量。

$$E(t_n)=\int_{t_0}^{t_n} H(t)q(t)dt \approx \sum_{m=1}^{n} E_m=\sum_{m=1}^{n}(H_m Q_m) \tag{9-11}$$

式中：t_n——贸易计量的时间周期（d），n为贸易计量的时间周期序数；

$E(t_n)$——贸易计量时间周期内通过界面的燃气总能量，kJ；

E_m——贸易计量时间周期内第m次测量燃气发热量期间内通过界面的燃气能量值（kJ）；

H_m——贸易计量时间周期内第m次燃气单位体积发热量，kJ/m³；

Q_m——贸易计量时间周期内第m次测量燃气发热量期间内通过界面的燃气在计量参比条件下的体积，m³。

二、不确定度计算

根据能量流量$E(t)$的计算公式，推导出计算能量测定中相对标准不确定度$u_{rel}(E)$的计算公式为：

$$u_{rel}(E)=\sqrt{u_{rel}^2(H_s)+u_{rel}^2(Q)} \tag{9-12}$$

式中：u_{rel}（H_s）——高位发热量的相对标准不确定度；

u_{rel}（Q）——气体流量的相对标准不确定度。

计算能量不确定度时，应考虑所有已知影响因素的不确定度。

在能量测定时间段内，对能量计算所使用的积分方式也会影响计算能量的总不确定度。在体积和发热量两者均测量的气体计量站内，仅在一个很短的时间间隔内进行测量、计算能量，并在整个周期中将这些单个的能量加到一起，此时积分对总不确定度的影响相对较小。在另一个极端，当使用数月内输送的气体总体积乘以这段时间内的平均发热量来获得这段时间的能量时，则积分对总不确定度的影响可能会非常明显，尤其在整个时间段内气体使用率和实际发热量发生变化时。特别是当采用发热量赋值方法时，应考虑时间延迟对不确定度的影响。

流量、压力、温度等的不确定度可使用流量测量标准和压缩因子计算标准确定，作为第一级近似，单次能量计算的相对不确定度，可认为等于较长时间段内通过对小部分能量进行积分计算而得到的能量的相对不确定度（即使在计费期间）。仅在以下情况下这种近似才是适用的。

（1）测量发热量的相对不确定度在测量发热量的整个范围内是恒定的。

（2）测量气体量的相对不确定度在流量计的整个测量范围内是恒定的。实际上，这种假设仅在流量计的部分范围内有效，有时在流量计能凭经验确定的流量范围内使用最大相对不确定度也是可以接受的。

第五节 常用热值计量仪表

天然气热值的测定原理主要有燃烧、组成分析、物性参数关联等几种。其中，常用的计量仪表有水流式热量计、燃气热值分析仪和气相色谱仪三类。基于组成分析的色谱仪可以在线连续测量，精度高，但系统投资及运行维护成本高，运行维护流程较复杂，一般在长输管线和门站应用，以及供热电厂等对热值和组成均关心的用户使用。对大量的下游工商业用户，需要选取既能准确测定热值，又安全可靠、使用简便、投资及运行维护成本低的设备。基于红外气体分析技术或物性参数关联技术的在线天然气热值仪，既可以在线连续测量，又具有使用成本低、维护简便等优势，适合于无须组成测量的用户，目前多应用于天然气气质监测以及生产工艺的控制，在天然气贸易计量中应用较少。

一、水流式热量计

水流式热量计测量热值原理是一定量的燃气试样，在恒定压力和同等温度的空气条件下完全燃烧，将燃烧后的气体生成物冷却至原先燃气温度并将燃气中含氢的组分所生成的水蒸气冷却成冷凝水，这些总的热量都由水流完全吸收下来，从而经过热量计的水量和水流温升计算出燃气的测试热值，再将测试过程中各种必须考虑的修正值换算至标准状况下的燃气热值。如此测得的燃气热值称为高位热值，也称为总热值或毛热值。高位热值减去燃气试样冷凝水量的汽化热即为该燃气的低位热值。

水流式热量计由热量计主体和标准容积瓶、湿式流量计、皮膜调压器、钟罩水封式稳压器、燃气增湿器、空气增湿器及燃烧器等组成。其主体是不锈钢外壳，采用48支8.5mm × 0.5mm竖管束热交换器结构，热交换器接头银焊，整体镀铬，可提高耐蚀性。

水流式热量计对测试环境要求较高。检定开始前，燃气增湿器、湿式气体流量计、气体稳压器内的水温应与室温达到平衡，其温差不超过 ± 0.5℃。检定室内应没有热辐射影响，没有强空气对流，检定过程中室温波动不超过 ± 1℃。

水流式热量计对人工操作也提出了较高的要求。测试前需要用标准容积瓶校正湿式流量计，控制和调节空气相对湿度和进出口水温差。测试时需要连续测试3次，并计算热值和相对极差。当相对极差大于0.5%时，测试结果无效，还需要重新测量。水流式热量计的分析周期通常为10 ~ 15min，对操作人员素质要求较高，所以无法满足城市供气在线自动热值分析的要求。基于燃烧原理的水流式热量计由于操作繁杂而难以应用于日常测量。

二、燃烧式热值仪

燃烧式热值仪是应用热平衡原理测量净热值的，排气温度控制在5℃范围内时可以进行稳定测量。当燃烧温度随着燃气的质量变化时，相应地调节冷空气的量被加进来。冷空气的量与测量值成比例关系，由此可计算出净热值。燃烧式热值仪可对天然气的华白数、相对密度、热值进行连续、在线地自动检测和提供控制用信号。

实际应用中，热值仪检测准确度还受到以下因素的影响。

（1）根据热值仪的技术要求，燃烧喷嘴进气压力必须与热值仪本身的风压保持一致，即400Pa，若压力偏离该值，则会使热值仪检测结果产生偏差。试验发现，燃烧喷嘴燃气进气压力的变化与热值、华白数的变化基本上呈正比。若要确保检测结果符合热值仪测量精度2%的要求，则进气压力不能超过（400 ± 8）Pa。

（2）用于标定热值仪的标准气则是恒定组成、恒定相对密度。而出厂燃气相对密度的波动范围很宽，也就是说，出厂燃气相对密度不可能与标准气完全一致。实际应用中发现，燃气相对密度与标准气相对密度相差越大，热值仪检测误差就越大，需要对检测结果进行修正。

（3）燃烧器对进气条件提出一定要求，样品气处理效果的好坏将直接影响热值测量任务的成败；实际应用中，由于预处理系统问题出现进气喷嘴堵塞现象较多，需要进行特别维护。

三、红外分析热值仪

该类热值仪的工作原理：异种原子构成的分子在红外线波长区域具有吸收光谱，其吸收强度遵循朗伯—比尔定律。当对应某一气体特征吸收波长的光波通过被测气体时，其强度将明显减弱，强度衰减程度与该气体浓度有关，两者之间的关系遵循朗伯—比尔定律。因此，通过检测红外光吸收率的变化可以得到天然气中的甲烷等成分的体积浓度。将每种可燃气体的单位发热值乘以相应组分的体积百分数，各组数据之和即为混合气体的热值。

红外测量方法可得到气体体积浓度，根据可燃气体的单位热值计算得到实际热值，同时实现了成分分析和热值分析。国际标准要求，根据天然气的摩尔成分用计算方法计算天然气的热值与密度，《天然气发热量、密度、相对密度和沃泊指数的计算方法》（GB/T 11062—2020）也是参照国际标准制定的国家标准。而使用体积成分计算可直接换算成摩尔成分，有利于统一天然气的按质计价标准。

与其他气体浓度测试方法（如色谱仪等）相比，红外分析还具有快速、操作简单、便携、高性价比等特点。

在实际应用中，红外分析热值仪还需要克服以下问题。

（1）大多数红外分析热值仪仅以CH_4为测试对象，折合成碳氢化合物总量计算热值。天然气中主要成分是甲烷，还含有少量乙烷、丁烷、戊烷、二氧化碳等。根据红外吸收原理，乙烷等碳氢化合物在甲烷的特征波长3.3μm左右有明显的吸收干扰。当天然气中其他碳氢化合物含量较大时，CH_4的测试值会明显偏大，导致热值测试不准。为避免此问题，通常采用实际天然气标准样来标定红外仪器。但当天然气气源发生变化或进行混气操作时，无法反映成分的实际变化和气源的单位热值变化，其热值测试值也无法保证精度。

（2）天然气成分中除甲烷外，还含有其他可燃气成分，如乙烷等，也是天然气热值来源的重要部分。在保证CH_4的测试准确性条件下，同时测量C_nH_m，计算热值，可保证热值实际测试的精确度。

四、物性关联热值分析仪

物性关联热值分析仪可在线测量天然气的高位热值。其测量原理基于物性关联，由于质量流量取决于气体组成，通过测量样品气质量流量与参考气（12T天然气）质量流量的差异以及测量温度和压力，根据一定的映射关系通过与热值分析仪相连的计算机中的软件得到样品气热值与参考气热值的差异，最终由软件计算得到样品气热值。

五、气相色谱仪

气相色谱现象最早在1906年由俄国科学家首次发现，随着科学技术的不断进步，直到1954年热导计的发明和应用，我国才正式进入气相色谱仪科学仪器检测阶段，发展到1960年，我国的气相色谱仪开始大批量的实际生产，逐渐应用到国内市场。如今，气相色谱技术在我国已经发展60多年，技术相对成熟，积累了大量的实验数据和操作经验。目前我国广泛使用的气相色谱仪主要有氢火焰离子化检测器、火焰光度检测器、热导检测器和电子捕获检测器等，依靠气相色谱仪较为可靠的数据分析，推动了我国天然气行业的进步发展。

气相色谱仪是一种多组分混合物的分离、分析工具，它是以气体为流动相，采用冲洗法的柱色谱技术。当自动制样进样装置将多组分的分析物质推入色谱柱时，由于各组分在色谱柱中的气相和固定液液相间的分配系数不同，因此各组分在色谱柱的运行速度也就不同。经过一定的柱长后，顺序离开色谱柱进入检测器，经检测后转换为电信号送至数据处理工作站，从而完成了对被测物质全自动的定性定量分析。

气相色谱仪的发展基础依靠于气相色谱原理和检测工序的互相结合。它主要可完成气体组分浓度的测定、气体混合物的分离等数据分析工作。

气相色谱法是指用气体作为流动相的色谱法。由于样品在气相中传递速度快，所以样品组分在流动相和固定相之间可以瞬间地达到平衡，另外可选作固定相的物质很多，因此气相色谱法是一个分析速度快和分离效率高的分离分析方法。近年来，采用了高灵敏选择性检测器，使得它又具有了分析灵敏度高、应用范围广等优点。气相色谱仪是利用十通阀和六通阀的相对控制，从而把控整个进液过程，实现对气体组成成分的分析。在气相色谱仪内设有多个独立的分离系统，可保证在进行分析、分离的整个过程中，不发生反应，不相互干扰，保证了分析过程的独立性。简单地说，气相色谱仪内部将气体分析过程分为三路，记为A、B、C三个分路系统。其中，A、B两路主要负责对天然气中He、CH_4、O_2、H_2、N_2、CO_2及C_nH_m等气体成分进行分离处理，C路主要实现对空气中烃类组分进行分离处理。在进行实际操作之前，十通阀和六通阀都要保证在进行取样的状态。一旦正式开始进入取样阶段，十通阀就会保持持续地进样；但在十通阀开始进样的过程中，六通阀依旧保持在原始的取样状态。随着样品进样，B路的分离系统就会分离出上述描绘的气体组成成分，并将分离出的相关气体进行集中的TCD检测，这个过程一直持续到甲烷能够完全分离出来。此时改变六通阀的连通状态，待样品顺利进入管路之后，将甲烷等组分进行TCD数据检测，稍后即可开启系统的升温装置，使得另一部分样品进入毛细管中，利用升温将其中的烃类组分分离，分离完成后进行FID检测。所有的样品进样完成，检测完毕之后，将十通阀和六通阀全部调至原始的取样状态，等待一定时间，直至气相色谱仪数据稳定后，再进行下一样品的组分分析。

气相色谱仪在使用过程中存在一些局限性。

（1）在使用范围上有一定的局限。相对来说，气相色谱仪在相对分子质量较小的气体组分中分析出来的结果更加准确，因此气相色谱仪在相对分子质量较小的气体组分中得到广泛应用。

（2）如果气体在色谱柱的柱温环境中，就会影响分离结果，不能出现气体成分挥发和分离的现象。

（3）相对分子质量较大的气体成分在进行组分分析的过程中，气相色谱仪的安装位置要有所调整，安装位置要离天然气气体较近，尽量缩短装置与天然气之间的距离，以消除检测分析结果的滞后性，消除影响准确结果的因素。

（4）气相色谱仪的配套设备对环境条件也有一定的要求。其中氢火焰离子化检测器只能对气体成分电离之后的碳氢化合物进行检测分析，因此在进行仪器选择时，要根据各个仪器的应用特点进行配套使用。例如，工作人员可以利用氢火焰离子结合甲烷转换器对有机物进行检测分析。对碱性化合物气体成分进行检测时，要提高装置对碱性化合物的灵敏度，扩大检测区域，增加线性范围。

（5）使用气相色谱仪后，工作人员要具有仪器维护意识，并确定时间进行定时的检修和保养，最大限度地保证仪器的正常使用，延长仪器的使用寿命。定期进行专业化的保养和维修，也能够使得仪器具有更高的灵敏度，数据结果更加稳定、可靠、准确。

气相色谱仪使用寿命长，保持有灵活性，适应力极强，既能配合其他仪器共同使用，又能在单独使用中表现出出色的性能，有效地保证了天然气气体组分分析结果的精准性和稳定性。它可在线连续测量，也可离线实验室测量，精度高，投资成本高，运行维护复杂，一般在长输管线、门站或电厂等重点用户应用。

第六节　热值计量仪表的量传

气体标准物质对热值测量非常重要，我国实施了《气体标准物质研制（生产）通用技术要求》（JJF 1344—2023），对天然气能量计量起到了关键作用。同时，热值计量仪表中的水流式热量计及气相色谱仪等均有相应的国家检定规程，并对其溯源性有明确的要求，但是红外分析热值仪、燃烧式热值仪等除了个别有地方检定规程，国家在此方面仍缺失相应的标准规范。以下相关标准规范是我国对热值计量仪表的量传的一些要求，可供参考。

（1）《气体标准物质研制（生产）通用技术要求》（JJF 1344—2023）。该规范规定了气体标准物质的制备、均匀性和稳定性评估、定值、比对验证、不确定度评定、包装与贮存、证书与标签制作等通用技术要求，适用于气瓶包装的一级、二级气体标准物质的研制（生产）工作。

（2）《水流型气体热量计检定规程》（JJG 412—2005）。该规程适用于测量燃气热值范围为8370～62800kJ/m³水流型气体热量计的首次检定、后续检定和使用中检验，型式评价或样机试验中有关计量性能的要求及试验方法也可参照使用。检定周期一般不超过1年。

（3）《便携式傅里叶红外气体分析仪检定规程》[JG（粤）033—2017]。便携式傅立叶红外气体分析仪是根据气体分子振动对红外辐射产生吸收的特点，利用迈克尔逊干涉仪的测量原理和傅里叶变换的方法对气体进行定量分析的仪器。仪器一般由采样气路、参比气路、测量光路和数据处理终端组成。

该规程适用于便携式傅里叶红外气体分析仪的首次检定、后续检定和使用中检查。仪器的检定周期一般不超过1年。如果对仪器的测量结果有怀疑或仪器修理后应及时送检，按首次检定进行检定。

（4）《气相色谱仪检定规程》（JJG 700—2016）。该规程适用于配有热导检测器（TCD）、火焰离子化检测器（FID）、火焰光度检测器（FPD）、电子捕获检测器（ECD）、氮磷检测器（NPD）的气相色谱仪的首次检定、后续检定和使用中检查。气相色谱仪的检定周期一般不超过2年。

第十章　天然气气质管理与颗粒物检测标准

第一节　天然气气质管理

一、制定天然气气质标准

天然气的气质标准是根据天然气的主导用途，综合考虑从经济利益、安全卫生和环境保护三个方面的因素而制定的。天然气输配系统质量管理的主要目标就是保护环境、安全卫生和经济利益，即在保障社会效益和安全生产的前提下，取得最佳的经济效益。对于输配系统这个特定的对象而言，实现此目标的核心就是通过气质标准的制定与实施来保证质量管理目标的实现。

国外质量管理文献中常用“三合一”功能图来阐明功能、目标和成果三者之间的关系，标准化属于第一种功能（质量保证）。实现天然气输配系统的全面质量管理涉及一系列标准，下面重点讨论气质标准及相关的分析测试方法标准，即进入输配系统的天然气必须达到规定的气质标准。第二种功能是指工艺流程和装备，对于输配系统而言包括两个方面，一是保障进入输配系统气质指标达标的净化和其他预处理工艺；二是保障输配系统正常运行的工艺，也包括实现气质监控的一系列设备及其配置。第三种功能则指整个输配系统的运行，系统应在气质和流量全面受控的状态下稳定运行。三个功能配合最佳时，三个功能圆重合，表明系统在最佳状态下运行。取得效益的大小主要取决于各方面工作的推动力。

二、气质管理系统建设的目标和要求

（一）保证生产和输配系统的长期稳定运行

保证生产和输配系统的长期安全运行是气质管理的重要目标之一，没有输配系统的稳定运行，就不能保证环境效益的发挥，也不能保证经济利益的实现。因此，防止有害物质如硫化氢、总硫、二氧化碳、水、固体颗粒、潜在液烃等物质所造成的安全和危害是保证

生产和输配系统长期安全运行的关键。天然气中硫化氢、二氧化碳均为金属材料的腐蚀性介质，尤其在有游离水存在的情况下会出现严重的腐蚀，严重时导致管线破裂引起事故。因此，在天然气输配系统的气质管理中，应严格控制天然气中的硫化氢、二氧化碳和水的含量。

（二）经营上达到最佳成本与效益

质量管理体系有相互关联的两个方面：一是用户的需要和期望；二是企业的需要和利益。因此，天然气输配系统气质管理的另一个要求是，在保障用户的需要和期望的前提下，企业在经营上达到最佳的成本和效益。

商品天然气气质对输配系统技术经济的影响主要反映在以下三个方面。

（1）烃类组分的含量决定了天然气作为商品的重要技术经济指标——发热量。目前，由于我国普遍采用体积方式计量，发热量与经济利益之间的关系尚未凸显出来。但随着天然气能量计量的逐步推广，发热量测定及其准确性将与体积计量的准确性一样，直接与经济利益挂钩。尤其是天然气作为民用气车用燃料时，从气质管理的角度还存在发热量的调节问题。同时，从燃烧的角度考虑，还存在沃泊指数的控制与调节，这是所有发达国家在气质管理中均有明确规定的指标，但目前我国尚未制定。

（2）准确测定各项天然气气质指标也是准确计算天然气物性参数的关键，而后者又是天然气体积计量或质量计量的基础。目前天然气计量上常用的若干重要物性参数，如密度、压缩因子、等熵指数等皆立足于各种状态方程，通过天然气组分测定数据进行计算。因此，气质管理也与计量管理密切有关。国家标准《天然气计量系统的技术要求》（GB/T 18603—2023）已经对不同输气量的计量站规定了必须开展的分析测试项目及其准确度的要求，故天然气的物性测定（或计算）已成为气质管理的重要内容。

（3）我国生产的天然气有相当一部分含有硫化氢和二氧化碳，且部分气田所产天然气中两者的含量相当高。因此，净化处理是我国天然气生产的一个重要环节，而气质要求则与净化工艺要求密切相关。在实施能量计量后，由于计价方式的改变，商品气中过高的二氧化碳含量将会降低管道的输送能力和增加输气的动力消耗，这是应充分重视的技术经济问题。

（三）充分发挥环境效益，减少污染物的排放量

商品天然气中的硫化氢、总硫、二氧化碳、汞和放射性物质的含量是与其环境效益密切相关的重要指标。统计资料表明，我国最大城市上海，其煤炭消费量和消费密度均居全国各城市之首，现已被划入国家的酸雨控制区，若不能实现以气代煤，则10年内二氧化硫排放量将增至目前的3倍；又如，我国中部大城市武汉，目前酸雨污染也十分严重，若能

实现以气代煤则每年可减排1/3的二氧化硫。此外，天然气中经常含有的二氧化碳也是必须加以控制的温室气体，其他可能含有的如汞、放射性气体等杂质若超标，也会对环境造成不利影响。

三、气质管理系统立足的基础

天然气输配系统实现气质管理目标的核心是通过气质标准的制定与实施来保证管理目标的实现。气质管理方案的制定应立足于以下三个标准：

（1）《天然气》（GB 17820—2018）；

（2）《天然气计量系统技术要求》（GB 18603—2023）；

（3）《天然气长输管道气质要求》（Q/SY 30—2002）。

四、输配系统工作界面的确定

从气质管理的全过程考虑，从天然气生产公司到终端用户之间的交接过程中，存在三个工作界面（质量控制界面），即气体生产公司与输气公司之间、输气公司与城市供气公司之间和供气公司与终端用户（工业、商业和家庭三大类）之间三个工作界面。在每个工作界面都应进行天然气的气质检测。

因为城市调峰的需要，天然气长输管道系统还可能建一座或数座储气设施（如地下储气库等），这些储气设施的使用会影响气体组成，在这种情况下储气库出库应建立工作界面。因此，在输气公司、城市供气公司、进气口、储气库等都存在的情况下，输配系统可存在四种工作界面。

从天然气生产公司到终端用户之间的交接过程中，这四种工作界面不一定都存在，应根据具体情况确定实际工作界面。一般存在以下几种模式。

（1）生产公司通过专用管线直接销售给终端用户。

如果天然气生产公司以专用管线直接销售给用户，则在生产公司和用户之间只存在一个工作界面。

（2）生产公司使用了输气公司和城市供气公司的管输系统销售给终端用户。

如果生产公司不是以专门管线直接销售给用户，而是使用了输气公司和城市供气公司的管输系统，则生产公司、输气公司或城市供气公司和用户之间只存在一个工作界面。

（3）输气公司将专用管线直接销售给终端用户。

如果输气公司以专用管线直接销售给终端用户，则在输气公司和终端用户之间只存在一个工作界面。

（4）输气公司使用了城市供气公司的管输系统销售给用户。

如果输气公司不是以专门管线直接销售给用户，而是使用了城市供气公司的管输系统，则输气公司、城市供气公司和用户之间只存在一个工作界面。

（5）在输气管线上有多个进气口

如果输气管线上设有多个进气口，则应在每个进气站的出入口进行质量检测。

五、各界面的工作内容和职责

无论何种模式的工作界面，都应进行发热量（由天然气组成数据计算）、硫化氢、总硫、二氧化碳、水、氧6个项目的质量控制，即天然气的质量指标都应达到国家标准所规定的要求。除此之外，在天然气交接点的压力和温度下和（或）管道工况条件下，天然气中应不存在液态烃；天然气中的固体颗粒含量应不影响天然气的输送和利用。因此，工作界面的工作内容（气质管理的内容）主要包括确定分析测试方式、选择分析测试标准方法、配备分析测试仪器和辅助设施、确定分析测试周期、建立分析数据溯源体系（标准气及仪器的检定和校准）和建立质量管理制度几个方面。

各工作界面的工作内容有共性也有个性，其共性是所有的工作界面上天然气的发热量、硫化氢、总硫、二氧化碳、水等指标应符合技术要求。这里需要指出的是，不是在所有的站都配备这些分析项目，而是除了在线仪器为本站配备，其他仪器可由有能力的中心实验室按周期进行取样分析。各工作界面的工作内容的个性是，从经济效益的角度出发，不同规模的输配站对仪器仪表的配置、测试方式、测试项目和测试频率的要求是不一样的。对于有较大输气能力的输配站，所要求配备的计量仪器的精度等级、分析测试项目的多少和测试频率都应优于较小输气能力的输配站。

第二节　天然气输配系统气质管理方案的研究

一、分析项目的配置原则和配置方案

（一）分析项目的配置原则

输气管线涉及的所有界面都应按以下原则配置分析项目：

（1）根据相关要求，所有的计量站不论输气规模大小都应进行天然气高位发热量、硫化氢、总硫、二氧化碳、水含量、氧含量六项技术指标的测定，对于不具备分析条件的小站，现场应具备采样条件，由中心实验室定期进行取样检验。

（2）对于发热量、密度、相对密度、压缩因子、沃泊指数等物性数据，均采用计算法获得，由天然气组成数据根据标准方法进行计算。

（3）分析天然气中的颗粒物，实际上是很需要的，但目前还没有建立标准分析方法，颗粒物的分析应根据需要请具备分析能力的单位进行不定期分析。

（4）天然气中的有害物质，如汞、放射性物质氡和镁的分析。汞分析我国已发布了国家标准，但从四川气田一些井站的分析结果来看其含量较低，氡和镁的分析还没有建立标准分析方法，对于这些有害物质的分析，各现场无须配备，需要时请具备分析能力的单位进行分析。

（5）仪器的配置根据实际要求而定，除在线仪器必须配置在本站，其他非在线仪器可集中在实验室，但应按所规定的取样周期定期进行取样检测。

（6）对不同规模的计量站分析仪器的配备和分析频率应是不一样的。对于输气量较大的计量站，应考虑配备在线测量仪器，包括在线气相色谱仪、在线硫化氢分析仪和在线水露点仪。

（7）所配备的分析仪器无标准作技术支持时，在标准制定发布之前，应使该仪器的使用合法化。如果该仪器尚无国家发布的仪器检定规程，应制定自校规程，自校规程应经上级主管部门审查批准并送政府有关管理部门备案。自校规程应明确规定仪器的校检方法，校检方法应有可溯源性。除此之外，还应与有标准方法支持的仪器作分析比对，取得可信的试验比对数据。

（二）分析测试项目的配置方案

（1）在输气管线上游已经配备的测试项目，在没有新的进气口、加压站和其他较大工况变化的情况下，下游可以不进行该项目的测试。

（2）已配备了在线分析仪器的计量站，非在线分析可由具备生产国家认证二级标准气体能力的机构定期取样分析，不一定每个站配置所有的非在线仪器。

二、分析测试仪器的技术要求

（一）烃类组成分析

烃类组成分析采用气相色谱法完成。气相色谱仪随使用方式不同分为实验室分析仪和在线分析仪。

1.实验室分析仪

对于实验室分析仪而言，由使用者按标准方法从天然气管道中取样，然后在实验室内用气相色谱仪按规定的方法分析天然气组成。根据要求可进行两种分析：一是主要分析成分，包括H_2、H_e、O_2、N_2、CO_2、$C_1 \sim C_{6+}$组分的分析；二是H_2、H_e、O_2、N_2、CO_2、$C_1 \sim C_8$组分的分析。结果以外标法定量。

2.在线分析仪

在线分析仪直接从管道中取样并自动分析，分析内容和数据处理方式以及色谱柱、检测器、色谱操作条件等都是预先选定的，在无人管理的条件下自动运行，并根据要求给出各组分的摩尔分数、发热量、密度和压缩因子。在线色谱仪是大型输配气站用于监测天然气的发热量、组成等指标，保证气质并进行贸易结算的重要分析仪器。

（二）硫化合物分析

1.实验室分析

（1）硫化氢分析—碘量法：是用碘量法分析天然气中硫化氢含量的方法。碘量法是化学滴定法。该法的原理是以过量的乙酸锌溶液吸收样品气中的硫化氢，生成硫化锌沉淀，然后加入过量的碘溶液氧化生成的硫化锌，剩余的碘用硫代硫酸钠标准溶液滴定。该法的测定范围为0%～100%，不同含量的重复性和再现性应满足要求。

（2）硫化氢分析—亚甲蓝法：是用亚甲蓝分光光度法分析天然气中硫化氢含量的方法。该法的原理是以乙酸锌溶液吸收样品气中的硫化氢，生成硫化锌沉淀。在三价铁离子存在下的酸性介质中，硫化锌与N，N–二甲基对苯二胺反应生成亚甲蓝，然后用分光光度计在670nm处测量溶液的吸光度。该法是非在线方法，适用于硫化氢含量在0～23mg/m^3范围的天然气。

（3）总硫分析—氧化微库仑法：是用氧化微库仑法分析天然气中的总硫含量。该法的原理是使含硫天然气在900℃±20℃的石英转化中与氧气混合燃烧，其中含硫化合物转化为二氧化硫后，随氮气进入滴定池发生反应，消耗的碘由电解碘化钾来补充。根据法拉第电解定律，由电解所消耗的电量可计算出样品气中的硫含量，并用标准样进行校正。该法适用于总硫含量为1～1000mg/m^3的天然气，含量更高的样品气可经稀释后再进行分析。

2.在线分析

（1）硫化氢在线分析—醋酸铅反应速率法。天然气中硫化氢的在线分析选用醋酸铅反应速率法。该法的原理为被水饱和的硫化氢气体以恒定的流速通过用醋酸铅溶液饱和的纸带时，硫化氢与醋酸铅反应生成硫化铅，导致在纸带上形成灰色色斑。反应速率和所引起的色度变化速率与样品气中硫化氢含量成比例。利用比色原理，通过比较已知硫化氢含量的标样和未知样的分析仪器上的读数，即可确定样品气中的硫化氢含量。

根据使用的仪器不同，硫化氢测定可分为双光路检测法和单光路检测法。该法适用的硫化氢含量范围为0.1～22mg/m^3，并可通过手动或自动的体积稀释将硫化氢的测量范围扩展到100%。空气对分析无干扰，方法的重复性和再现性应满足要求。

（2）总硫的在线或非在线分析—氢—速率计比色法是用氢解仪与醋酸铅速率比色计相结合的方法分析天然气中的总硫含量。样品气以恒定的速率进入氢解仪的氢气流中，在1000℃或更高的温度下，使样品气中的含硫化合物全部转化为硫化氢，然后用醋酸铅反应速率检测法分析其含量。该法的测定范围为$0.01 \times 10^{-6} \sim 20 \times 10^{-6}$（体积分数），也可以通过稀释将分析范围扩展到较高的含量。该法可用于在线分析。

（三）水含量/水露点分析

1.实验室分析

（1）冷却镜面凝析湿度计法。该法的原理是通过检测湿度计镜面上形成水蒸气凝析物的温度来确定样品气的露点。管输天然气的水露点范围一般为-25～5℃，相应的水含量范围为$50 \times 10^{-6} \sim 200 \times 10^{-6}$（体积分数）。但冷却镜面凝析湿度计法不适合于在线测定。

（2）卡尔费休法。该法的原理是，当一定体积的天然气试样通过滴定池时，气体中的水分与卡尔费休试剂（吡啶/甲醇混合液）中的碘和二氧化硫反应，所需的碘由电解碘化钾产生。消耗的电量与产生的碘的质量成正比，因此也与被测水分的质量成正比。

2.在线分析方法

天然气水含量/水露点在线分析仪器一般采用电容式、电导式、光学式等方法，将探头直接安装在管道上。我国目前只有行业标准采用电解法测定天然气中的水含量，可用管线将样品从主管道引到仪器上进行连续测定。

（1）电解法。该法的原理是气样以一定的恒速通过电解池，其水分被电解池内作为吸湿剂的五氧化二磷膜层吸收，生成亚磷酸，然后被电解成氢气和氧气排出，而五氧化二磷得到再生。电解电流的大小与气样中的水含量成正比，因此可用电解电流来度量气样中的水含量。

此类仪器具有使用方便、反应较快、排除了经露点的干扰和价格较低等优点。缺点是测定压力不得高于0.1MPa，不能用于水分含量低于5×10^{-6}（体积分数）气样的测定，而且为防止电解池被污染，在气样进入分析仪器前需用过滤器除去样品中的馏出物和乙二醇，电解池需要定期（3～6个月）用化学剂清洗。

（2）管道压力下的在线测定。将探头安装在输气管道上在线测定水含量/水露点。这类仪器品种很多，其主要技术指标如下：

测量范围：相对湿度0%～100%；

准确度：优于±2℃；

重现性：±1℃；

环境温度：-40～60℃；

工作压力：10MPa；

读数精度：0.1℃。

（四）发热量的测定

测量天然气发热量的方法有直接法和间接法两类。直接法是在量热计中燃烧天然气，直接测定发热量，即在气体热量计中天然气以常速经计量后进入气体热量计中的燃烧部件，在过剩的空气中燃烧。燃烧后的气流通过热交换器，燃烧产生的热量被传递到热交换介质（水或空气）中，热交换介质温度的升高与天然气的发热量成比例。直接法仪器比较复杂，又可根据测量燃烧释放热量的方法不同分为直接式和间接式两种，这类仪器受环境温度影响较大，必须在严格的恒温条件下操作。

（五）密度、相对密度等的测量

测定天然气密度也有直接法和间接法两类。间接法是先测定天然气的组成，再以组成分析数据计算天然气的密度。直接法是用仪器（在线或非在线）直接测定。关于密度测定一般有两种测定天然气密度的仪器，一种是密度天平，另一种是振动式密度计。前者应用于非在线测定，后者用于在线测定。

第三节　天然气长输管道气质检测与管理

一、天然气长输管道气质检测与管理的重要性

（一）准确计量需要

天然气长输管道一般都是大口径、大流量、高压力运行，天然气的计量尤为重要。在天然气计量过程中，天然气组分直接参与到天然气标准体积的计算过程中，因此必须保证天然气组分值的准确、可靠。

（二）管线、设备安全运行要求

天然气长输管道投资费用大、运行压力高，设计使用寿命一般为20年左右，对输送的天然气气质有相关要求；若天然气气质不达标，特别是含硫、含水等恶劣气质，不仅会造

成天然气长输管道出现腐蚀加剧、穿孔，甚至造成天然气大量泄漏、火灾爆炸等事故，而且会造成输气场站计量设备损坏、管线冻堵等，威胁场站和管线安全运行。

（三）降本增效

一方面，做好天然气的气质检测，及时采取相应的处置措施，可以延长管线和设备使用寿命，减少检维修费用；另一方面，若没有及时、准确的气质组分，需要增大现场取样化验分析的频次，需手动输入化验组分值，增加生产运行成本。

二、管输天然气气质检测的总体要求

（一）天然气气质检测项目

根据《天然气》（GB 17820—2018）的规定，经过处理通过管道输送的商品天然气共有高位发热量、总硫含量（以硫计）、硫化氢含量、二氧化碳含量和水露点5项指标。同时，《天然气管道运行规范》（SY/T 5922—2012）也对管输天然气气质指标进行了明确规定，增加了氧气和经露点2项指标。目前国内已投用和在建的天然气长输管道，普遍按照《天然气管道运行规范》SY/T（5922—2003）的规定开展天然气气质检测。

（二）天然气在线气质检测项目

根据管输天然气气质指标的要求，总硫、H_2S、CO_2、水露点、经露点等均可通过在线分析仪表直接检测，而天然气高位发热量需要经过计算得出，根据《天然气》（GB 17820—2018）的规定，天然气的高位发热量按《天然气发热量、密度、相对密度和沃泊指数的计算方法》（GB/T 11062—2020）规定的方法，即根据天然气组成分析数据进行计算得出。目前，国内天然气长输管道一般选择天然气组分、水露点、H_2S、经露点4项气质指标进行在线监测，也可以根据气质特点和用户需求进行调整。

按照《天然气管道运行规范》（SY/T 5922—2012）的规定，天然气高位发热量、气体组分宜每季度测定一次，硫化氢的测定宜每月一次，水露点的测定宜每天一次，经露点的测定宜每月一次。原则上，当气源组成或气体介质发生变化时，应及时取样化验分析，并对相关参数进行调整，为了减少工作人员的劳动强度，提高气质分析的检测效率和精度，一般结合现场实际，选择在线检测设备对天然气气质指标进行检测分析。

三、管输天然气在线气质检测的应用

（一）天然气组分的检测

天然气组分的测定应按照《天然气的组成分析 气相色谱法》（GB/T 13610—2020）

进行检测，一般管输要求需要检测管道中天然气的组分数据。目前在线气相色谱分析仪已广泛应用于天然气长输管道，成为保证气质和进行贸易结算的重要分析仪器。

气相色谱法的工作原理：气相色谱的流动相为惰性气体，当多组分的混合样品进入色柱后，由于吸附剂对每个组分的吸附力不同，经过一定时间后，各组分在色谱柱中的运行速度也就不同。吸附力弱的组分容易被解吸下来，最先离开色谱柱进入检测器，而吸附最强的组分最不容易被解吸下来，因此最后离开色谱柱。如此，各组分得以在色谱柱中彼此分离，顺序进入检测器中被检测、记录下来。检测器将物质的浓度或质量的变化转变为一电信号，经放大后在记录仪上记录下来，就得到色谱流出曲线。根据色谱流出曲线上得到的每峰的保留时间，可以进行定性分析，根据峰面积或峰高的大小，可以进行定量分析。

典型的气体色谱分析仪的组成主要包括：①进样系统：包括汽化室、进样器。②载气系统：包括气体净化、气源、气体流速控制和测量装置。③色谱柱和柱箱：包括恒温控制装置。④检测系统和记录系统：包括记录仪、放大器、工作站、数据处理装置、控温装置、检测器。⑤温控系统。

例如，西门子公司STRANS CV型气体色谱分析仪可以测量天然气组分、高位热值、低位热值、标准密度、沃泊指数等。

（二）水露点的检测

目前，天然气长输管道在用水露点分析仪主要有氧化铝和石英晶体共振两种，主流水露点分析仪采用基于石英晶体振动原理。常见的水露点分析仪有AMETEK 3050-OLV微量水分分析仪、美国深特NGDP-100在线式天然气露点仪、英国密析尔Michell Promet EExd-OL型水露点分析仪等。

水露点分析仪工作原理：石英晶体具有振荡稳定的特点，而且其振荡频率与其表面质量变化成一定比例，在水分传感器中的石英晶体表面涂上吸湿涂层，当该晶体暴露于含气态水分的气流中时，吸湿涂层吸收气流中的水分，导致涂层的质量改变，从而使石英晶体的振荡频率发生变化。因此，可通过检测传感器的固有振动频率的改变从而检测气体中的含水量。

水露点分析仪组成主要包括采样处理系统、气液分离器、干燥器调节阀、电源电压输出模块、水分发生器、石英晶体、样气换向电磁阀、微处理器等。

（三）H_2S的检测

硫化氢的测定主要有碘量法、亚甲蓝法、醋酸铅反应法等。当前，主流在线硫化氢分析仪采用紫外分光测量技术。

硫化氢分析仪的工作原理：当一束光照射到某种物质上时，一部分光会被吸收或被反射，不同的物质对于照射它们的光束的吸收程度是不同的，对某个波长的光吸收强烈，对另外的波长的光吸收很少或不吸收，这种现象称为光的选择吸收性，即比尔—朗伯定律。将天然气混合物通过只对硫化氢敏感的平行单色光，其吸光度与H_2S组分的浓度、吸收池的厚度乘积成正比，由于吸收池的厚度一定，就可确定H_2S组分的浓度。

（四）烃露点的检测

目前烃露点分析仪的检测主要采用冷镜法。

烃露点分析仪工作原理：当被测气体进入仪器露点测量室掠过冷镜面时，如果镜面温度高于被测气体露点温度时，镜面呈干燥状态，此时光电检露装置发出的光照在镜面上将完全反射。当镜面温度降至被测气体露点温度时，镜面开始结露（霜）。光照在镜面上将发生漫反射，此时紧贴镜面下的温度检测仪能够测到露点温度。

（五）天然气分析小屋介绍

天然气气质分析仪都需要从天然气管道上在线取样分析，如果独立安装各个分析仪器，一方面，现场设备管理比较零散，需单独提供保温和供电设施，不便于集中管理维护，同时增加投资费用；另一方面，单独从工艺管道开孔取样，造成引压管过多，增加保温防冻工作量。

目前，天然气长输管道一般都采用分析小屋成套系统，包含水露点分析仪、色谱分析仪、H_2S分析仪、烃露点分析仪等在线气质分析仪，同时配置有温度报警器、可燃气体报警系统、防爆轴流风机、防爆电加热器、防爆分体式空调、带阻火器放空帽、样品预处理系统等辅助系统，满足天然气气质分析和检测要求。分析小屋采用集成制造，统一布局，各模块化独立运行，便于统一管理和维护。

四、天然气长输管道的气质管理

天然气长输管道的气质管理是一项关系到贸易计量、安全生产，需要长期开展的重要工作。可以从以下几个方面进行全方位管理。

（一）人员方面

（1）做好气质分析人员的培训和培养。重点做好计量工程师、计量员的培养，指定专人进行天然气的气质管理和贸易交接计量；组织厂家专业人员对气质分析人员进行专业培训，掌握相关气质分析设备的基本参数、工作原理、使用维护，做到“四懂三会”。

（2）增强员工的安全意识和责任意识。天然气属于易燃易爆气体，危险性较大，需要分析人员具有较强的安全生产的意识；同时，强化责任意识，认真落实分析人员岗位责任制。

（3）严格按照操作规程和保养规程进行日常的操作，杜绝和消除违章操作。

（二）设备方面

（1）选用性能良好、技术先进、操作方便的气质分析设备。

（2）加强设备维护和保养，严格按照时间节点对相关零部件进行维护保养，定期将在线分析设备送往有资质的检定机构进行强制检定，确保分析设备检测结果的准确、可靠。

（3）建立设备关键部位点检制度，对工序质量控制点的设备进行重点控制和监控。

（4）强化设备巡检和性能参数分析，密切关注设备的使用性能，及时发现和消除设备运行隐患。

（三）工艺方面

（1）密切关注天然气气质变化情况，调整相关生产工艺运行参数，及时对过滤器、分离器、管线、阀门、压缩机等设备进行排污和保养。

（2）做好管段压力的监视，当气质水露点偏高时，为防止水合物的析出，可采取注醇的方式缓和，必要时组织专业人员开展管道清管，消除管道内水合物和烃类，确保管道运行安全。

（3）必要时，在天然气长输管道上游气源处建立脱水脱烃厂，对气源进行全面的脱水脱烃处理，减小下游管道和场站运行压力，延长管道和设备的使用寿命。

（4）定期对管输天然气进行取样送检，委托第三方机构进行化验分析，与天然气气质分析设备进行比较，及时消除偏差。

（四）管理方面

（1）建立长输管道气质管理长效机制，将气质管理作为生产计量管理的一项重要工作，主要领导负责，完善气质管理各级网络，将责任明确到每一个人。

（2）建立各项气质检测、管理的规定及制度，形成一整套行之有效的管理体系，做到闭环管理，全面完善。

（3）结合生产实际，完善设备操作规程和维护保养规程，认真开展设备检维修工作。

（4）建立气体组分、水露点、经露点、硫化氢等气质的报表和台账，及时进行纵向、横向数据比对和分析，摸索气质变化规律，提出合理化建议，推高气质管理水平。

中石化某天然气长输管道在首、末站和中间大型输气场站投用西门子成套在线气质分析小屋，开展气质管理，一方面，与用户贸易计量总输差控制在0.35%内、小于±0.50%的规定要求，同时气质检测费用明显下降，取得了良好的经济效果；另一方面，气质管理人员通过摸索气质变化规律和特点，及时调整相关设备运行参数和采取相关措施，离心式压缩机故障停机次数减少4次，过滤器、阀门、分离器、计量装置等设备故障率下降20%，并成功预防和处置黄土高原地区管输天然气水露点偏高冬季防冻堵问题，保障了管线安全平稳运行。

五、天然气质量检测面临的问题与改进措施

（一）天然气质量检测面临的问题

通过对长输管道各季度天然气质量检测数据统计进行分析，质量检测面临四个方面的问题。

（1）在取样周期及取样技术方面，气源气质相对稳定，但随输气工艺的调整，气质情况发生明显变化，影响质量检测的准确性。现有的取样周期过长，并不能很好反映气源变化情况，现有取样方法为取点样，取样代表性不足。

（2）在检测仪器及检测方法方面，部分管道含有微量的硫化氢及总硫，检测结果存在较大的波动，主要来自微量组分测定过程中取样、检测方法、设备误差等影响造成。目前使用的总硫、硫化氢测定方法检测下限较高，不能准确定量微量含硫化合物组分。水露点检测结果存在较大的波动。考虑到管道工艺调整、检测点更换等因素，数据趋势并不能准确反映气质含水情况。现有水露点检测方法存在较大缺陷。

（3）在数据一致性及量值比对方面，同一气源，不同检测机构的检测结果并不完全一致，特别是微量组分的检测，存在较大差异。不同实验室间并未进行过量值比对实验，检测结果的一致性及准确定性无有效手段证明，实验室间数据无法互认。

（4）在新技术应用方面，与国内外先进检测机构相比，缺少引领行业发展趋势的检测方法，特别是在水露点快速准确定量检测方面研究较少。

（二）改进措施及建议

（1）推动实施天然气在线检测，实现检测方式的实时化。根据气源及工艺变化情况，强化天然气在线气相色谱仪、在线水露点分析仪、在线硫化氢分析仪及在线总硫分析仪的配置及使用，实现天然气质量指标的实时监测，掌握天然气气质情况的变动。

（2）积极推进天然气现场检测，实现检测方式的快速化。对于不具备在线检测仪表配置的站场，完善天然气便携式气相色谱仪、水露点分析仪、硫化氢分析仪及总硫分析仪的配置，实现天然气质量检测指标的现场检测、缩短取样、实验室分析、结果报告流程，

为生产及用户提供快速准确的数据支持。

（3）进一步完善天然气在线检测计量技术法规的制定。开展天然气在线硫化氢、在线水露点及在线总硫分析仪检定规程或校准规范的制定，使现场检测仪器可溯源，提高现场检测仪器的准确度。

（4）积极组织和参加天然气质量检测能力验证和比对。开展实验室间天然气质量检测项目的能力验证及计量比对，组织实验室检测、现场检测及在线检测结果间数据比对，实现天然气质量检测数据的准确一致。

（5）推动天然气质量检测技术进步，完善天然气测量技术。开展天然气分类及互换性、生物甲烷气体测试、天然气累积取样技术及方法研究；开展天然气分析领域的激光分析仪、传感器及新型取样及测量系统及装置研究。

第四节　天然气中固体颗粒物的检测技术与标准

一、天然气中的固体颗粒

天然气在从井口到处理厂的集输过程和进入长输管道的输送过程中，都会含有一定量的固体颗粒和液滴，且由于气源、输送工艺及所经过的输送设备的不同，天然气中固体颗粒物及液滴的含量、组成和粒径范围存在很大差别。管道在不同运行阶段和运行季节，所含有的固体颗粒物和液滴也在不断变化。例如，我国西气东输管道在设计阶段所选用的过滤分离设备是按干式天然气运行工艺设计的，而在后续运行过程中由于上游气源的气质变化及管道积液等因素，天然气所含的液体量增加，尤其是在冬季地温较低的情况下，站场凝液现象严重，甚至出现冰堵现象。我国早期建设的长输管道没有内涂层，在天然气中含水时，管道及站场设备内壁腐蚀严重，导致管道内颗粒物含量增加，尤其是当冬季输气量增加时，会将沉积在管道内壁和设备底部区域的固体颗粒携带起来，使天然气中颗粒物含量显著增加。

天然气中的固体可分为三类：第一类是新建管道中施工过程的固体杂物，包括焊渣、金属屑、砂粒、泥土和其他杂物，如垫片、螺母等；第二类是从处理厂或井口本身夹带的细小砂粒、运行过程中管道和站场设备氧化或腐蚀产生的硫化铁和氧化铁，以及磨损产生的内涂层和金属粉末等颗粒物；第三类则是水合物和冰等。固体颗粒物在管道内以多种形态存在，细颗粒会随管道气体流动，粗颗粒则会在重力作用下沉积在流动速度较低的管段，部分铁锈和泥土等会与水和烃类以块状沉积形式存在于管道、阀门和分离器内部等流速较低的部位，无法清除。

水合物是高压天然气管道中水与甲烷在一定的压力和温度条件下形成的化合物，这种水合物呈结晶状。水合物可能沉积在节流孔板、阀门、三通管段和仪表支管的上下游滞流区，引起堵塞和工艺过程控制失灵。解决水合物的办法之一是利用甲醇或乙二醇等化学注剂，去除多余的水分；二是在减压装置的上游设置加热器，使工艺天然气温度保持在水合物形成温度之上。

天然气中的液滴主要包括水、油类（原油和润滑油等）和析出的烃类。天然气中水的存在会引起腐蚀，因为天然气中含有硫化氢，尽管经过天然气净化处理后，其标准状态下的浓度降低到20mg/m^{3}以下，因此，为了防止硫化氢引起的低温硫腐蚀，天然气管道内应尽量避免出现水。天然气中的润滑油、原油等主要是由于天然气经过集输压缩机增压及处理过程不彻底所造成的。天然气中的烃类主要指C_4以上的组分，这些组分对天然气的相特性影响较大。随着管输天然气中重烃组分含量的增加，其相特性曲线明显偏移，重组分含量的少量增加，可显著影响管道内天然气的临界凝析压力和温度，其中C_7、C_8组分的影响明显高于C_6组分。C_4以上重组分的增加将导致天然气经露点升高。在天然气的压力和温度发生变化时，当温度低于一定压力下的经露点后，天然气中的较重烃类就会析出形成液相。我国部分长输管道的上游气源具有凝析气田的特性，凝析气是多元组分的气体混合物，以饱和烃组分为主。一旦所含的重组分进入天然气管道，随着温度和压力的变化，将常伴随着凝析或反凝析现象。

二、工艺气中固体颗粒物含量和液体含量相关规范和要求

（一）管输天然气中固体颗粒物含量和液体含量的相关规范和要求

由前述可知，在长距离管道天然气输送过程中，必须对其中的固体颗粒物和液滴进行严格控制，才能保证输气管道和站场设备的安全可靠运行。为此，在长输管道站场内依据要求安装了不同类型的过滤分离设备。在天然气分输站和清管站一般安装多管旋风分离器，主要用于分离粒度10μm以上的固体颗粒。在计量站和压气站等站场内，天然气中的固体颗粒和液滴严重影响计量仪表和压缩机的操作运行，因此常采用多管旋风分离器和过滤分离器的两级串联过滤方式，当对液滴含量要求严格时，则在采用上述两级串联的基础上，再加上一级聚结分离器。

长输管道压气站具有收发球功能，共有两台燃气轮机驱动的离心压缩机组，上游来的天然气首先进入过滤分离区，然后经过压缩机组增压后输往下一站。过滤分离区为4台多管旋风分离器并联后进入汇管，然后再进入4台并联的卧式过滤分离器，多管旋风分离器

与卧式过滤分离器构成两级串联形式。并联的多管旋风分离器可依据站内输气量的变化而确定出运行台数，4台卧式过滤分离器中可以通过停输其中的任一台而更换滤芯。天然气站场内所选用过滤分离系统的过滤精度则取决于管道站场内流量仪器、压缩机及管输工艺的要求。

目前，国内外尚未有统一的管输天然气中有关固体颗粒物和液滴含量的标准。由国际标准化组织制定的天然气国际标准对天然气中液态形式存在的水和烃类、固体颗粒物等的含量没有给出具体的指标要求，只是说明其含量不应严重影响天然气输送和利用过程。我国天然气气质国家标准也基本沿用了类似的要求，没有对管输天然气中固体颗粒物和液滴含量给出具体规定，主要原因是缺乏通用可靠的杂质含量检测仪器。对固体颗粒物杂质只提出了原则性要求，即天然气中固体颗粒含量应不影响天然气的输送和利用，在天然气交接点的压力和温度下，天然气应不存在液态烃和游离水。

此外，在天然气长输管道站场设备选型和设计时依据压缩机的操作运行要求，专门对站场压气站用过滤分离设备提出具体的过滤性能指标。英国罗尔斯罗伊斯公司压缩机公司基于对长输管道压气站的压缩机保护等方面对工艺气中的固体颗粒物含量和液滴含量的要求如下：①长周期运行工况下应不大于10μm；②短时间运行工况下（小于150h/a）应不大于25μm；③正常操作工况下的固体颗粒物含量最大值不大于0.05g/Nm^3；④正常操作工况下的液体含量最大值不大于0.013L/Nm^3。

（二）高含硫处理器的相关规范和要求

由天然气田集输的原料天然气在进入净化厂脱硫装置前需要进行过滤分离。因为原料天然气中的烃液和固体颗粒物是引起脱硫吸收塔发泡、脱硫装置腐蚀及换热设备热阻增加的主要原因。此外，加入气井中的缓蚀剂、钻井液及水等都可能随原料天然气进入脱硫工艺流程，因此必须对原料天然气进行分离，通常采用多级分离，在利用重力分离器和离心分离器等进行预分离后，还需要采用过滤分离与聚结过滤相结合的方式进一步净化气体，目前要求的过滤指标为对于粒径不小于0.3μm固体颗粒物和液滴的过滤效率应达到99.9%。

三、颗粒粒径的测量

（一）颗粒粒径测量方法简述

颗粒粒径测定的方法很多，现已研制并生产了多种基于不同工作原理的测量仪器。由于仪器的原理不同，所测的颗粒粒径含义也不同。例如，显微镜测出的是投影面直径，沉降法测出的是Stokes直径或空气动力学直径，而电感应法测得体积直径。多数颗粒呈不规则形状，因而不同方法之间很难对比，所以迄今为止尚无统一的标准方法。因此，应根据使用目的及方法的适应性做出合理的选择。

（二）散射光分析法

当光束入射到颗粒（包括固体颗粒、液滴或气泡）上时将向空间四周散射，光的各个散射参数则与颗粒的粒径密切相关。可用于确定颗粒粒径的散射参数有散射光强的空间分布、散射光能的空间分布、透射光强度相对于入射光的衰减、散射光的偏振度等。通过测量这些与颗粒粒径密切相关的散射参数及其组合，可以得到粒径大小和分布，由此形成了光散射式颗粒测量方法及相关测量仪器。

光散射法颗粒测量仪的形式种类很多，可以有不同的分类方法。主要是按散射信号分类，可分为小角前向散射法、角散射法、消光法、动态光散射法和偏振光法等。散射光能颗粒测量技术是以散射光在某些角度范围内的光能作为探测量。其中发展最为成熟并得到广泛应用的是小角前向散射法（small-angel forward scattering，SAFS），它通过测量颗粒群在前向某一小角度范围内的散射光能分布，从中求得颗粒的粒径大小和分布。通常以激光为光源，因此习惯上将这类测量仪器称为激光粒度仪。

1.基于衍射理论的激光粒度仪

基于衍射理论的激光粒度仪是由激光器发出的光束经针孔滤波及扩束器后成为一束直径为5～10mm的平行单色光，当该平行单色光照射到测量区中的颗粒群时便会产生光衍射现象。衍射光的强度分布与测量区中被照射的颗粒直径和颗粒数有关。用接收透镜使由各个颗粒散射出来的相同方向的光聚焦到焦平面上，在这个平面上放置一个光电探测器，用来接收衍射光能分布。光电探测器把照射到每个环面上的散射光能转换成相应的电信号，电信号经放大和A/D转换后输入计算机，计算机根据测得的各个环上的衍射光能按预先编好的计算程序可以很快解出被测颗粒的平均粒径及其分布。

2.基于Mie散射理论的激光粒度仪

基于Mie散射法的激光粒度仪是由激光器的光束经透镜聚焦形成一细小明亮的束腰，在束腰中定义一光学敏感区，即测量区。测量区的容积要足够小，使得每一瞬间只有一个颗粒流过。被测介质（液体或气体）由一进样系统送入仪器并流经测量区。当存在于介质中的颗粒经过测量区时，被入射激光照射产生散射光，某个（或几个）角度下的散射光由光学系统采集，经光电系统转化成电信号。根据Mie理论可知，颗粒的散射光分布与粒径相关，粒径不同时，散射光的分布就不同。因此，根据光学系统所采集到的散射光信号可以确定颗粒的粒径大小。当颗粒流出测量区后，或某一瞬间流过测量区的介质中没有颗粒时，散射光及相应的电信号为零。待下一个颗粒流过测量区时，光电系统又给出一个与其粒径相应的电信号。因此，测量到的是一个又一个的电脉冲，脉冲数即为颗粒数。

（三）电感应法

电感应法又称为库尔特法（Coulter），是将被测试样均匀地分散于电解液中，带有小孔的玻璃管同时浸入上述电解液，并设法令电解液流过小孔，小孔的两侧各有一电极并构成回路。每当电解液中的颗粒流过小孔时，由于颗粒部分阻挡了孔口通道并排挤了与颗粒相同体积的电解液，使小孔部分电阻发生变化。由此，颗粒的尺寸大小即可由电阻的变化加以表征和测定。仪器设计时，颗粒流过小孔时的电阻变化以电压脉冲输出。每有一个颗粒流过孔口，相应地给出一个电压脉冲，脉冲的幅值对应于颗粒的体积和相应的粒径。为此，对所有各个测量到的脉冲计数并确定其幅值，即得到被测试样中共有多少个颗粒及这些颗粒的大小。回路的外电阻应该足够大，使当颗粒流过孔口时所导致的电阻变化相应很小，使回路中的电流成为一个恒定值。这样，电阻的变化即可以通过与之成正比的电压变化或脉冲输出加以测量。

第十一章　天然气计量管理

第一节　燃气流量计量标准的建立

一、主要建标原则

目前，国内计量标准建立的原则为依法建立和按需建立。

（一）依法建立

计量标准通常处于国家量值传递和溯源体系的中间环节，在从国家基准至现场工作计量器具的溯源链中起到承上启下的作用。它将国家基准所复现的单位量值，通过计量检定传递到现场工作计量器具，从而保证了全国量值的准确可靠和统一。

计量标准的建立，在《中华人民共和国计量法》中有严格的规定：县以上地方计量行政部门建立的计量标准，作为统一本地区量值的依据；经地方计量行政部门批准，在社会上起公正作用的计量标准称为“社会公用计量标准”，在一定范围内作为统一量值的依据；部门和企事业单位建立的计量标准，作为统一本部门、本单位量值的依据，并限定在本部门、本单位内使用。

（二）按需建立

各级政府所属计量机构的社会公用计量标准及各部门的部门最高计量标准都要根据实际需要来建立。企业计量标准的建立，则应从本单位科研、生产、经营的实际需要出发，既要考虑社会效益，也要考虑经济效益，应更多从市场角度出发，以免造成资源浪费。

计量标准的建立，首先，一定要做好充分的可行性分析，只选建与本单位科研、生产、经营密切相关，且拟传递的工作测量设备量大而广的计量标准，其他量小的工作测量设备可通过外送检定/校准方式或委外协作解决；其次，对于要建立的计量标准的准确度等级，不应盲目追高，做到适当留有余量即可；再次，综合比选与主标准器相适应的其他相关配套设备；最后，应重点考虑建标所需满足的环境条件，诸如恒温恒湿、防尘防振、防电磁干扰等，环境条件达不到考核要求，计量标准也会因此而达不到原有的技术指标要求，最终导致无法正常使用。

二、主要建标考核

计量标准考核是指国家市场监督管理总局及地方各级市场监督部门对计量标准测量能力的评定和开展量值传递资格的确认。计量标准的考核要求是判断计量标准合格与否的准则，它既是建标单位建立计量标准的要求，也是计量标准的考评内容。计量标准的考核要求包括计量标准器及配套设备、计量标准的主要计量特性、环境条件及设施、人员、文件集以及计量标准测量能力的确认6个方面共30项内容。计量标准的计量特性的要求如下。

（一）计量标准的测量范围

计量标准的测量范围应用该计量标准所复现的量值或量值范围来表示；对于可测量多种参数的计量标准，应当分别给出每种参数测量范围；计量标准所给出的量值或测量范围应能满足所开展检定或校准工作的需要。

（二）计量标准的不确定度或准确度等级或最大允许误差

根据计量标准的不确定度或准确度等级或最大允许误差的不同情况，按其专业规定或同行的约定俗成可以用不确定度或准确度等级或最大允许误差进行表述。对于可测量多参数的计量标准，应当分别给出每种参数的不确定度或准确度等级或最大允许误差。

对于气体流量标准装置类的计量标准，通常以计量标准的不确定度来描述，此处所指的“计量标准的不确定度”是指计量标准所复现的标准量值的不确定度，或者说是在测量结果中由计量标准所引入的不确定度分量。该值给出了适用于在测量中采用计量标准值或加修正值使用的情况。

（三）计量标准的重复性

计量标准的重复性是建标单位必须提供的主要技术指标之一。它是指在相同测量条件下，重复测量同一个被测量，计量标准提供相近示值的能力。

计量标准的重复性之所以是计量标准的一个主要计量特性，是因为对于大多数的测量来说，测量结果的重复性往往都是测量结果的一个重要的不确定度来源。计量标准的重复性规定用测量结果的分散性来定量地表示。计量标准的重复性通常是检定或校准结果的一个不确定度来源。

新建计量标准应当进行重复性试验，并提供试验的数据；已建计量标准，至少每年进行一次重复性试验，测得的重复性应满足检定或校准结果的测量不确定度要求。

对于新建计量标准，检定或校准结果的重复性应当直接作为一个不确定度来源用于检定或校准结果的不确定度评定中。对于已建计量标准，如果测得的重复性不大于新建计量标准时测得的重复性，则重复性符合要求；如果测得的重复性大于新建计量标准时测得的重复性，则应按照新测得的重复性重新进行检定或校准结果的测量不确定度评定，如果评定结果仍满足开展检定或校准项目的要求，则重复性试验符合要求，并可以将新测得的重复性作为下次重复性试验是否合格的判定依据；如果评定结果不满足开展检定或校准项目的要求，则重复性试验不符合要求。

（四）计量标准的稳定性

计量标准的稳定性是指用该计量标准在规定时间间隔内测量稳定的被测量对象时，所得到的测量结果的一致性，其是计量标准的主要计量特性之一。它描述的是计量标准保持其计量特性随时间恒定的能力。《计量标准考核规范》（JJF 1033—2023）中规定，计量标准的稳定性用经过规定的时间间隔后计量标准提供的量值所发生的变化来表示，因此计量标准的稳定性与所考虑的时间段长短有关。计量标准通常由计量标准器和配套设备组成，计量标准的稳定性应当包括计量标准器的稳定性和配套设备的稳定性。同时，在稳定性的测量过程中还不可避免地会引入被测对象对稳定性测量的影响，所以必须选择稳定的测量对象作为稳定性测量的核查标准。

新建计量标准一般应当经过半年以上的稳定性考核，证明其所复现的量值稳定可靠后，方可申请计量标准考核；已建计量标准一般每年至少进行一次稳定性考核，并通过历年的稳定性考核记录数据比较，以证明其计量特性的持续稳定。

计量标准的稳定性考核的前提是存在量值稳定的核查标准。

在进行计量标准的稳定性考核时，应当优先采用核查标准进行考核；若被考核的计量标准是建标单位的次级计量标准，也可以选择高等级的计量标准进行考核。

1.计量标准稳定性的考核方法

计量标准稳定性的考核方法很多，包括采用核查标准进行考核、采用高等级的计量标准进行考核、采用控制图法进行考核、采用计量检定规程或计量技术规范规定的方法进行考核和采用计量标准器的稳定性考核结果进行考核等。

（1）采用核查标准进行考核。用于日常验证测量仪器或测量系统性能的装置称为核查标准或核查装置。在进行计量标准的稳定性考核时，应当选择量值稳定的被测对象作为核查标准。

对于新建计量标准，每隔一段时间（大于一个月），用该计量标准对核查标准进行一组n次的重复测量，取其算术平均值作为该组的测得值。共观测m组（m≥4），取m组测得值中最大值和最小值之差，作为新建计量标准在该时间段内的稳定性。

对于已建计量标准，每年至少一次用被考核的计量标准对核查标准进行一组n次的重复测量，取其算术平均值作为测得值。以相邻两年的测得值之差作为该时间段内计量标准的稳定性。

（2）采用高等级的计量标准进行考核。对于新建计量标准，每隔一段时间（大于一个月），用高等级的计量标准对新建计量标准进行一组测量。共测量m组（m≥4），取m组测得值中最大值和最小值之差，作为新建计量标准在该时间段内的稳定性。

对于已建计量标准，每年至少一次用高等级的计量标准对被考核的计量标准进行测量，以相邻两年的测得值之差作为该时间段内计量标准的稳定性。

（3）采用控制图法进行考核。控制图（又称休哈特控制图）是对测量过程是否处于统计控制状态的一种图形记录。它能判断测量过程中是否存在异常因素并提供有关信息，以便于查明产生异常的原因，并采取措施使测量过程重新处于统计控制状态。采用控制图法对计量标准的稳定性进行考核时，用被考核的计量标准对一个量值比较稳定的核查标准做连续的定期观测，并根据定期观测结果计算得到的统计控制量（如平均值、标准偏差、极差）的变化情况，判断计量标准的量值是否处于统计控制状态。控制图的方法仅适合于满足下述条件的计量标准：

①准确度等级较高且重要的计量标准。

②存在量值稳定的核查标准，要求其同时具有良好的短期稳定性和长期稳定性。

③比较容易进行多次重复测量。

（4）采用计量检定规程或计量技术规范规定的方法进行考核。当计量检定规程或计量技术规范对计量标准的稳定性考核方法有明确规定时，可以按其规定进行计量标准的稳定性考核。

（5）采用计量标准器的稳定性考核结果进行考核。将计量标准器每年溯源的检定或校准数据，制成计量标准器的稳定性考核记录表或曲线图，作为证明计量标准量值稳定的依据。

2.计量标准稳定性的判定方法

若计量标准在使用中采用标称值或示值，则计量标准的稳定性应当小于计量标准的最大允许误差的绝对值；若计量标准需要加修正值使用，则计量标准的稳定性应当小于修正值的扩展不确定度。当计量检定规程或计量技术规范对计量标准的稳定性有规定时，则可以依据其规定判断稳定性是否合格。

3.核查标准的选择方法

被检定或被校准的对象是实物量具，在这种情况下可以选择性能比较稳定的实物量具作为核查标准。

计量标准仅由实物量具组成，而被检定或被校准的对象为非实物量具的测量仪器。实物量具通常可直接用来检定或校准非实物量具的测量仪器，且实物量具的稳定性通常远优于非实物量具的测量仪器，因此在这种情况下可以不必进行稳定性考核。但需画出计量标准器所提供的标准量值随时间变化的曲线，即计量标准器稳定性曲线图。

计量标准器和被检定或被校准的对象均为非实物量具的测量仪器。如果存在合适的比较稳定的对应于该参数的实物量具，可以用它作为核查标准来进行计量标准的稳定性考核。如果对于该被测参数来说，不存在可以作为核查标准的实物量具，可以不做稳定性考核。

（五）其他计量特性要求

计量标准的其他计量特性，如灵敏度、分辨率、鉴别阈、漂移、死区及响应特性等计量特性应当满足相应计量检定规程或计量技术规范的要求。

（六）计量标准的命名、组建及试运行考核

1.计量标准的命名依据与格式

计量标准的名称应严格依据《计量标准命名与分类编码》（JJF 1022—2014）的规定格式。国防计量特殊计量标准可结合各计量专业及分专业、计量参数等具体情况命名。

计量标准的命名应尽量从名称上就能直观反映出标准器的构成或计量标准的用途，因此计量标准命名是以标准器名称命名还是以被检/校对象的名称命名，最主要是看计量标准主标准器的构成及被检/校对象的种类。若主标准器只有一个，则用标准器的名称来命名；若被检/校对象只有一个，则用被检/校对象名称来命名；若主标准器只有一个，被检/校对象也只有一个，则看主标准器及被检/校对象是否为同种计量器具，若为同种计量器具，一般则以主标准器的名称为命名标识。若不是同种计量器具，一般则以被检/校对象名称为命名标识。若主标准器有多个，被检/校对象也有多个，则以简单典型为主导进行计量标准的命名。

计量标准命名主要分三类，一是以标准装置（标准器、标准器组）命名的计量标准，二是以检定装置或校准装置命名的计量标准，三是以工作基准装置命名的计量标准。为了使计量标准名称能准确地反映计量标准的特性，根据计量标准的特点，在计量标准的计量标准器、被检定或被校准计量器具名称或参量前可以用测量范围、等别或级别、原理，以及状态、材料、形状、类型等基本特征词加以描述。

（1）标准装置（标准器、标准器组）的命名。该类计量标准的命名是以计量标准中的“主要计量标准器”或其反映的“参量”名称作为命名标识，后缀有三种，分别是标准装置、标准器、标准器组。《计量标准命名与分类编码》（JF 1022—2014）中对计量标准的命名给出了以下三种常用命名格式：×××标准装置、×××标准器或×××标准

器组。

（2）检定装置或校准装置的命名。检定装置或校准装置的命名是以被检定或被校准“计量器具”或其反映的“参量”名称作为命名标识。用被检定或被校准计量器具名称作为命名标识也有以下两种命名形式：一是×××检定装置或×××校准装置；二是检定×××标准器组或校准×××标准器组，它只是检定装置或校准装置的一种特殊情况，其主标准器及配套设备均由实物量具构成。命名为检定装置还是校准装置，要根据执行的技术规范种类来确定。当执行的技术依据既有检定规程又有校准规范时则命名为检定装置，如果只执行校准规范的则命名为校准装置。

（3）工作基准装置的命名。工作基准装置的命名是以“计量标准器”或其反映的“参量”名称作为命名标识，并在名称后面加后缀“工作基准装置”。

2.气体计量标准装置的常用名称和代码

计量标准代码用八位数字表示，分四个层次，每个层次用两位阿拉伯数字表示：第一层体现计量标准所属计量专业大类及专用计量器具应用领域，气体计量标准装置一般被列入力学计量标准当中，其对应12力学；第二、第三、第四层次体现计量标准的计量标准器或被检定、被校准计量器具具有相同原理、功能用途或可测同一参量的计量标准大类、项目及子项目，下一层次为上一层次计量标准的进一步细分。

3.计量标准的组建与试运行考核

（1）技术负责人负责整理标准建立过程中的全部技术文件资料。

（2）在主标准器及配套设备齐全完善的情况下，组建其完整的计量标准装置，初步确定该项标准的计量学特性指标参数或准确度等级。

（3）落实标准适宜的设施及环境条件。

（4）技术负责人组织相关技术人员对该标准进行试运行试验。

（5）依据试运行试验数据对整套标准装置的不确定度进行分析，并进行测量重复性试验和稳定性考核。

（6）对分析得出的装置不确定度进行验证试验。

（7）组织技术人员展开《计量标准技术报告》的编写工作。

（8）建立考核所需的“文件集”，制定相关的管理规章制度。

（9）安排2名或以上操作人员的培训、考试和取证。

（10）计量标准应试运行超过6个月。

当各项技术指标达到预期要求，填报并递交申请计量标准考核的相关材料，完善所有材料以备计量标准考核。

三、文件集的建立和管理

文件集是原来计量标准档案的延伸，也是国际上对于计量标准文件集合的总称。每个计量标准都应当建立一个单独的文件集，提交单位应当对文件的完整性、真实性、正确性和有效性负责。文件集的正式批准、发布、更改和评价等均受控，需经计量标准负责人签署意见方可执行，计量标准负责人对计量标准文件集中数据的完整性和真实性负责。

在各类别的文件中，有些文件对于当前项目计量标准不适用时，可不包含。文件集中明确注释文件保存的地点和方式，文件集可以承载在各种载体上，如硬盘拷贝、电子媒体、其他数字产品、纸质或照片等方式均可（需有备份）。

编写文件时，文字表述应当做到结构严谨、层次分明、用词确切、表述清楚，不致产生不同的理解。所用的数与符号代号要统一，同一术语应当始终表达同一概念，并与有关技术规范一致。按国家规定表述量的名称、单位和符号，测量不确定度的表述与符号应符合国家的相关规定，并与国际接轨。数据、公式、图例、表格及其他内容应当真实可靠，准确无误，有明确的出处，且文字与数字书写要规范。

第二节　计量标准考核的申请

一、申请考核前的准备

（一）申请新建计量标准考核

申请新建计量标准考核的单位应当按照“计量标准的考核要求”进行准备，只有计量标准器及配套设备、计量标准的主要计量特性、环境条件及设施、人员、文件集、计量标准测量能力的确认六个方面达到规定的要求后，才可以提交计量标准考核（复查）申请书。这六个方面的准备工作是申请考核的前提条件。

1.科学合理地配置计量标准器及配套设备

根据相应的计量检定规程及技术规范的要求，配置计量标准器及配套设备，且应包含必需的计算机及软件。配置应当做到科学合理、完整齐全，并具有一定的先进性。

2.计量标准器及主要配套设备应当溯源至国家计量基准或社会公用计量标准

对于社会公用计量标准及部门、企事业单位最高计量标准，应当经法定计量检定机构或授权的计量技术机构检定合格或校准来保证其溯源性。主要配套计量设备也可由本单位建立的计量标准或有权进行计量检定的技术机构检定合格或校准，取得有效的溯源证明。

3.计量标准应当经过一段时间的试运行并考察计量标准的重复性和稳定性

新建计量标准应当经过半年以上的试运行，进行计量标准的重复性及稳定性考核。新建计量标准还应当对本标准检定或校准结果进行测量不确定度的评定，随后还应对给出的检定或校准结果的可信程度进行验证。由于验证的结论与测量不确定度有关，因此验证的结论在某种程度上同时说明了所给出的检定或校准结果的不确定度是否合理。

4.完成计量标准考核（复查）申请书和《计量标准技术报告》的填写

其中，计量标准的重复性试验和稳定性考核、测量结果的不确定度评定及检定或校准结果的验证等内容应当符合有关要求。

5.环境条件及设施应当满足开展检定或校准工作的要求

一方面要存在有效的检测和控制措施；另一方面要及时、真实地进行环境条件的记录，做到环境条件可追溯。

计量标准应安置于对其正常工作的技术性能不会产生不利影响的环境中，如振动、腐蚀、噪声和电磁干扰等都可能对计量标准产生影响，导致得出不真实的测量数据，因此每项计量标准工作的环境条件均应满足相应计量检定规程或校准规范的要求，并且具有有效的监控措施和记录。所谓有效，是指应该有及时的真实记录，而不是事后的追记、补记的造假记录。

当对计量标准进行安装布局时，应采用布局合理的原则，对不相容的区域进行有效隔离，防止相互影响。用于实验室环境监测的仪器，如温度计、湿度计和气压计等应纳入计量器具的一览表，安排周期检定或校准，取得有效期内的溯源证书。

6.每个项目配备至少两名持证的检定或校准人员

每项计量标准至少配备两名经培训考试合格的本专业持证人员，以满足实施检定和校准时有一个人担任主要操作员，另一个人担任核验员的要求。

所谓持证，是指持有本项目计量检定员证或持有相应等级的注册计量师资格证书和市场监督管理部门颁发的相应项目的注册计量师注册证。

从有利于管理的角度出发，申报单位还应对每项计量标准落实一名计量标准负责人。该负责人应该是本单位计量专业项目基础最扎实、技术水平最高、解决实际问题最快的技术人员。该负责人应负责该计量标准的日常使用管理、维护、量值溯源和文件集的更新，使计量标准持久保持技术能力。

7.建立计量标准的文件集

要求每项计量标准应建立一个文件集。文件集包含《计量标准考核规范》（JJF 1033—2023）规定的 18 个方面的文件，建立的文件集应符合真实性、准确性、有效性、完整性。

（二）申请计量标准复查考核

申请复核单位应确保计量标准始终处于正常工作状态，并为计量标准复查考核提供必要的技术依据，包括：

（1）在计量标准考核证书有效期内，申请考核单位应当保证计量标准器和主要配套设备的连续、有效溯源。

（2）在计量标准运行中应当定期进行“重复性试验”和“稳定性考核”并保存相关的记录数据，确保每年进行一次。试验和考核结果应当符合《计量标准考核规范》（JJF 1033—2023）的相关要求。

（3）申请考核单位应注意及时更新计量标准文件集中的有关文件。

二、申请考核的规定

对于不同层次、级别及用途的计量标准的考核申请，《中华人民共和国计量法》《计量法实施细则》《计量标准考核办法》对下述三类不同情况计量标准的考核申请作出了明确的规定：

（一）社会公用计量标准申请考核的规定

（1）国家市场监督管理总局组织建立的社会公用计量标准以及省级市场监督管理部门组织建立的本行政区域内最高等级的社会公用计量标准，按规定向国家市场监督管理总局申请考核。

（2）市（地）、县级市场监督管理部门组织建立的本行政区域内各项最高等级的社会公用计量标准，应当向上一级质量技术监督管理部门申请考核。

（3）各级地方市场监督管理部门组织建立的其他等级的社会公用计量标准，应当向同级市场监督管理部门申请考核。

（4）国务院有关主管部门和省、自治区、直辖市人民政府有关主管部门组织建立的本部门各项最高计量标准，应当向同级质量技术监督管理部门申请考核。其中，国务院有关主管部门建立的本部门的各项计量标准，按照规定向国家质检总局申请考核；省级人民政府有关主管部门建立的本部门的各项最高计量标准，按照规定向省级市场监督管理部门申请考核。

（二）企事业单位最高计量标准考核的规定

（1）有主管部门的企业、事业单位计量标准的考核。有主管部门的企业、事业单位无论是用于计量检定还是用于校准的各项计量标准，都必须向其主管部门同级的市场监督管理部门提出考核申请，并经其主持考核合格后，才能开展检定和校准。

（2）无主管部门的单位计量标准的考核。民营、私营企业一般都属于无主管部门的单位，这些单位在建立计量标准时，其各项最高计量标准应当向本单位办理工商注册所在地的质量技术监督管理部门申请考核。

（三）承担市场监督管理部门计量授权任务的单位计量标准的考核

所谓计量授权，是指县级以上人民政府质量技术监督管理部门，依法授权给其他部门或单位的计量检定机构或技术机构，执行《中华人民共和国计量法》规定的强制检定和其他检定、测试任务。

对社会开展强制检定、非强制检定或对内部执行强制检定，应当按照《计量授权管理办法》的规定向有关市场监督管理部门申请计量授权，其计量标准应当向受理计量授权的市场监督管理部门申请考核。

三、申请考核的资料

申请计量标准考核分为两种情况，一种是申请新建计量标准考核，另一种是申请计量标准复查考核，两者提供的申请资料有所不同。

（一）申请新建计量标准考核应提供的资料

申请新建计量标准考核的单位应当向主持考核的人民政府计量行政部门提供以下资料：

（1）计量标准考核（复查）申请书原件一式两份和电子版一份。要求该申请书上的所有栏目应详尽、真实填写。原件应当在“申请考核单位意见”和“申请考核单位主管部门意见”两栏加盖公章，电子版内容与原件一致。

（2）《计量标准技术报告》原件一份。注意随建标报告提供计量标准重复性试验记录和计量标准稳定性考核记录。

（3）计量标准器及主要配套设备有效的检定或校准证书复印件一套。要求计量标准器及主要配套设备均应有连续、有效的检定或校准证书。

（4）开展检定或校准项目的原始记录及相应的模拟检定或校准证书复印件两套。

（5）检定或校准人员能力证明复印件一套。申请考核单位应提供计量标准考核（复查）申请书中列出的所有检定或校准人员（每项计量标准的持证人员不少于2人）能力证明复印件一套。

（6）可以证明计量标准具有相应测量能力的其他技术资料（如果适用）复印件一套。

（二）申请计量标准复查考核应提供的资料

申请计量标准复查考核的单位应当在计量标准考核证书有效期届满前6个月向主持考核的人民政府计量行政部门提出申请，并向主持考核的人民政府计量行政部门提供以下资料。

（1）计量标准考核（复查）申请书原件一式两份和电子版一份。要求该申请书上的所有栏目应详尽、真实填写。原件应当在“申请考核单位意见”和“申请考核单位主管部门意见”两栏加盖公章，电子版内容与原件一致。

（2）计量标准考核证书原件一份。申请计量标准复查考核应交回计量标准考核证书原件，可将复印件留存存档。

（3）《计量标准技术报告》原件一份。如果计量标准器及主要配套设备指标保持不变，也没有做过更换，则《计量标准技术报告》不必重写；如果做了更换或者进行了更新改造，或原指标有变化，则应做相应的试验与考核，重写《计量标准技术报告》，并按照新建计量标准的流程进行申请。

（4）计量标准考核证书有效期内计量标准器及主要配套设备连续、有效的检定或校准证书复印件一套。此处的连续是指计量标准自上一个考核以来计量标准器及主要配套设备各个周期的所有检定或校准证书，有效期要连续不中断。

（5）随机抽取该计量标准近期开展检定或校准工作的原始记录及相应的检定或校准证书复印件两套。随机抽取至少两套近期开展的检定或校准原始记录及证书的复印件，以判断其数据处理的正确性及填写的规范性、正确性等。

（6）计量标准考核证书有效期内连续地检定或校准结果的重复性试验记录复印件一套。用以证明其重复性试验是否符合规定的要求，每年应至少进行一次重复性试验。

（7）计量标准考核证书有效期内连续的计量标准稳定性考核记录复印件一套。用以证明其稳定性是否符合规定的要求，每年应至少进行一次稳定性考核。

（8）检定或校准人员能力证明复印件一套。提供该项目最少两名检定或校准人员的资格证明复印件。

（9）《计量标准更换申报表》（如果适用）复印件一份。计量标准考核证书有效期内主标准器或主要配套设备如发生更换，申请复查考核时，应提供《计量标准更换申请表》复印件一份。

（10）《计量标准封存（或撤销）申报表》（如果适用）复印件一份。如果在计量标准证书有效期内发生封存（或撤销），申请计量标准复查考核时应提供计量标准封存（或撤销）申请表复印件一份。

（11）可以证明计量标准具有相应测量能力的其他技术资料（如果适用）复印件

一套。

四、申请书的填写要求

计量标准考核用表有两种形式：一种是强制采用的正式表格，如计量标准考核（复查）申请书、《计量标准技术报告》、计量标准考核证书等；另一种是推荐使用的参考格式，包括计量标准履历书、检定或校准结果的重复性试验记录、计量标准的稳定性考核记录等。下面将介绍计量标准考核（复查）申请书的填写要求。

计量标准考核（复查）申请书（以下简称申请书）有统一格式，一般采用A4纸打印。

（一）封面的填写要求

（1）[ ]量标 证字第 号。填写计量标准考核证书的编号。新建计量标准申请考核时不必填写。申请复查考核单位根据主持考核的人民政府计量行政部门签发的计量标准考核证书填写该编号。

（2）计量标准名称和计量标准代码。按《计量标准命名与分类编码》（JJF 1022—2014）的规定查取计量标准名称和代码。

（3）建标单位名称和组织机构代码。分别填写建标单位的全称和组织机构代码。建标单位的全称应与本申请书中“建标单位意见”栏内所盖公章中的单位名称完全一致。

（4）年、月、日填写。建标单位提出计量标准考核或复查申请时的时间。

（二）申请书内容填写要点及要求

（1）计量标准名称。应与本申请书封面上的“计量标准名称”栏填写的名称一致。

（2）计量标准考核证书号。申请新建计量标准时不必填写。申请计量标准复查时应填写原计量标准考核证书的编号，并应与本申请书封面上的“[ ]量标 证字第 号”填法一致。

（3）保存地点。填写该计量标准保存部门的名称，保存地点所在的地址、楼号及房间号。

（4）计量标准原值（万元）。填写该计量标准的主标准器和配套设备原值的总和，单位以“万元”计，数字通常精确到小数点后两位。该原值应当与计量标准履历书中“原值（万元）”相一致。

（5）计量标准类别。需要考核的计量标准，分为社会公用计量标准、部门最高计量标准和企事业单位最高计量标准三类。取得人民政府计量行政部门授权的，属于计量授权项目。本栏应根据该计量标准类及是否属于授权项目，在对应的“□”内打“√”。

（6）测量范围。填写该计量标准的测量范围。对于可以测量多种参数的计量标准应分别给出每一种参数的测量范围。

（7）不确定度或准确度等级或最大允许误差。根据具体情况可选择填写不确定度或准确度等级或最大允许误差。具体采用何种参数表示应根据具体情况确定，或遵从本行业的规定或不必言宣的约定俗成法。填写时，必须用符号明确注明所给参数的含义。

①填写不确定度的要求。本栏目的不确定度，系指用本计量标准检定或校准被测对象时，由计量标准在测量结果中所引入的不确定度分量。其中，不应包括被测对象、测量方法及环境条件等对测量结果的影响。

当填写不确定度时，可以根据该领域的表述习惯和方便的原则，用标准不确定度或扩展不确定度表示。

②填写准确度等级的要求。准确度等级一般以该计量标准所满足的等别或级别表示，可以按各专业约定填写，如可写为“二等”“0.5级”。

③填写最大允许误差的要求。最大允许误差用MPE表示，误差非正即负，故其数值前应带“±”号，如“MPE：±0.01mg”等。

（8）计量标准器和主要配套设备。计量标准器又称主标准器，是指计量标准在量值传递中对量值有主要贡献（起主要作用）的计量设备。主要配套设备是指除计量标准器以外的对测量结果的不确定度有明显影响的其他设备。

①名称与型号。此两栏分别填写各计量标准器及主要配套设备的名称和型号。

②测量范围。此栏填写相应计量标准器及主要配套设备的测量范围。

③不确定度或准确度等级或最大允许误差。此栏填写相应计量标准器及主要配套设备的不确定度或准确度等级或最大允许误差，填写要求与上述（7）相同。

④制造厂及出厂编号。此栏填写各计量标准器及主要配套设备的制造厂家名称及出厂编号。

⑤检定周期或复校间隔。此栏填写各计量标准器及主要配套设备的检定周期或建议复校间隔，如1年、半年等。

⑥末次检定或校准日期。此栏填写各计量标准器及主要配套设备最近一次的检定或校准日期。

⑦检定或校准机构及证书号。此栏填写各计量标准器及主要配套设备溯源计量技术机构的名称及其检定证书或校准证书的编号。

（9）环境条件及设施。

①环境条件的填写。在环境条件中应填写的项目及其填写要求如下：

a.在计量检定规程或计量技术规范中提出具体要求，并且对检定或校准结果及其测量不确定度有显著影响的环境项目。

“要求”栏填写计量检定规程或计量技术规范对该环境项目规定必须达到的具体要

求。“实际情况”栏填写使用计量标准的环境条件所能达到的实际情况。

“结论”栏是否满足计量检定规程或计量技术规范规定要求的具体情况分别填写“合格”或“不合格”。

b.在计量检定规程或计量技术规范中未提出具体要求，但对检定或校准结果及其测量不确定度有显著影响的环境项目。

“要求”栏按《计量标准技术报告》中对该环境项目的要求填写。

“实际情况”栏填写使用计量标准的环境条件所能达到的实际情况。

“结论”栏是否符合《计量标准技术报告》的“检定或校准结果的测量不确定度评定”栏中对该项目所提要求的具体情况分别填写“合格”或“不合格”。

c.在计量检定规程或计量技术规范中未提出具体要求，但对检定或校准结果及其测量不确定度的影响不大的环境项目，此时，“要求”与“结论”两栏不必填写。“实际情况”栏填写使用计量标准的环境条件所能达到的实际情况。

②设施的填写。在“设施”中填写在计量检定规程或计量技术规范中提出具体要求，并对检定或校准结果及其测量不确定度有影响的设施和监控设备。

“项目”栏内填写计量检定规程或计量技术规范规定的设施和监控设备名称。

“要求”栏内填写计量检定规程或计量技术规范对该设施和监控设备规定必须达到的具体要求。

“实际情况”栏填写设施和监控设备的名称、型号和所能达到的实际情况，并应与计量标准履历书中相关内容一致。

“结论”栏系指是否符合计量检定规程或计量技术规范对该项目提出的要求，视实际情况分别填写“合格”或“不合格”。

（10）检定或校准人员。此栏填写使用该计量标准从事检定或校准工作的人员情况，按规定每项计量标准的持证检定或校准人员不得少于2名。

①姓名、性别、年龄、从事本项目年限、学历。以上各栏目均应按实际情况填写。

②能力证明名称及编号。既可以填写计量检定员证及编号，也可以填写注册计量师资格证书及编号或注册计量师注册证及编号。

③核准的检定或校准项目。应填写检定或校准人员所取得的相应的检定或校准项目名称。

（11）文件集登记。对表中所列18种文件是否具备，分别按实际情况填写“是”或“否”。填写“否”，则应在“备注”栏中说明原因。

（12）开展的检定或校准项目。本栏目在申请阶段是指计量标准拟开展的检定或校准项目。

①名称。此栏填写被检或被校计量器具名称。如果只能开展校准，必须在被校准计量

器具名称（或参数）后注明“校准”字样。

②测量范围。此栏填写被检或被校计量器具的量值或量值范围。

③不确定度或准确度等级或最大允许误差。此栏填写被检或被校计量器具的不确定度或准确度等级或最大允许误差。

④所依据的计量检定规程或计量技术规范的代号及名称。此栏填写开展计量检定所依据的计量检定规程以及开展校准所依据的计量检定规程或计量技术规范的编号及名称。填写时，先写计量检定规程或计量技术规范的编号，再写规程、规范的全称。若涉及多个计量检定规程或计量技术规范时，则应全部分别予以列出。

注意：此栏应填写被检或被校计量器具（或参数）的计量检定规程或计量技术规范，而不是计量标准器或主要配套设备的计量检定规程或计量技术规范。

（13）建标单位意见。此栏由建标单位的负责人（主管领导）签署意见并签名，然后加盖单位公章。

（14）建标单位主管部门意见。此栏由建标单位的主管部门签署意见并加盖主管部公章。例如：

①某单位申请部门最高计量标准考核，建标单位的主管部门应当在“建标单位主管部门意见”栏中签署“同意该项目作为本部门最高计量标准申请考核”（不能简写同意），并加盖主管部门公章。

②某企业申请企业最高计量标准考核，企业的主管部门应当在“建标单位主管部门意见”栏中签署“同意该项目作为本企业最高计量标准考核”（也不能简写同意），并加盖主管部门公章。

（15）主持考核的人民政府计量行政部门意见。主持考核的人民政府计量行政部门在审阅计量标准考核（复查）申请书及其他申请资料并确认受理后，根据所申请计量标准的准确度等级等情况确定组织考核（复查）的人民政府计量行政部门。主持考核的人民政府计量行政部门应将是否受理、由谁组织考核的明确意见写入本栏并加盖公章。

（16）组织考核的人民政府计量行政部门意见。组织考核（复查）的人民政府计量行政部门在确认受理申请后，随即确定考评单位或成立考评组，并将处理意见写入栏内并加盖公章。

五、履历书的填写要求

（一）履历书格式要求

（1）计量标准履历书参考格式见《计量标准考核规范》（JJF 1033—2023）。

（2）申请计量标准考核单位原则上按照《计量标准考核规范》（JJF 1033—2023）

中参考格式填写。

（3）对于某些计量标准，如果参考格式不适用，申请计量标准考核单位可以自行设计计量标准履历书格式，但其包含的内容不少于《计量标准考核规范》（JJF 1033—2023）参考格式规定的内容。

（二）履历书的封面和目录

1.封面

（1）计量标准名称。该名称应与计量标准考核（复查）申请书中的名称完全一致。

（2）计量标准代码。按《计量标准命名与分类编码》（JJF 1022—2014）的规定，查取计量标准名称和代码。该代码与计量标准考核（复查）申请书中的代码相同。

（3）计量标准考核证书号。新建计量标准申请考核时不必填写，待考核合格后，根据主持考核的人民政府计量行政部门签发的《计量标准考核证书》，填写计量标准考核证书号。

（4）建立日期。如实填写计量标准的筹建日期。

2.目录

目录共11项内容，应在每项名称后面的括号内注明其在计量标准履历书中的页码。

（三）履历书内容填写要求

1.计量标准基本情况记载

（1）计量标准名称、测量范围、不确定度或准确度等级或最大允许误差、保存地点几项的填写应与计量标准考核（复查）申请书上的内容完全一致。

（2）原值（万元）。此栏填写该计量标准的主标准器及配套设备的价值总和，单位为万元，数字一般精确到小数点后两位。

（3）启用日期。此栏填写该计量标准正式投入使用的日期。

（4）建立计量标准情况记录。此栏填写该计量标准筹建的基本情况，包括为何提出建标，建标的过程叙述，主标准器及配套设备的选定、购置、安装、溯源，人员培训取证，环境条件建设，管理规章制度等方面。

（5）验收情况。此栏填写该计量标准的主标准器、配套设备以及相应设施整体验收情况，验收后应有验收人员的签字。一般由购买部门和使用部门共同验收，验收通过后，再移交计量标准负责人保管。

2.计量标准器、配套设备及设施登记

本栏不仅应登记主标准器及配套设备的信息，还应登记设施及其他监控设备的信息。

（1）名称、型号、测量范围、不确定度或准确度等级或最大允许误差、制造厂及出厂编号各栏目的填写要求应与计量标准考核（复查）申请书相应栏目保持一致。

（2）原值（万元）。此栏填写主标准器、配套设备的原值。所有主标准器及配套设备的价值之和等于“计量标准基本情况记载”中的“原值”。

3.计量标准考核（复查）记录

（1）计量标准名称。该名称应与计量标准履历书封面中的名称保持一致。

（2）申请考核日期。填写该计量标准历次考核或者复核的具体日期。

（3）考评单位。填写历次承担该计量标准考评的单位。如果是组织考核（复查）市场监督管理部门组成的考评组，则填写“×××市场监督管理部门组成的考评组，组长为：××”。

（4）考核方式。此栏填写“现场考评”或“书面审查”。

（5）考核员姓名。此栏填写承担该计量标准历次考核的考评员姓名。

（6）考核结论。此栏填写“合格”或“不合格”结论意见。

（7）计量标准考核证书有效期。此栏填写该计量标准本次考核的证书有效期，为一个周期。

4.计量标准器的稳定性考核图表

此栏填写时可根据标准器的实际情况，既可选择“计量标准器的稳定性考核记录表”形式，也可选择“计量标准器的稳定性曲线图”形式。

对于可以测量多种参数的计量标准，每一种参数均要给出“计量标准器的稳定性考核记录表”或“计量标准器的稳定性曲线图”。

5.计量标准器及主要配套设备量值溯源记录

（1）名称。此栏填写各计量标准器及主要配套设备的名称。

（2）检定或校准日期。此栏填写各计量标准器及主要配套设备最后一次检定或校准日期。

（3）检定周期或校准间隔。此栏填写各计量标准器及主要配套设备检定周期或校准间隔，如半年、一年等。

（4）检定或校准机构名称。此栏填写各主标准器及主要配套设备溯源单位的名称。

（5）结论。此栏填写各主标准器及主要配套设备的检定或校准结论。对于检定来说，填写“合格”或“不合格”；对于校准来说，填写“是否符合要求”。

（6）检定或校准证书号。此栏填写各主标准器及主要配套设备的检定或校准证书号。

6.计量标准器及配套设备修理记录

（1）名称。此栏填写修理的计量标准器或配套设备的名称。

（2）修理日期。此栏填写修理计量标准器或配套设备的日期。

（3）修理原因。此栏填写计量标准器及配套设备的故障情况。

（4）修理情况。此栏填写计量标准器或配套设备修理时的情况。

（5）修理结论。此栏填写计量标准器或配套设备经修理后是否恢复原计量性能，能否满足计量标准的要求。

（6）经手人签字。此栏由负责修理事宜的实验室人员签字。

7.计量标准器及配套设备更换登记

计量标准器或主要配套设备发生任何更换，均应及时登记。

（1）更换前计量器具的名称、型号及出厂编号。此栏填写更换前计量器具的名称、型号和出厂编号。

（2）更换后计量器具的名称、型号及出厂编号。此栏填写更换后计量器具的名称、型号和出厂编号。

（3）更换原因。此栏填写计量标准器或主要配套设备更换的原因。

（4）更换日期。此栏填写计量标准器或主要配套设备更换的日期。

（5）经手人签字。此处由经手人签字。

（6）批准部门或批准人及日期。如果是由主持考核的市场监督管理部门批准的更换，则填写主持考核的市场监督管理部门的名称；如果是由建标单位批准的更换，则填写本单位批准更换部门的名称。日期均需要填写实际批准的日期。

8.计量检定规程或计量技术规范（更换）登记

（1）登记内容。在计量标准履历书中，应该登记开展检定或校准所依据的计量检定规程或计量技术规范。当依据的标准发生更换时，应及时在计量标准履历书中予以记载。

（2）登记方法。

①新建计量标准仅填写“现行的计量检定规程或计量技术规范编号及名称”栏。

②每当规程或规范发生变更时，“现行的计量检定规程或计量技术规范编号及名称”栏填写替换后的新规程或规范编号及名称，同时在“原计量检定规程或计量技术规范编号及名称”栏填写被替换下来的原规程或规范编号及名称，同时填写“更换日期”和“变化的主要内容”两栏。

9.检定或校准人员（更换）登记

（1）所有在岗的检定或校准人员的有关信息应在检定或校准人员（更换）登记表中予以记录，填写“离岗日期”以外的其他所有栏。

（2）当检定或校准人员离岗时，则填写离岗日期。

10.计量标准负责人（更换）登记

在计量标准履历书中，应当记载计量标准负责人的信息，填写“负责人姓名”“接收日期”“交接记事”“交接人签字及日期”四个栏目，其中负责人是指新上任的负责人，交接人是指即将卸任的负责人。

11.计量标准使用记录

每次使用计量标准时，都应当填写“计量标准使用记录”，计量标准使用记录可以单独印制使用。当计量标准使用频繁时，可以每隔一段时间记录一次。

第三节 计量标准的考评、考评后的整改及后续监管

计量标准考核不仅包括现场考评、整改，还有获证后的后续监管。为了加强计量标准的管理，规范计量标准的考核工作，保障国家计量单位制的统一和量值传递的一致性、准确性，为国民经济和社会发展以及计量监督管理提供准确的检定、校准数据和结果，国家计量主管部门需要对计量标准进行持续不断的监管，以保证其科学、准确、有效。

一、前受理环节的相关准备工作

建标单位向主持考核的人民政府计量行政部门呈报申请资料后，受理部门首先对呈交的资料进行初审，即形式审查。对申请资料中技术正确与否作出判断是考评员进行书面审查的职责。如果资料齐全并符合考核规范要求，则受理申请，发送行政许可受理决定书；如果不满足要求，则视为初审不合格，此时视情况有以下三种处理方式。

（1）可以立即更正的，应当允许建标单位更正。更正后符合考核规范要求的，受理申请，发送行政许可受理决定书。

（2）申请资料不齐全或不符合考核规范要求的，受理部门会在5个工作日内一次性告知建标单位需补正的全部内容，并发送行政许可申请不予受理决定书，经补充符合要求的予以受理。逾期未告知的，视为受理。

（3）不属于受理范围的，发送行政许可申请不予受理决定书，并将有关申请资料退回建标单位。

属于“申请资料不齐全或不符合考核规范要求”情况的，建标单位应本着“少什么补什么”和“错什么改什么”的原则，尽快按要求补齐和完善申请资料后及时呈交主持考核部门。

主持考核部门决定受理考核申请后，将会在10个工作日内完成计量标准考核的组织工作，即成立“考评组”，并将组织考核的部门、考核单位以及考评计划告知建标单位。

建标单位应当在考评组实施现场考评前（或者更早以前），由单位技术负责人或质量

负责人主持，做好评审前自查和汇报资料等准备工作，以及现场及环境的整顿工作。

新建计量标准时，应在汇报资料中结合自查情况，重点围绕技术与管理两个方面的能力状况是否符合考核规范要求进行有说服力的说明。申请复查考核时，在汇报资料中可将自上次考评通过以来的几年中的计量标准运行情况及标准日常维护、能力保持情况、每年自查情况等进行总结。

建标单位自查时，可使用考评员统一使用的“计量标准考评表”。自查的过程既是对照检查的过程，也是学习提高和改进的过程，要注重实效，防止走过场。

二、计量标准的考评

（一）计量标准的考评方式、内容和要求

1.考评方式

计量标准的考评分为书面审查和现场考评两种方式。新建计量标准的考评首先进行书面审查，如果基本符合条件，再进行现场考评；复查计量标准的考评通常采用书面审查的方式来判断计量标准的测量能力，如果建标单位所提供的申请资料不能证明计量标准能够保持相应的测量能力，应当安排现场考评；对于同一个建标单位同时申请多项计量标准复查考核的，在书面审查的基础上，可以采用抽查的方式进行现场考评。

2.考评内容与要求

计量标准的考评内容包括计量标准器及配套设备、计量标准的主要计量特性、环境条件及设施、人员、文件集，以及计量标准测量能力的确认6个方面共30项要求。

考评合格与否的判断标准：考评时，如果有重点考评项目（带*号的项目）不符合要求，则判断为考评不合格；如果重点考评项目有缺陷，或其他项目不符合或有缺陷时，则可以限期整改，整改时间一般不超过15个工作日，超过整改期限仍未改正者，则判为考评不合格。

计量标准的考评应当在80个工作日内（包括整改时间及考评结果复核、审核时间）完成。

注：对于仅用于开展计量检定，并列入简化考核的计量标准项目目录中的计量标准，其稳定性考核、检定结果的重复性试验、检定结果的测量不确定度评定以及检定结果的验证4个项目可以免于考评。

（二）书面审查与现场考评时的配合工作

1.书面审查时的配合工作

考评员对申请资料和所附数据进行书面审查（带△号的20个项目），其目的是确认申

请资料是否齐全、正确，是否具备相应的测量能力。

（1）对新建计量标准书面审查结果的处理

①如果基本符合考核要求，考评组组长或考评员应当与建标单位商定现场考评事宜，并将现场考评的具体时间及有关事宜提前通知建标单位。

②如果发现某些方面不符合考核要求，考评员应当与建标单位进行交流，必要时，下达“计量标准整改工作单”。如果建标单位经过补充、修改、纠正和完善，解决了存在的问题，按时完成了整改工作，则应当安排现场考评；如果建标单位不能在15个工作日内完成整改工作，则考评不合格。

③如果发现存在重大或难以解决的问题，考评员与建标单位交流后，确认计量标准测量能力不符合考核要求，则考评不合格。

（2）对复查计量标准书面审查结果的处理。

①如果符合考核要求，考评员能够确认计量标准保持相应测量能力，则考评合格。

②如果发现某些方面不符合考核要求，考评员应当与建标单位进行交流，必要时，下达“计量标准整改工作单”。如果建标单位经过补充、修改、纠正和完善，解决了存在的问题，按时完成了整改工作，考评员能够确认计量标准测量能力符合考核要求，则考评合格；如果建标单位不能在15个工作日内完成整改工作，则考评不合格。

③如果对计量标准测量能力有疑问，考评员与建标单位交流后仍无法消除疑问，则应当安排现场考评。

④如果发现存在重大或难以解决的问题，考评员与建标单位交流后，确认计量标准测量能力不符合考核要求，则考评不合格。

2.现场考评时的配合工作

现场考评是考评员通过现场观察、资料核查、现场实验和现场提问等方法，对计量标准是否符合考核要求进行判断，并对计量标准的测量能力进行确认。现场考评以现场实验和现场提问作为考评重点，现场考评的时间为1～2天。现场考评的程序及建标单位应做的配合工作如下：

（1）首次会议。由考评组组长宣布考评的项目和考评员分工，明确考核的依据、现场考评日程安排和要求；建标单位主管人员介绍本单位概况和计量标准考核准备工作情况（包括自查情况），最好提前形成书面材料，会议时间一般不超过0.5h。

（2）现场观察。考评员在建标单位有关人员的陪同下，对考评项目的相关场所进行现场观察。通过观察，了解计量标准器及配套设备、环境条件及设施等方面的情况，为进入考评做好准备。

（3）资料核查。考评员应当按照“计量标准考评表”的内容对申请资料的真实性进行现场核查，主要核查带*号的考评项目以及书面审查时没有涉及的项目。建标单位应对考评员提出的存疑作出解释并按其提出的意见立即完善或补充。

（4）现场实验和现场提问。

①方法。由事先确定的2名检定或校准人员（必要时可增加），用被考核的计量标准对考评员指定的测量对象进行检定或校准。根据实际情况可以选择盲样、建标单位的核查标准或近期已经检定或校准过的计量器具作为测量对象。现场实验时，考评员应对检定或校准的操作程序、操作过程以及采用的检定或校准方法等内容进行考评，并通过对现场实验数据与已知的参考数据进行比较，以确认计量标准测量能力。

现场提问的内容包括有关本专业基本理论方面的问题、计量检定规程或计量技术规范中的有关问题、操作技能方面的问题以及考评中发现的问题。

②现场实验结果评价。

a.用考评员自带盲样作为测量对象。

b.使用建标单位的核查标准或外单位送检仪器作为测量对象。在现场实验前，建标单位应提供核查标准或外单位送检仪器的检定结果及不确定度。此时由于测量结果和参考值都是采用同一套计量标准进行测量，因此在结果的扩展不确定度中应扣除由系统效应引起的测量不确定度分量。

（5）末次会议。由考评组组长主持，全体考评员及建标单位主要领导和部门领导、计量标准负责人和项目成员参加。会议目的是通报考评结果。由组长报告考评情况，说明考评的总评价，宣布现场考评结论，并对发现的主要问题加以说明，确认不符合项和缺陷项，提出整改要求和完成期限，之后双方进行交流（有时也可以在会前简要交流），确认考评结果。如果双方在技术问题上存在重大不同意见，可通过书面形式予以记载，并提交组织考核的人民政府计量行政部门。最后由建标单位领导和（或）计量标准负责人对考评结果发表意见，并对整改期限内完成整改作出承诺，整改项目及整改要求应反映在考评员开出的“计量标准整改工作单”中。

三、考评后的整改工作

（一）整改工作的部署

末次会议后现场考评工作结束。建标单位主要领导应及时召集计量部门全体人员召开布置整改工作的会议，对现场考评情况向与会人员做简要介绍，在肯定前期准备工作的同时，重点对“计量标准整改工作单”中列的不符合项、缺陷项一并提出整改要求：要求部门领导召开分析会，查找原因，举一反三查准问题症结，制定可行的纠正措施与预防措施，将具体整改任务逐条落实到人，并要求在规定期限内完成整改。

按整改工作会议上的布置，按分工对不符合项和缺陷项认真进行整改，并将各项整改工作完成的结果证明材料按要求整理上交给计量标准负责人（或科室负责人），认真填写“计量标准整改工作单”中的“整改结果”栏。另外，写出一份简要的整改工作书面汇报材料（附相关证明材料）。整改材料完成后，应在“计量标准整改工作单”中加盖建标单位公章，并在规定的截止整改日期前将“计量标准整改工作单”连同整改的证明材料送达考评员。

（二）整改工作的确认

考评员收到整改材料后，应认真审查提供的证明材料。对不符合项和缺陷项的纠正措施完成情况、结果进行跟踪、确认，必要时应到现场核查。审查完毕，确认整改到位后，在“计量标准整改工作单”中的“考评员确认签字”栏签名。

（三）考评结果的处理

1.考评员应上交的材料

由考评员填写《计量标准考核报告》，在该报告中应给出明确的考评意见及结论。完成考评后，应及时将该报告及申请资料交回考评单位或考评组组长。应提交的文件有：

（1）《计量标准考核报告》（包括“计量标准考评表”），如果有整改，则应附“计量标准整改工作单”。

（2）由建标单位提供的全部申请资料，如计量标准考核（复查）申请书等，申请新建计量标准的有6项，申请计量标准复查的有11项。

（3）如果是现场考评，需提交现场实验原始记录及相应的检定或校准证书一套。

（4）如果有整改，还需提交建标单位的全套整改材料。

2.对考评员上交材料的复核

考评单位或考评组以及组织考核的人民政府计量行政部门，应对考评员上报的《计量标准考核报告》及其他有关材料及时进行认真复核，并在《计量标准考核报告》相应栏目中签署意见，复核的负责人应签名并加盖公章，复核工作应在5个工作日内完成。

建标单位如果对考评工作或考评结果有异议，可填写计量标准考评工作意见表，并送组织考核或主持考核的人民政府计量行政部门申诉，以上部门应当及时进行核查并进行处理。

四、计量标准考核的后续监管

（一）计量标准器或主要配套设备的更换

在计量标准的有效期内，不论何种原因更换计量标准器或主要配套设备，均应当履行相关手续，此处的“更换”还包括增加和部分停用（如多台相同计量标准器或主要配套设备停用其中一台或几台），视以下情况分别处理。

1.按新建计量标准申请考核

更换或增加计量标准器或主要配套设备后，如果计量标准的不确定度或准确度等级或最大允许误差发生了变化，应当按新建计量标准申请考核。

2.申请计量标准复查考核

更换或增加计量标准器或主要配套设备后，如果计量标准的测量范围或开展检定或校准的项目发生变化（即使更换后其不确定度或准确度等级或最大允许误差不变），应当申请计量标准复查考核。

3.无须重新考核，只需办理更换手续

（1）建标单位应准备的资料。

①填写《计量标准更换申报表》一式两份，并由建标单位负责人签字后加盖公章。

②提供更换后计量标准器或主要配套设备有效的检定或校准证书和计量标准考核证书复印件各一份。

③必要时，还应提供检定或校准结果的重复性试验记录和计量标准的稳定性考核记录复印件一份。

（2）更换手续的办理程序。

①建标单位将上述资料上报主持考核的人民政府计量行政部门。

②主持考核的人民政府计量行政部门对上报的资料进行审核。如果符合技术要求，则同意并批准更换；如果不符合规定，则要求建标单位补充有关资料后批准更换或者不同意更换。

③主持考核的人民政府计量行政部门保留一份《计量标准更换申报表》存档，另一份返还建标单位作为文件集的文件保存。

4.不必办理更换手续的情况

如果更换的计量标准器或主要配套设备为易耗品（如标准物质等），并且更换后不改变原计量标准的主要计量特性，开展的检定或校准项目也无变化，此时只需在《计量标准履历书》第七条“计量标准器及配套设备更换登记”中予以记载即可，不必向主持考核的人民政府计量行政部门办理更换手续。

（二）其他更换

1.相应计量检定规程或计量技术规范的更换

如果开展检定或校准所依据的计量检定规程或计量技术规范发生更换，应当在计量标准履历书中予以记载；如果这种更换使计量标准器或主要配套设备、主要计量特性或检定或校准方法发生实质性变化，则应当提前申请计量标准复查考核，此时应提供计量检定规程或计量技术规范变化的对照表。

2.环境条件及设施发生重大变化

这种变化包括计量标准保存地点的实验室或设施改造、实验室搬迁等，此时应向主持考核的人民政府计量行政部门报告，主持考核的人民政府计量行政部门根据情况决定采用书面审查或者现场考评的方式进行考核。

3.更换检定或校准人员

此时，应当在计量标准履历书中予以记载。

（三）计量标准的封存与撤销

1.封存与撤销的原因

在计量标准有效期内，因计量标准器或主要配套设备出现问题，或计量标准需要进行技术改造或其他原因而需要封存或撤销的，应办理相关手续。

2.办理封存或撤销的手续

建标单位应当填写《计量标准封存（撤销）申报表》一式两份，连同计量标准考核证书原件报主持考核的人民政府计量行政部门办理相关手续。主持考核的人民政府计量行政部门同意封存的，在计量标准考核证书上加盖“同意封存”印章；同意撤销的，收回计量标准考核证书。建标单位和主持考核人民政府计量行政部门各保存一份《计量标准封存（撤销）申报表》。

（四）计量标准的恢复使用

封存的计量标准需重新开展检定或校准工作时按以下情况办理。

（1）如果计量标准考核证书仍处于有效期内，则建标单位应当申请计量标准复查考核。

（2）如果计量标准考核证书超过有效期，则建标单位应当按新建计量标准申请考核。

（五）计量标准的技术监督

技术监督的目的是保障考核后的计量标准能够保持持续正常运行，其监督方式有以下两种：不定期监督抽查和采用技术手段进行监督。

1.不定期监督抽查

由主持考核的人民政府计量行政部门组织考评组，对已建计量标准进行不定期抽查，实施动态监督。监督抽查的方式、频次、抽查项目和抽查内容等由主持考核的人民政府计量行政部门确定，抽查合格的维持其有效期；抽查不合格的要限期整改，整改后仍达不到要求的，通知该单位办理撤销计量标准的有关手续，注销其计量标准考核证书，并予以通报。

2.采用技术手段进行监督

由主持考核的人民政府计量行政部门采取计量比对、盲样试验或现场实验等技术手段进行监督。凡是建立了相应项目计量标准的单位，都应当参加由主持考核的人民政府计量行政部门组织的技术监督活动，技术监督结果不合格的，应当限期整改，并将整改情况报主持考核的人民政府计量行政部门。对于无正当理由不参加技术监督活动或整改后仍不合格的，由主持考核的人民政府计量行政部门通知建标单位办理撤销计量标准的有关手续，注销其计量标准考核证书，并予以通报。

第十二章　实验室质量管理

实验室安全质量监控体系的构建是保证实验室安全的基础和前提。本节通过剖析实验室安全质量监控体系中的主要问题，提出了从加强实验室硬件设施建设、健全安全管理制度、完善安全教育体系、引入优秀管理人才、提高技术防范能力、制定安全应急预案等方面建设实验室安全质量监控体系的基本思路。

实验室是培养人们动手操作能力、创新精神和科学研究素养的摇篮，在科学研究、培养高素质人才、服务社会等方面具有十分重要的作用。随着科研教育水平的不断提高、科研教育规模的不断扩大、科研人员流动性的不断增加，科研涉及的危险化学品的品种和数量也在不断增加。为了顺利开展实验室建设工作，确保科研工作安全、高效、可持续运转，必须有一套与之相适应的安全质量监控体系。全面分析现行的实验室安全质量监控体系中存在的不足，建立一套实验室安全质量监控体系是十分重要的。

第一节　实验室安全质量监控体系

一、实验室安全质量监控体系存在的不足

（一）资金投入不足

虽然我国不断增加对实验室建设的资金投入，但这些资金往往被用于购置先进的实验仪器或引入先进的实验方法，用于建设基础实验室及实验室安全质量监控体系的偏少。基础实验室整体规划不够合理，内部水、电、气等线路不符合实验要求，必备的防护设施不齐全或者放置地点过于隐蔽等都会给实验室的安全管理带来影响。此外，对实验室安全管理工作的资金投入偏少在一定程度上阻碍了实验室安全管理工作的进行。

（二）安全管理制度有待健全

目前，许多实验室安全管理制度尚不健全，有的管理制度过于框架化，操作性较差；有的管理制度未能及时更新，不能很好地适应当前实验室建设快速发展的要求。实验室管理人员不明确自身的工作内容，从而使安全管理制度流于形式，不能够落实到位。

（三）安全教育体系不够完善

安全教育能够提升人们的安全素养，是“安全第一、预防为主”管理政策的具体实施方式，能够在很大程度上防止各类常见安全事故的发生。然而，多数实验室管理人员仅在实验人员进入实验室前宣读一下实验室安全管理条例，并未对实验人员进行系统、严格、专业的安全培训，从而导致实验人员安全意识淡薄。

（四）缺乏专业化的管理人员

实验室的部分工作人员并没有进行专业实验室管理方面知识的学习，入职以后外出培训学习的机会比较少，加之安全管理工作本身又比较繁杂，这些因素使得实验室安全管理工作的总体水平欠佳。受工资待遇、职称及某些观念的影响，实验室很难留住高素质人才，这严重阻碍了专业化实验室管理队伍的组建进程。

二、实验室安全质量监控体系的构建

（一）加强实验室硬件设施建设

国家应进一步增加基础实验室建设的资金投入。实验室建设者应综合考虑实验室客观条件、实验的危险程度、仪器的使用及安装要求等，科学、合理地安排实验室布局，严格按照实验室基础设施安装规范铺设水、电、气等管线设施，为实验室配备防毒面具、灭火器、洗眼器、喷淋装置、报警装置、急救箱等安全防护设施，并对实验室进行定期检查，确保各种仪器性能良好。

（二）健全安全管理制度

要高度重视实验室安全管理制度建设，制定出具有前瞻性、科学性、规范性及可操作性的实验室安全管理规章制度，并实行实验室安全责任制。在制度实施的过程中要权责分明，明确主管领导、实验室管理人员、实验操作人员的安全监管责任，并不断地优化岗位职责，通过责任书，将各工作人员的责任层层落实，不留监管盲区。

（三）完善安全教育体系

实验室安全质量监控体系建设的重中之重就是通过不断地开展安全教育宣传工作来强化全体人员的安全意识，使大家的思想观念从“要我安全”逐步转变为“我要安全”。要从实验室管理人员、实验指导者和实验操作人员三个层面开展安全教育工作。首先，要提高实验室管理人员对营造实验室安全环境的重视度，使其积极主动地参与实验室安全质量监控体系的建设。其次，要加强对实验指导者的安全教育，使其在指导实验的过程中能够注重并不断强化规范操作和安全防护技能。最后，要提高实验操作人员的安全意识，进入实验室之前要组织实验操作人员学习安全准入制度，考试合格后方可进入实验室。从他们的初次操作开始，就对他们开展安全教育工作。实验室管理人员还可通过组织安全知识有奖问卷、安全知识讲座、安全警示教育展等丰富多彩的活动，普及实验室安全教育知识。

（四）引入优秀管理人才

实验室安全管理工作的本质在于管理，这就需要专业的管理人员参与其中。实验室安全质量监控体系的正常运行既需要技术人员的维护，又需要专业的管理人员利用管理技巧和专业知识来提高该体系的运行效率。因此，要通过引入优秀管理人才为安全质量监控体系的高效、快速运行保驾护航。

（五）提高技术防范能力

实验室安全管理工作，要遵循“安全第一、预防为主”的原则，力争做到人防、制度防、技防“三防一体”，切实提高技术防范的能力。实验室管理需要严格依照危险化学品储存和使用规定管理危险化学品；引进先进的信息化技术，在实验室重要部位建立门禁、视频监控和消防监控系统；为实验室配备相对完善的实验室安全防护设施；定期进行消防演习、安全防护演习及疏散演习，强化对实验室工作人员安全防护技能的培训。

（六）制定安全应急预案

实验室安全管理工作的最好状态就是能够做到“防患于未然”。为了能够在安全事故发生时有条不紊地开展应急、救援工作，最大限度地降低生命财产损失，必须根据实际需要制定实验室安全事故应急救援预案。实验室管理者可根据实验的学科类型、特点以及可能发生的实验室安全事故，制定相应的实验室安全应急预案并进行演练，从而对其进行改进和完善。

实验室安全管理工作既繁杂又至关重要，因此相关人员在工作时不能有丝毫的疏忽、懈怠。构建安全有效的实验室安全质量监控体系可以保障全体工作人员的生命安全和实验室的财产安全。实验室安全质量监控体系是一个复杂的动态系统，只有在相关部门和工作人员的通力合作下，才能发挥出最大作用。

三、实验室质量体系的运行与监控

（一）培训

质量体系的运行必须先理解体系文件的要求，这就需要培训。体系的建立是全体员工都需要参与的，同样地，培训也需要全体员工参加。但由于不同层次的人员有不同的职能和责任，他们所需的培训内容也是不同的，培训的方法也多种多样。

1.培训内容

首先，全体员工都需要进行意识培训，树立以顾客为关注焦点、使客户满意的观念，以及持续改进和不断提高体系有效性的思想。不同岗位应结合各自的目标和要求进行培训，使每个员工明白如何做好本职工作、达到自身的目标，为实现实验室的方针和目标作出贡献。

领导需要了解管理思想的发展，特别是领导的作用，要知道自己需要直接参与哪些工作，如何为质量体系进行策划。因此，培训的重点应是质量管理八项原则和管理职责，要使最高管理层能对体系作出全面的管理策划、提出目标、落实职能、提供资源、协调实施、检查效果和组织改进。

对质量体系的骨干，除了树立管理思想外，还要掌握准则、标准的各项要求，参与体系的策划。

2.培训方法

对培训的方法没有任何限制，可以请专业的咨询人员讲课，可以参加各种公开的培训课程，也可以由实验室内部人员讲解。结合体系的策划，在策划的过程中进行研讨加深理解，通过宣讲策划的结果，使全体员工得到培训。尤其是在体系正式运行前，根据实施需要培训策划的内容是必要的，要使全体员工知道自己应做什么、如何做以及要达到什么目标，然后按规定的要求实施，特别是按程序文件、作业指导书的要求实施。

（二）实施的证据

体系的运行要留下证据，记录是证据的一种有效形式。记录可以是各种方式的，可以记录在记录本上，也可以使用电子媒体。在确定实施证据时，要考虑适用有效、方便使用和验证。体系运行中，要做好检查工作，检查的要点是工作必须有程序、有程序必须执行、执行过的工作必须有记录。这正是文件化质量体系的内涵，即不仅仅要编制体系文件，还需要严格执行，并留下运行的证据。

（三）运行有效性的验证

建立质量体系的目的是使检测报告校准证书质量能更好地满足要求。因此，在实施运行中必须考虑其有效性。过程是否正确识别、是否按规定运行都会影响体系的有效性，故在合适的阶段进行验证是必要的。如果缺乏有效性是由于对过程识别不清，可以改进策划过程；如果因为没有规定而影响体系运行的有效性，就要作出规定。但即使对过程已作出了正确合适的规定，不执行也不可能有效。因此，必须加强对过程执行的监视和控制，以确保体系的有效实施。有效性的验证通常可以用下列方式的组合来进行：内部审核（检查各管理过程的有效性）；顾客满意度的调查（度量体系总体业绩的有效性）；检测校准过程的评价（报告证书及检测校准实现过程的有效性监控）。

"实验室应有质量控制程序以监控检测和校准的有效性。所得数据的记录方式应便于可发现其发展趋势，如可行，应采用统计技术对结果进行审查。"也就是说，统计技术的应用是检测和校准有效性的重要验证手段之一。质量体系中的过程控制、数据分析、纠正和预防措施等诸多要求都与统计技术密切相关。统计技术的作用包括：

（1）可帮助测量、分析检测校准实现全过程各阶段客观存在的变异；

（2）通过数据的统计分析，能更好地理解变异的性质、程度和原因，从而有助于解决因变异而引起的质量问题，促进持续改进；

（3）有助于实验室提高其质量体系的有效性和管理效率；

（4）有利于更好地将数据作为决策的依据。

统计技术是实验室建立质量体系的一项基础。事实上，统计技术作为发现问题和体系改进的手段，涉及检测校准实现的各个阶段及质量的全过程，特别是关键过程应处于受控状态。但受控不等于没有变异，即使在相同条件下，每次测量也不会得到完全相同的结果，测得值之间均有差异。所以，变异是客观存在的，但变异也有一定的统计规律。变异可分为两类，即正常变异（受控状态下的变异）和异常变异（非受控状态下的变异）。正常变异是不可避免的变异，人、机、样、法、环、溯都控制得很好，但检测结果仍有离散。这是不可避免的偶然因素的影响，如检测场所温度、湿度的微小变化、测量设备的微小振动、设备的正常损耗等。正常变异有时很难找出原因，也不需要、不值得去找原因。这类变异中每个影响虽然很小，但因素较多，积累起来对数据波动也有影响，但经常维持在一个范围内，表现测量值的不确定度。

异常变异是人、机、样、法、环、溯的一个或几个因素发生变化引起的。这正是过程控制的对象，也是验证体系有效性的对象。在检测校准实现过程中，允许出现变异，但要控制它。要找出变异的原因，针对原因采取改进措施，从而确保质量体系的有效运行。而统计技术正是识别、分析和控制变异的重要手段。显然，实验室之间比对、能力验证以及质量控制图等都可以有效区分这两类变异。

第二节 CNAS实验室管理

随着人们生活质量的提高和科学技术的进步，消费品的质量安全已经成为各个国家关注的焦点，很多国家都制定了相应的法律法规来确保消费品的质量安全。美国、欧盟等国家和地区对消费品中有毒、有害物质的限量正在逐步降低，这就对公共检验检测机构的技术水平提出了更高的要求——检得出、检得快、检得准，并能够出具权威、公正、可信、准确的实验报告，这必然要求公共检验检测机构进行严格、规范、科学的质量安全风险管理，以确保对实验室潜在的质量安全风险进行必要的规避和防控，从而实现公共检验检测机构的长远发展。中国合格评定国家认可委员会（China National Accreditation Service for Conformity Assessment，CNAS）在相关文件中对预防措施有明确的要求，即对实验室要采取必要的风险识别、风险分析、风险评估、风险预防和控制、风险跟踪和监控等措施，从而实现有效的质量安全风险管理。目前，我国对实验室质量安全风险管理的研究比较少，且多数是从宏观角度进行的理论研究，缺乏从微观层面进行的深入剖析和细化的实践研究，没有给出具体的实践指导和措施。CNAS认可实验室质量安全风险管理主要从人员、仪器、物料、标准方法、环境设施、实验报告六个方面的审核深入分析实验室质量安全存在的潜在风险，从而为实验室制定预防措施提供帮助和建议，规避或减少实验室运行中的潜在风险，提升实验室的风险应对能力，帮助实验室更好、更快地发展。

一、概述

（一）质量安全风险管理的目的和意义

取得CNAS资质认可的实验室出具的实验报告具有一定的国际认可度，被消费者认为是产品质量安全保证的白皮书。为此，取得CNAS资质认可的实验室必须采取完善的质量安全风险管理措施，以确保实验数据的准确性，并出具真实、可信、权威的实验报告。实验室进行风险管理是为了对实验室潜在的质量安全风险进行规避和防控，降低实验室的风险发生率，提高实验室的管理水平、技术水准和客户满意度。实验室的质量安全风险无处不在，任何微小的差错都可能对实验室的知名度和权威性造成极大的负面影响，也可能给客户带来无法估量的损失。因此，必须以严谨的态度和科学的方法去降低已存在的风险并识别潜在的风险，用预见性的眼光来构筑实验室质量安全风险防控体系。尽管不能将风险降为零，但要尽可能识别出潜在的风险，采取有效的风险管理防控措施，制定科学、规范、严谨、有效的风险应急预案，从而确保实验室在良好的状态下健康运行。

（二）质量安全风险管理的程序

实验室风险管理者依据实验室发展的总体目标和长远规划制定相应的制度，明确相应的岗位职责，细化每一个岗位的潜在风险，确定每一个岗位的风险防控措施，以便在风险发生时立刻启动风险防控程序。实验室风险防控程序主要包括以下五个方面：

一是风险识别。实验室风险管理者利用外部信息和内部资源识别风险的来源、影响范围、产生原因和潜在后果等，梳理并生成一个覆盖各个岗位的风险点列表。

二是风险分析。实验室风险管理者对每个风险点进行溯源、剖析，预测风险发生的可能性、造成的影响，分析影响风险发生的可能要素，甚至要考虑不同风险点之间的相关性和相互作用。管理者还要依据相应风险分析的信息和数据，初步了解各个岗位风险点的等级并明确主要风险点，从而对主要风险点进行定量分析，明确主要风险点风险发生的概率和后果的严重性，以此抓住主要风险点，保证实验室的风险点都在可控的范围内。

三是风险评估。实验室风险管理者依据风险分析的结果，对各个岗位的风险点进行综合分析和比较，确定各个岗位风险点的级别。同时，在风险评估中，尤其要关注新识别出的风险点。

四是风险预防和控制。风险防控重在预防风险，消除引发风险的因素。实验室风险管理者需要制定有效的预防措施以避免风险的发生。当风险不可避免地发生时，要有相应的风险控制措施，以阻止事态继续恶化，尽可能减小利益相关方的损失。因此，实验室风险管理者在明确各个岗位的风险级别后，可依据风险点的实际情况，分门别类地制定出相应的防控措施（既包括应对具有共性风险点的统一措施，也包括针对个性风险点的特殊措施），从而落实好对实验室质量安全风险的预防和控制。

五是风险跟踪和监控。实验室风险管理者在确定了实验室的风险点和制定了相应的风险预防措施之后，就要制订对应的跟踪和监控计划，并依据计划检查工作进度，不断充实和完善计划，保证风险防控措施的有效执行。

总之，实验室质量安全风险管理程序是个闭合循环的过程，其中的五个模块各有侧重，只有五个模块循环有序地运行，才能实现对实验室风险点有效和系统的防控。此外，只要识别出新的风险点，就要启动上述程序。

二、质量安全风险点

实验室质量安全风险管理者应从风险源头的防控入手防控实验室的风险。具体可从以下六个方面着手：

（一）人员方面

风险管理是需要全员参与的系统工程，它需要实验室全体人员积极参与自身岗位风险点的识别、分析、跟踪和监控等工作，并提供具有可行性的风险管理措施。从一定意义上说，实验室的质量安全在很大程度上与人有关，尤其与实验人员有关。实验人员清楚实验室各种仪器、实验易耗品以及相关实验操作等存在的风险，但他们缺乏相应的风险管理知识来充分识别和规避这些风险。这就需要加强对实验人员风险知识的宣传，鼓励实验人员结合自身岗位特点来进行风险点的防控，每个岗位都不放过，做细、做足风险点的防控工作。

实验人员的基本素质包括两个方面：一是理论知识素质。实验人员要对自己所负责的项目有较深入的了解，具体包括实验原理、实验步骤、实验数据的记录和处理、误差分析、仪器的结构、性能指标、计量特性、实验的注意点等方面。这些方面都与实验项目的结果有着密切的联系，任何一方面的欠缺都可能导致实验风险的增加。因此，实验人员必须加强理论知识的学习，定期参与培训和考核，提升理论能力，从理论上规避实验风险点。二是实验操作素质。实验室制定了相应的作业标准和操作规程，实验人员要严格按照标准和规程开展工作。实验人员必须经过规范、科学的实验操作培训，考核合格后方可上岗，这从实践上规避或降低了实验风险。比如，甲醛测定的显色步骤，标准方法要求在40℃的水浴锅中显色15min，取出后放置于暗处，冷却至室温。实际操作时，从显色步骤开始就要避光，如在水浴锅上加盖或在棕色锥形瓶中显色。若实验人员没有按照标准和规程去做，就会导致甲醛测定结果出现偏差，致使出具的实验数据不准确，可能给实验室和客户带来无法估量的损失。因此，实验室可以通过内部的实验比对，对实验人员的操作全过程进行考核，并指出操作不规范的风险点；也可以通过盲样检验检测和参加国内、国际的能力验证实验，不断规范和提高实验人员的实验操作技能，将实验操作的风险降到最低。

实验人员从事着最基础的检验检测工作，容易发现和控制检验检测过程中的相关风险点。这就要求实验人员能够将实验室的发展和自身的发展结合起来，切实履行自身的岗位职责，主动抗御外界和内心的干扰，积极落实实验室的风险防控措施，踏踏实实地将自己的工作做细、做好。

（二）仪器方面

CNAS在相关文件中对测量仪器提出了许多明确的要求，即仪器的性能必须符合检定/校准的规范，仪器投入使用前必须经过具有资质的计量部门专业人员的检定/校准，检定/校准合格后获取合格证书并被授予唯一性计量标识。同时，若实验仪器出现较大的故障，经维修或改造后，仍需要送到有资质的检定/校准机构重新检定/校准。这就要求实验人员通过仪器的计量溯源，消除实验室仪器的计量风险点。

在两次检定/校准期间，原则上我们认为仪器性能是稳定的，能够满足测定结果准确性和可靠性的要求。但是，部分使用频率高、性能不稳定、检定/校准周期长以及谱线漂移较大的仪器在使用一段时间后，由于受到操作方法、外界条件等因素的影响，其检验检测数据的可信度可能会降低，这就要求实验室质量体系文件中必须有仪器在两次检定/校准期间核查程序的相关内容。程序文件要包括期间核查的计划方案，每一台仪器相应的核查方法、核查频率、详细的记录、数据分析和核查结论，必要时要有相应的纠正措施。针对每一台仪器，实验人员要识别出仪器在使用和维护中存在的风险点，尤其要加强仪器性能指标风险点的防控，运用国家规定的检定/校准规程、标准试样法、内控样核查法、两台比对法、控制图核查法等进行期间核查，规避和降低仪器存在的风险。

实验过程中会用到很多玻璃仪器，而玻璃仪器的交叉污染是一个非常重要却常常被忽视的风险点。因此，实验室应制定玻璃仪器的清洗、烘干、晾干等操作规程，必要时可以配置一套专用器皿，以避免可能的交叉污染。在玻璃仪器的操作规程中，要明确不同种类玻璃仪器采用的浸泡和洗涤方法，比如：光度分析用的比色皿不可用毛刷刷洗，而是通常浸泡在热的洗涤液中除污；滴定管、容量瓶等玻璃仪器清洗干净后只能晾干或吹干，不能在烘箱中烘干。只有将玻璃仪器清洗干净，才能避免污染物造成后续实验的交叉污染，才能杜绝形成连续的风险点，确保检验检测工作的顺利开展。

（三）物料方面

实验室在购买标准物质时应核查证书、标签等材料的信息，甚至可采用合适的检验检测方法对标准物质进行相应的质量验证，以保证其质量达到检验检测的要求。入库和领用时仍要核查标准物质的证书、外包装的标识、纯度、有效期等信息，并做好相应的记录，及时清理过期和失效的标准物质。

标准物质是实验数据的基准，只有标准物质准确、有效，测定结果才能可靠。标准物质的制备、标定、验证必须有详细的记录（包含配制原理、配制步骤、原液浓度、配制浓度、有效期、稀释倍数等），标准物质应配备对应的标签，说明溶液的基本信息。同时，标准物质在使用期间要按照计划进行期间核查。可以采用标样定值、能力参数实验的比率值等方法对标准物质进行相应的期间核查，尽可能降低和规避标准物质在购买、入库、领用、配制等环节中的风险，着力识别存在的风险，采取对应的风险防控措施，从而保证实验数据的可靠性。无论是购买的化学试剂还是实验室内部配制的试剂，都可能因放置时间过长、贮存条件不当等问题而失效。比如，在铬含量测定的实验中，当配制的显色剂溶液颜色发生变化时，显色剂就失效了。为此，实验室要加强对化学试剂的管理，及时梳理、查验、清理实验室的化学试剂，在试剂的购买、贮存、使用等环节做好风险防控工作，切实降低和规避风险。实验中常用到一些塑料试剂管、刀具、手套、一次性针管等易耗品，这些易耗品中含有待测有害物，会影响实验结果的准确性，使实验结果偏离样品的真实值。例如，实验室在一次邻苯二甲酸酯检验检测中得到的数据异常大，即样品中邻苯二甲酸酯含量严重超标。工作人员在复测中逐一排查所有风险点，发现实验中用到的一次性针管中含有超标的邻苯二甲酸酯，然后及时对一次性针管进行了替换，才得到了准确、可靠的数据。国家标准对实验室用水有明确的规定，要严格按照标准规定制定相应的作业指导，定期对实验室用水进行核查，并做好相应的记录，定期检查水净化系统的性能，以确保制备的水能够满足检验检测的要求。

物料方面存在的潜在风险多且繁杂，这会增加风险点的防控难度。因此，实验室在开展风险识别、风险防控等方面的工作时，要搜集足够的信息，在对信息进行详细分析的基础上，制定出切实可行的风险防控措施，以客观、科学的态度做好风险防控工作。

（四）标准方法方面

实验室在立项检验检测前，必须进行方法的确认之后，方可进行检验检测，以保证出具的实验报告公正、可靠。

操作人员在实验过程中要严格按照实验步骤进行检验检测，在操作中一定不可偏离标准，以免造成不必要的潜在风险。为此，实验室要不定期进行标准细节的跟踪监控，以确保实验操作满足标准的规定，从而降低和规避标准方法的风险。实验室必须采用现行有效的标准对开展的所有项目进行检验检测，及时对采用的国家和地区标准进行删除、更新和确认。总之，实验室要对采用的标准方法的适用性、操作规程、实验数据的分析和处理等给予足够的重视，并制定相应的风险防控措施，从而确保标准方法的顺利实施。

（五）环境设施方面

温度、湿度等环境条件是导致测定结果出现偏差的潜在风险点，也是最易被忽略的风险点。实验室一定要确保这些条件符合实验标准和仪器使用的要求，否则很可能导致测定结果出现偏差。

实验室应加强对水、电、易燃易爆气体、有毒有害气体、强酸和强碱等风险点的日常检查，安装通风装置，提供必要的防护设施，定期开展实验室安全知识培训，切实做好实验室的安全工作。这是实验室风险管理中最重要的环节之一。

（六）报告审核方面

授权签字人经培训、考核合格后方可上岗，而实验报告经授权签字人审核签字后才有效。因此，授权签字人不仅要对整个项目的细节有清晰的认识和理解，还要指导实验人员进行方法改进、新方法制定和确认等事宜。同时，授权签字人也是风险点防控的重要负责人，对实验室的质量安全管理起着至关重要的作用。

实验室出具的报告经审核签字后才可以送交给客户。授权签字人要对报告中的检验检测项目、客户要求、标准方法、抽样方式、实验步骤、数据处理等进行仔细审核，审核通过后方可签字。只有这样，才能使实验室出具的检验检测报告准确、清晰、客观，且符合检验检测标准中规定的要求。总之，报告审核是最后的风险点，也可以对在此之前的风险进行把关防控。这体现出了报告审核的关键性作用。

综上所述，实验室质量安全风险管理对任何一个检验检测实验室都具有重大意义。预防是最经济也是最好的风险应对措施。因为实验室风险点涉及人员、物料、仪器、标准方法等因素，所以要逐一排查、细致分析，抓住主要风险，排除次要风险，确保实验室的质量安全风险管理有序且有效地开展。但是，风险会不断地变化，解决了旧的风险，新的风险又将出现。所以，实验室质量安全风险管理是一个系统、持久的工程，需要不断地总结、积极地探索、勇敢地创新，从而使风险管理措施不断落实、改进、完善。在风险管理的全过程中，管理人员要做好相应的沟通和记录，使风险管理信息上下一致，形成相应的程序文件，并积极进行宣传学习，从而提高实验室的质量管理水平，推动实验室健康、高效地运行，为经济的发展增添新的动力，为人民的消费安全提供保障。

三、CNAS实验室信息管理体系建设研究

面对日益增多的科研试验需求，简便、清晰、规范的实验室管理系统也应运而生。实验室的事务管理烦琐，涉及的流程较多。各种科研及实验设备是实验室的重要资源，设备的种类、地点、价钱、定购目标、保管人都要统一管理。

另外，实验室的研究成果、项目过程资料、员工经验总结、企业标准规范、实验测试数据、业务管理数据等众多科研业务数据都分散在各个实验室的服务器和员工的个人电脑上。无法实现实验室科研数据的共享、利用及实验室数据资源的统一管理。数据安全、维护都处于失控状态，导致数据无法得到充分管控，容易引发安全问题。同时，缺乏跨专业领域的互惠，科研成果无法形成专业间的互相渗透和促进。

总体来说，实验室科研业务数据管理目前缺乏信息化支撑，也缺乏相应的制度规范对数据的管理、共享和利用等活动进行约束，需要提供一个集数据采集、整合、管理、分享、搜索、浏览、数据分析等多种功能于一体的实验室数据资源管理系统，并完善相关管理制度，为实验室科研数据提供管理，有力保障科研业务的发展。

（一）软件架构

基于J2EE的多层分布式软件体系结构，系统架构在逻辑上主要由客户层、web层、业务逻辑层、数据层组成。各个层次相互作用、相互依存，而每个层次都无法独立完成系统既定的任务。

考虑系统的扩展性和性能，采用MVC架构模式，其中，前后台接口居于控制器地位，它决定视图数据的来源，后台主要实现业务逻辑，提供数据处理、分析方面的功能，其余部分的业务逻辑全交由客户端负责，复杂的、交互性要求高的业务，比如Word文件生成，则由ACTIVEX控件来实现。

实验室资源管理。实验室资源管理涵盖了实验室运转的所有资源要素，用户可以全面管理，包括人员、设备、服务与供应品、检测检查方法、设施与环境、数据与软件六类资源，并可基于历史数据，进行资源使用的统计分析。与试点项目相比较，服务与供应品为新增资源。资源管理需构建分级管理模式，系统将在实验检测中心建立完整统一的资源库；同时，基于数据发放机制，实现实验室、实验室内部专业层级的数据自动发放，实现按需资源管理。

试验任务管理。试验任务管理将涵盖业务工作的全过程，对检测/检查任务从项目立项、流程规划、任务执行、任务统计与监控的全周期进行详细管理。根据实验室的业务过程不同，进行检测/检查任务模板的定制化设计，一个实验室的一种业务类型将被设计为一种任务模板，用户执行某种业务类型时，只要根据该任务类型发起，即可按照模板设计的任务步骤进行检测/检查任务。

内部质量反馈。内部质量反馈指实验室的管理和技术体系遵循相关质量体系管理制度，确保本实验室管理体系有效运行，内部质量反馈涵盖文件与数据记录控制、内部改进和质量审核三个方面，为适应业务需求提供分级管理模式。其中文件控制管理部分将建立完整的文件库，并基于数据发放机制实现实验室、实验室内部专业级别的按需文档发放管理。所有受控文件的编码规则由实验室管理系统定义，并提供对外服务接口供调用。

数据采集与管理。系统针对各实验室设备情况，提供基于设备驱动接口协议的设备采集、基于软件系统的系统接入和基于数据文件的转换服务三种数据采集方法。数据采集采用分布式框架，可在一个实验室部署若干台数据采集客户端和一台数据采集主控服务器，以满足本地化、高速度、大数据的数据采集需求和实验室本地数据管理需求。同时，实验室的部分原始数据和试验/检测结果数据可通过数据总线自动提交汇总到科研院的试验数据中心，进行统一管理和应用。

（二）系统特点

建立了规范的实验室资源管理体系，实现实验室设备、人员、设施环境、方法、数据与软件等资源的集中管理和保证。实验室资源管理涵盖实验室的所有资源要素，用户可以全面管理实验室的各种资源，包括实现机构、设施环境、设备、人员、数据与软件、方法等类资源的集中管理与保证，并可基于已有数据，进行资源使用的统计分析。

全面支持CNAS质量管理体系，依据相关程序文件规定进行流程化支持，涵盖实验室资源管理、项目过程管理、机构内部质量管理等方面。

实现统一化的实验室数据采集、数据分析、可视化展示及数据分析功能。系统的核心思想之一为“以数据驱动促进业务决策”，采用集成化的实验室数据中心，完成对试验任务、实验室资源、试验数据、质量信息、试验流程与规范的集成化管理。同时，可与其他信息化系统相衔接，实现信息数据的交互与流动；通过把以前分散在各个地方相互隔绝的数据以集成化的方式进行统一管理，可深入分析数据，从而为实验室领导、业务决策人员提供业务决策和业务改进所需要的信息。

建立跨实验室平台的信息化协同工作机制，可实现不同实验室之间的数据传递和流程协同。实验室管理系统所涉及的数据类型众多，数据组织管理的主线索为试验任务信息，以试验任务为基础进行项目分解与任务分配、人员管理、被试样品管理、试验设备管理、试验流程组织，同时在试验任务中进行试验数据的组织管理。

建立全面的文件管控体系，实现实验室受控文件和非受控文件的统一化管理，实现文件新建、修编、在线审批、版本管理、归档、全文搜索、文件借阅、发放和销毁等功能。

（三）预期效果

通过构建基于CNAS体系的实验室管理系统，规范了实验室相关管理规范和质量表格，实现人力资源、仪器设备的透明化管理。通过集成试验数据采集功能，消除了信息孤岛，实现了跨系统集成，提高了实验室整体的自动化水平和工作效率。

一方面，通过将实验室管理与CNAS相结合，包括材料设备证、人员保证、方法保证及工作预防措施等，提供完善的CNAS体系支撑，可实现实验室管理的精细化、流程化，进而大大提高管理效益。

另一方面，通过实验室管理系统建设，将各实验室任务信息、试验数据信息等进行集中统一管控，避免原来各实验室之间相互咨询实验任务信息的需要，减少了各实验室的试验管理压力。同时，对集中后的资源可以综合利用各种成熟的管理技术，实现集约化管理，从而最大限度地提高管理效益、降低管理成本。

第三节 理化实验室的安全管理

一、理化实验室安全管理及质量控制中面临的问题

（一）安全管理制度不具体、不明确

一般理化实验室都会有相关的安全管理制度，但大多数管理制度比较老旧，内容不具体、不明确。比如，很多职能部门的工作出现无法衔接的情况；一些部门的职能相互重叠；一些职能没有部门承担等。其中，安全责任主体的描述不明确导致安全责任主体无法细化落实，部门之间出现了互相推诿、协调不足的情况。当出现具体安全问题的时候，没有部门或人员能够针对问题及时作出反应，这就导致一些小问题无法及时解决，甚至最终造成大的安全事故。

（二）安全管理体系不完善

大多数理化实验室都没有形成完善的安全管理体系，存在安全管理规章制度缺失、未及时修订等情况。如果实验室没有一个完善的安全管理体系，那么工作人员就无法正确、快速地执行相关操作，最后可能导致监管的进一步缺失。如果责任无法落实到个人，工作人员就会出现思想松懈的问题。

（三）仪器管理不当

许多理化实验室很久都没有进行仪器的更新，实验室的基础建设也比较老旧，其中有些还出现了线路老化、房屋漏水等问题。一些企业实验室短缺，导致实验室长期处于人流量巨大的状态，而对相关设施的维护又不足，产生了仪器老化以及仪器间安全距离不足等问题。有些企业对于危险化学品的管理也较为松懈，对使用后的化学品没有及时回收，随意摆放化学品，这些都是严重的安全隐患。有些实验室没有按照要求来建设，整体的通风、电源、排污及隔离等都达不到要求，这极易导致危险事故的发生。

二、理化实验室的安全管理及质量控制方式

（一）理化实验室安全管理方式

1.建立健全安全管理体系

理化实验室应该进一步加强安全管理，采用规范化和标准化的安全管理方式，完善安全管理体系。在制定安全管理制度时，应该细化相关操作准则，全面落实所有指导性和操作性的内容，让制度变得更加实际、可行。规范的安全管理中有符合要求的实际操作细则，因此可以对相关的管理人员进行专业的指导，这样任何管理人员都可以采用同一套完整、规范的制度而不再只是依靠个人经验进行管理。理化实验室应建立健全标准化的实验室管理体系，运用科学的体系将检查点列出并进一步细化，从而形成一套具体、可执行的管理方法。

2.规范化学试剂的管理

很多实验室的安全事故都是由化学试剂管理不当造成的，所以要想减少事故的发生，就必须对所有化学试剂进行全面而严格的管理。化学试剂应统一存放，取用时要有相关的审批痕迹，使用后要及时归还，未归还的药剂要进行追溯。严禁往下水道或垃圾桶中倾倒化学试剂，以免造成环境污染。接触过化学试剂的台面或相关的容器都要进行清洗，以去除化学试剂残留，保证实验室人员的安全。要严格按照要求进行实验品的排放，并对一些有毒的药剂进行无害化处理。

（二）理化实验室的质量控制方式

1.加强实验室的基础设施建设

相关人员应该重新鉴定老旧实验室，及时弃置不符合标准的实验室，并制止将普通房间改装成实验室的情况。符合标准的实验室是保证理化实验室整体安全的基础。管理人员要及时对实验室内的仪器进行更新，同时要注意对相关设施的养护和管理。除此之外，管理人员还要做好仪器的保养记录，定期对相关仪器进行检验检测，了解每个仪器的状态，对出现问题的仪器及时进行调试或更换。

2.采用合理的理化实验室检验检测方法

采用合理的理化实验室检验检测方法，提高理化实验室的检验检测质量，能够进一步提高理化实验室的质量。制定科学的检验检测方法，对不同的物品采用不同的检验检测方法，并采用科学的方法进行数据记录和数据统计，然后通过数据分析得出更好的监测方案，这样可以进一步提高理化实验室的质量。

理化实验室适用于科学研究，能够让更多人在实验室中获得更多的专业知识，从而推动科学事业的发展。我们要采用更完善、更严格的管理方式来保证理化实验室的安全稳

定，从而进一步发挥理化实验室对社会发展的促进作用。

三、理化实验室的安全管理及质量控制方式

理化实验室相关管理人员须树立正确的安全管理观念，建立现代化的质量控制机制，及时发现安全管理与质量控制期间出现的问题，采取合理的措施解决问题，为其后续的使用奠定基础。

（一）理化实验室安全管理与质量控制相关问题分析

目前，一些理化实验室在实际管理期间还存在一些问题，不能保证其安全性，难以开展质量管理与控制等工作，严重影响其工作效果。具体问题表现为以下几点：

1.缺乏完善的安全管理体制

相关部门在实际工作的过程中，不能保证各个部门之间工作的衔接效果，甚至出现重复与盲区，从客观方面会出现安全职责不明确的现象，在出现问题之后，相互之间推诿责任，不能保证工作效果。同时，在理化实验室安全管理期间，相关部门未能针对消防安全方面的灭火器机械设备进行合理的控制，难以通过合理的方式对其保卫处理。一些管理人员未能及时发现实验室中的电源故障问题与漏水问题，严重影响理化实验室的全面使用，甚至影响实验人员的安全性。

2.缺乏完善的规章制度

理化实验室相关管理部门未能制定完善的规章制度，不能对其进行全面的管理与控制。一方面，在安全管理的过程中，相关部门没有健全规章制度，或是制度落后，不能将其落实在实际工作中，导致相关工作的可靠性与有效性降低。另一方面，在安全管理期间，相关部门不能保证其安全性与可靠性，难以对其进行合理的管理与控制，严重影响其长远发展与进步。同时，在安全管理的过程中，未能制定完善的责任制度，在发现问题之后，不能对其进行合理的管理与控制，导致其发展受到严重制约。

3.机械设备较为陈旧

在建设理化实验室之后，不能对其结构进行合理的设计，安全通道较为狭窄，经常会出现堵塞与泄漏的现象，以及线路老化的现象。首先，在科研的过程中，实验室的机械设备较为紧张，经常会出现拥挤的现象。其次，在实际工作的过程中，不能保证实验器械或是药剂等摆放符合相关规定，经常会出现实验用品不足的现象，导致相关工作效率降低。最后，在实际发展的过程中，未能对机械设备等进行更新与改进，导致相关工作效率降低，严重影响其长远发展与进步。

4.未能合理开展检测工作

在对理化实验室进行管理的过程中，相关部门未能对其进行全面的检测，经常会出

现一些难以解决的问题，不能保证检测工作的可靠性与有效性，难以提升检测结果的公正性。在实际检测的过程中，无法针对数据信息进行合理的控制，经常会威胁人们的生命安全。同时，在检测工作中，相关部门没有根据理化实验室的特点与要求，对其安全性与质量进行合理的管理，严重影响了实验室的使用效果。

（二）理化实验室安全管理措施

在对理化实验室安全性进行管理的过程中，相关部门不能保证其安全性符合相关规定，影响具体的工作效果。具体措施包括以下几点：

1.对物品的摆放进行严格管理

实验室相关管理机构需明确物品的具体摆放要求与特点，创建先进的管理机制，在明确化学物品危险性的情况下，及时发现其中存在的问题，在同一相关物品摆放标准的基础上，创建现代化的管理机制。在此期间，需具体划分化学物品的种类，使其可以整齐堆放在相关柜体之内。例如，在对乙醚物品与丙酮物品进行处理的过程中，需要将其放置在冰箱中，主要因为此类物品的燃点很低，如果在外界放置，会出现燃烧的现象，严重的会引发火灾，导致其安全性降低。再如，在对氢进行处理的过程中，其会与空气发生一定的化学反应，严重影响其安全性，甚至会导致出现实验误差。同时，在实际管理的过程中，需针对有害物质进行合理的控制，降低对人体健康与安全的影响，增强理化实验室的管理效果。

2.对化学物品的排放进行全面管理

在对理化实验室安全性进行管理的过程中，需明确具体的排放要求，建立多元化的管理机制，创建先进的实验室物质排放体系，以此提升相关工作效果。因此，在安全管理的过程中，需在理化实验室物质排放期间，及时对其进行合理的管理，以免出现排放意外，影响人们的安全性。同时，在理化实验室管理期间，严禁在下水口对其进行排放，减少随意倾倒的现象，主要因为理化实验室中的物质会导致水源与土壤等受到严重污染，这就需要相关机构可以利用清洗仪器等对其全面处理，为人们营造安全的环境与空间。

3.对区域进行合理的分离处理

在理化实验室管理工作中，安全管理人员须对生活区域与工作区域进行分离处理，加大安全区域管理工作力度，对其进行严格的控制。首先，在实验室区域内，存在较多易燃的化学物品，而工作人员在闲暇时间有吸烟的习惯，一旦在实验室中吸烟，将会影响其安全性。因此，相关机构需针对各个区域进行分离管理，在划分具体区域与责任的情况下，要明确理化实验室的实际职能作用与要求。例如，在对理化实验室进行管理的过程中，相关安全管理人员须明确化学物品的特点，对工作区域与实验区域进行动态化监督与控制，逐渐提升安全管理工作水平，达到预期的管理目的。

4.定期开展安全检查活动

在实际发展的过程中，安全管理机构需要阶段性地开展安全检查活动，建立多元化的管理机制，利用合理的方式对其进行控制。首先，相关管理机构需设计多个灭火点与安全通道，根据相关规格对电路与电源插头进行合理的处理，以此提升其安全性。在长时间使用的过程中，虽然电路与电源插头很安全，但也会受到各类因素的影响而出现安全隐患。因此，为了排除安全隐患，需针对实验室的电路等进行定期的检查。同时，在安全管理的过程中，需对灭火器与安全通道流通情况进行合理的控制，建立多元化的安全管理机制，提升其安全性与可靠性。

（三）理化实验室的质量控制措施

在对理化实验室质量进行管理与控制的过程中，相关机构需明确具体的工作特点与要求，创新管理形式，提升其使用质量。具体措施如下。

1.建设高素质人才队伍

相关管理机构需建设高素质的人才队伍，合理对操作人员进行管理，提升其专业素质与思想素养。首先，在质量管理的过程中，需对操作人员进行专业知识的培训，定期对其进行考核，以此增强其工作效果，满足当前的质量管理要求。其次，在实际工作期间，相关管理机构需制定完善的岗位竞争与考核制度。在实际管理工作中，相关部门还要利用合理的考核方式，指导操作人员及时发现自身的不足，提升其学习效果；在定期考核的情况下，保证理化实验室管理质量符合相关规定，利用现代化管理方式对其进行严格的控制，保证可以满足当前的发展需求。

2.做好理化实验室基础设施的建设工作

相关部门在对理化实验室进行管理的过程中，须保证基础设施的建设效果符合相关规定，制定完善的工作方案，对其进行合理的检测，在保证检测结果准确性与可靠性的基础上，对相关内容进行全面的控制。例如，在实际检测的过程中，如果检测结果证明需要对机械设备进行维护与修理，就要对其进行全面的处理，保证建立多元化的管理机制，创建先进的维修与管理体制，营造良好的发展空间，保证提升机械设备管理工作效果，达到预期的工作目的。

第四节 化学类实验室安全预防管理

化学类实验室是高校和科研院所在教学和科研工作中使用危险化学品的重要场所，也是相应单位安全管理的重点。在危险化学品的使用过程（化学实验过程）中，任何粗心大意或违规操作都有可能引发燃烧、爆炸、中毒等安全事故，从而导致财产损失和人身伤亡，对社会和环境造成一定的危害。更可怕的是，由于化学类实验室危险因素多，一旦发生事故，很容易引起连锁反应，引发更大的事故，造成更大的危害。

我国安全管理坚持“安全第一、预防为主”的方针。安全工作以预防为主，而如何有效地预防化学类实验室的安全事故，特别是重大安全事故，是安全管理工作的一个重要课题。

本质安全理论强调基于事物自身的特性和规律，通过消除或减少工艺、仪器中存在的危险物质或危险操作的数量，从而避免危险的发生。从一定意义上讲，本质安全理论强调的是事前预防，而不是事后控制。如何在发生失误或故障后避免造成安全事故，是本质安全的一个重要内容，也是化学类实验室安全管理的主要内容之一。

一、化学类实验室危险有害因素分析

根据近年来国内外化学类实验室发生安全事故的类型，可将化学类实验室危险有害因素大体划分为以下几种：

（一）火灾和爆炸因素

火灾和爆炸的发生有三个构成要素：火源、可燃物和助燃物。爆炸可以理解为剧烈燃烧。化学类实验室一般保存有一定数量的危险化学品（如易燃有机溶剂、可燃气体、化学活性物质、遇湿自燃物质等）和其他易燃物品（如塑料、纸箱等），这些都属于可燃物；而电力仪器故障、化学反应热、静电等都可能成为火源；空气、氧气、氧化性化学物质等则可以作为支持燃烧或爆炸的助燃物。化学反应很多是剧烈的放热反应，同时伴随着气体的释放，如果处理不当，极易引起火灾或爆炸。压力容器故障（如高压气体钢瓶损坏或高压反应器失控等）往往会造成物理性爆炸，其危害同样不可忽视。

（二）中毒因素

化学类实验室中有毒物质种类繁多，存在形式多样。其中，剧毒品的毒性大，一旦失控，后果非常严重，必须严格按照规定管理；有毒气体（如一氧化碳、氮氧化合物等）如果使用不慎，发生泄漏，可能造成群体中毒事故；对普通有毒物质也应加强管理，杜绝其流出实验室。

（三）环境污染因素

一般来说，有毒、有害化学物质（无论是气体、液体还是固体）未经有效的无害化处理而排入环境中，都会造成环境污染。

（四）化学灼伤、烫伤、冻伤因素

实验人员皮肤不慎接触浓酸、浓碱等腐蚀性物质，就会被灼伤；同样，如不慎接触高温物质或低温物质，也会被烫伤或冻伤。化学反应过程的失控，如化学品溅到身体上，也会对人造成伤害，这种伤害往往比较复杂，既可能使人中毒，又可能造成化学灼伤、烫伤、冻伤等。

（五）触电和机械伤害因素

化学类实验室有很多电器，既包括常见的冰箱、加热器、搅拌器、真空泵等，又包括一些大型合成分析仪器。化学类实验室有时需要压片机压片、玻璃管切割、橡胶塞打孔等操作，如果实验人员动作不熟练或注意力不集中，就有可能受伤。

二、化学类实验室危险有害因素管理对策

通过对上面的危险有害因素进行分析，我们可以看出化学类实验室的危险源种类繁多、形式多样。运用本质安全的原理和方法来加强化学类实验室安全管理是减少安全隐患、预防安全事故的重要途径，是安全工作实现“预防为主”管理原则的重要体现。本质安全理论的原则一般包括最小化原则、替代原则、缓和原则和简化原则。

（一）加强危险化学品的管理

化学类实验室最主要的危险源就是危险化学品，因此加强对危险化学品的管理是化学类实验室安全管理的重中之重。

1.减少存放量

本质安全理论强调最小化原则，即减少危险物质的库存量。在正常状态下，化学类实

验室危险化学品的存放数量为当日使用量的1～2倍。需要特别注意的是，化学类实验室应尽量减少气体钢瓶的存放数量，一般不存放备用气体钢瓶。普通化学类实验室不能存放剧毒品。化学品存放数量减少后，相应的冰箱、容器、试剂柜等也可以减少，从而达到节约空间并消除安全隐患的目的。

2.加强存放物品的安全管理

实验室的化学品（含气体钢瓶）要分类存放，确保通风。化学性质相抵触的化学品或气体钢瓶要分开存放。避免氧化剂与有机物接触。钠、钾等活泼物质要保存在煤油中并确保液面淹没金属，还要定期检查。一般来说，易燃、易爆的物质应当存放在铁皮柜中，且保持通风。酸、碱等腐蚀性化学品应当单独放置于牢固的地方，确保其不易被碰到，并在存放处张贴明显标识。

（二）加强化学实验全过程的安全管理

化学实验过程往往伴随着发热、发光、产生气体等现象，若控制不好，容易造成气体泄漏、燃烧、爆炸等事故，对实验人员造成伤害；如果不能及时、有效地进行处理，还会引发一系列连锁反应，造成更大的灾害和损失，后果不堪设想。从本质安全的原理出发，我们可以从以下几个方面加强管理：

1.实验前的安全设计

在进行一个化学实验之前，要对反应物的种类、数量、反应原理、反应条件、步骤、所用仪器等进行设计，在实验记录本上详细地写出拟进行反应的各个控制细节。除此之外，要特别注意调研所用反应物等物质的物理及化学性质，详细了解它们的反应活性、燃烧参数、爆炸参数、熔点、沸点、挥发性等，做到心中有数。进行实验设计时，在能达到实验目的的前提下，应根据最小化原则，尽量减少实验中反应物的使用数量，从而减少发生事故的可能性，降低事故造成的损害；同理，也应根据替代性原则，尽量应用安全的（或危险性小的）化学品（或反应类型）来替代（或置换）危险性大的化学品（或反应类型）。对于反应过程的设计，应当尽可能采取温和的反应条件，采用危险化学品的最小危害形态进行反应，如避免使用高温、高压等难控制条件，采用溶液反应而不是纯物质直接反应、采用稀溶液反应而不是浓溶液反应等方式减少反应过程中的危险因素。还应选择质量可靠、经过校验的仪器进行实验。在实验前，仔细检查所选择的仪器、器皿等，确保其能正常使用。

2.实验过程中的安全管理和防护

在实验过程中，应当加强对危险有害因素的识别、监控和预警。一方面，应当根据实验性质和危险因素情况，在通风橱或其他有相应防护仪器的地方进行实验，确保实验环境通风且安全；要采取监控预警仪器（如高压、高温报警及联动控制装置等）和人员值班相结合的方式控制实验过程的进行；适时调整实验条件，以确保温度、压力、实验现象等符合预先设计。另一方面，实验人员要根据实验内容穿戴好护目镜、手套、口罩、防护服等防护用品，以免发生意外时受伤。在实验过程中，采用高科技监控预警及联动控制装置，往往能有效地提前发现危险因素并掌握其发生、发展情况，以便及时采取切断电源、降低温度、泄压等处理方式，避免恶性事故的发生。但是，不能因为采取了监控预警装置而忽视实验人员的检查和监控。

3.实验后的安全处理

化学实验往往产生一些非目标产物的化学物质（废弃物），如溶剂、残渣、副产物等。如果不能有效地对其进行无害化处理，我们的生活环境就会被污染。对于液体和固体废弃物，应当分类收集后委托有资质的废弃物处理公司进行专业的无害化处理。有毒的气体废弃物不得直接排入大气中，应对其进行充分的吸附、中和等操作。例如，含有硫化氢的废气经过多次浓碱液洗涤后，基本上可以实现完全反应。

（三）加强仪器的安全管理

化学类实验室的仪器一般有电器、通风橱柜、玻璃器皿、反应仪器、温控仪器、分析仪器、特种仪器等。平时，管理人员应对这些仪器加强安全管理，确保仪器处于安全的放置状态和正常的使用状态。

1.冰箱

在普通冰箱内放置敞口易燃、易爆有机溶剂，容易引发爆炸事故。易燃、易爆有机溶剂如果需要存放，应放置在防爆冰箱内。很多实验人员对这一点不够注意，往往把敞口或封口不严的有机溶剂放置于普通冰箱中，从而造成较大的安全事故。

2.气体钢瓶

对气体钢瓶应进行全方位的管理，从购买、验收到保管、使用，都要严格按照相关的操作规程进行管理，不能马虎大意。

购买、验收时，要注意检查气瓶的颜色、字样及其他标记是否与所订气体相符；瓶体是否变形，是否遭受严重腐蚀；瓶阀是否泄漏、受损；氧气瓶或氧化性气瓶的瓶体和瓶阀上是否沾染油脂；年检是否符合要求等。

保管时，要由专人负责；要特别注意防范泄漏、碰撞和周边火灾引发的爆炸；要控制温度、湿度，不得暴晒；要保持通风；空瓶和实瓶分开存放，并做出明显标志；瓶内气体相互接触能引起燃烧、爆炸、产生毒物的气瓶（如氢气钢瓶与液氯钢瓶、氢气钢瓶与氧气钢瓶、液氯钢瓶与液氨钢瓶等）应分室存放，不得同室混放；限期储存的钢瓶要明确标注存放日期。

使用时，一般应立放并使用铁链固定；气路连接处应结实完好，防止工作时脱开引起事故；开启阀门时，应站在气压表的一侧，不得将头或身体对准气体总阀，以防被冲出的气体伤到；瓶内气体不能用尽，必须留有剩余压力；气瓶周围10米内，不得进行有明火或产生火花的操作。使用氧化性气体钢瓶时，操作者的双手及所用工具、减压器、瓶阀等不得沾染油脂，气路的所有连接处不得采用可燃性材料。

3.高压容器

在使用前应对高压反应容器进行认真检查，平时注意按照规程对其进行维护和保养。发现问题后必须及时处理，不能图省事、嫌麻烦。一定要加强对附属报警监控装置的检查和维护，确保其功能正常。

除上述三个方面外，实验室安全管理还应在建立健全事故应急救援体系上下功夫。完善事故应急处理的硬件设施，定期进行安全教育培训和应急救援演练，提高实验人员的安全意识和技能，从而加强实验室安全管理。

运用本质安全的原理来指导化学类实验室的安全管理工作，可以充分体现“安全第一、预防为主”的方针，可以更加有效地加强对化学类实验室的管理，从而减少安全隐患，防止安全事故的发生。

三、化学实验室安全管理和事故预防

（一）化学实验室事故类型和原因分析

统计结果显示，事故由主观因素、客观因素和不可避免因素（自然灾害）造成的概率分别是88%、10%和2%。化学实验室事故也不例外，主要是由主观因素造成的。综合分析化学实验室事故类型和原因如下：

1.火灾性事故

火灾性事故的发生具有普遍性，几乎所有实验室都可能发生。酿成这类事故的直接原因是：

（1）忘记关电源，致使设备或用电器具通电时间过长，温度过高，引起着火。

（2）供电线路老化、超负荷运行，导致线路发热，引起着火。

（3）对易燃易爆物品操作不慎或保管不当，使火源接触易燃物质，引起着火。

（4）乱扔烟头，接触易燃物质，引起着火。

2.爆炸性事故

爆炸性事故多发生在具有易燃易爆物品和压力容器的实验室，酿成这类事故的直接原因是：

（1）违反操作规程使用设备、压力容器（如高压气瓶）而导致爆炸。

（2）设备老化，存在故障或缺陷，造成易燃易爆物品泄漏，遇火花而引起爆炸。

（3）对易燃易爆物品处理不当，导致燃烧爆炸。该类物品有三硝基甲苯、苦味酸、硝酸铵、叠氮化物等。

（4）强氧化剂与性质有抵触的物质混存能发生反应分解，引起燃烧和爆炸。由火灾事故发生引起仪器设备、药品等的爆炸。

3.毒害性事故

毒害性事故多发生在具有化学药品和剧毒物质的实验室和具有毒气排放的实验室。酿成这类事故的直接原因是：

（1）将食物带进有毒物的实验室，造成误食中毒。（例如，南京某大学一工作人员盛夏时误将冰箱中含苯胺的中间产品当酸梅汤喝了，引起中毒，原因就是该冰箱中曾存放过供工作人员饮用的酸梅汤。）

（2）设备设施老化，存在故障或缺陷，造成有毒物质泄漏或有毒气体排放不出，引起中毒。

（3）管理不善、操作不慎或违规操作，实验后有毒物质处理不当，造成有毒物品散落流失，引起人员中毒、环境污染。

（4）废水排放管路受阻或失修改道，造成有毒废水未经处理而流出，引起人员中毒、环境污染。

4.机电、玻璃仪器等伤人性事故

机电伤人性事故多发生在有高速旋转或冲击运动的实验室，或要带电作业的实验室和一些有高温产生的实验室，玻璃仪器伤人事故发生在使用玻璃仪器进行试验的实验室。事故表现和直接原因是：①操作不当或缺少防护，造成挤压、甩脱、碰撞和破碎伤人；②违反操作规程或因设备设施老化而存在故障和缺陷，造成漏电触电和电弧火花伤人；③使用不当造成高温气体、液体和玻璃仪器破碎碎片等对人的伤害。

5.设备损坏性事故

设备损坏性事故多发生在用电加热的实验室。事故表现和直接原因是线路故障或雷击造成突然停电，致使不能按要求恢复原来状态造成设备损坏。

（二）涉及危险化学品的实验室安全管理

安全生产技术支撑体系中的非矿山安全与重大危险源监控实验室和职业危害检测与鉴定实验室皆涉及危险化学品，如前者涉及的危险化学品的闪燃点测定，后者涉及的各种有机溶剂甚至剧毒品。预防涉及化学品的实验室安全事故，可从以下八个方面做好安全管理工作：

1.了解化学品的危险特性

《化学品分类和危险性公示通则》（GB13690—2009）中将化学品分为理化危险、健康危险、环境危险三大类化学品，依次包括十六、十、七小类。掌握实验室所使用接触的化学品分类，了解其危险特性，方能有的放矢、沉着应对。历史上由于不了解化学品危险特性或违章操作而造成重大事故的例子不胜枚举。

2.做好水、电、气、火的安全管理

（1）正确安全用水。实验室可能用到的水主要有自来水、蒸馏水、亚沸蒸馏水、去离子水、超纯水五种。自来水是用来洗刷、水浴、回流冷凝等用水。蒸馏水是实验室最常用的一种纯水，虽然制造设备便宜，但极其耗能费水且速度慢，以后应用会逐渐减少。亚沸蒸馏水是用石英亚沸蒸馏器进行蒸馏的，其特点是在液面上方加热，但水并不沸腾，只是液面处于亚沸状态，可将水蒸气带出的杂质降至最低。去离子水是应用离子交换树脂去除水中的阴离子和阳离子，但水中仍然存在可溶性的有机物，可以污染离子交换柱从而降低其功效，去离子水存放后也容易引起细菌的繁殖。超纯水是应用蒸馏、去离子化、反渗透技术或其他适当的超临界精细技术生产出来的水，几乎没有杂质。

化学分析用水对水质有不同的要求，应根据不同实验要求使用不同级别的水。《分析实验室用水规格和试验方法》（GB/T6682—2008）规定，一级水用于有严格要求的分析试验，包括对颗粒有要求的试验，如高压液相色谱分析用水；一级水可用二级水经过石英设备蒸馏或离子交换混合床处理后，再经0.2μm微孔滤膜过滤来制取。二级水用于无痕量分析等试验，如原子吸收光谱分析用水；二级水可用多次蒸馏或离子交换等方法制取。三级水用于一般化学分析试验；三级水可用蒸馏或离子交换等方法制取。

实验室要注意用水安全，经常检查输水储水设备设施，防止漏水，引起环境、仪器和电的损坏。

（2）做好用电安全措施。要做好用电安全措施就要做好电击防护、静电防护工作，并坚守用电安全守则。

电击防护、防止触电措施。①不用潮湿的手接触电器。②电源裸露部分应有绝缘装置。③所有电器的金属外壳都应保护接地。④实验时，应先连接好电路后才接通电源。实验结束时，先切断电源再拆线路。⑤修理或安装电器时，应先切断电源。⑥不能用试电笔去试高压电。使用高压电源应有专门防护措施。如有人触电，应先切断电源，后进行抢救。

防止引起电气火灾和短路。①使用的保险丝要与实验室允许的用电量相符。②电线的安全通电量应大于用电功率。③室内若有易燃易爆气体，应避免产生电火花。继电器作开关电闸时，易生电火花，要特别小心。电器接触点（如电插头）接触不良时，应及时修理或更换。④如遇电线起火，立即切断电源，用沙或二氧化碳、四氯化碳灭火器灭火，禁止用水或泡沫灭火器等导电液体灭火。⑤线路中各接点应牢固，电路元件两端接头不要互相接触，以防短路。⑥电线、电器不要被水淋湿或浸在导电液体中，如实验室加热用的灯泡接口不要浸在水中。

电器仪表的安全使用。①在使用前，先了解电器仪表要求使用的电源是交流电还是直流电、是三相电还是单相电以及电压的大小。须弄清电器功率是否符合要求及直流电器仪表的正、负极。②仪表量程应大于待测量范围。若待测量大小不明时，应从最大量程开始测量。③实验之前要检查线路连接正确后方可接通电源。④在电器仪表使用过程中，如发现有不正常声响，局部温升或嗅到绝缘漆过热产生的焦味，应立即切断电源，进行检查。

静电防护。①防静电区内不要使用塑料地板、地毯或其他绝缘性好的地面材料，可以铺设导电性地板。②在易燃易爆场所，应穿导电纤维及材料制成的防静电工作服、防静电鞋，戴防静电手套。不要穿化纤类织物、胶鞋及绝缘鞋底的鞋。③高压带电体应有屏蔽措施，以防人体感应产生静电。④进入实验室应徒手接触金属接地棒，以消除人体从外界带来的静电。⑤提高环境空气中的相对湿度，当相对湿度为65%～70%时，由于物体表面电阻降低，便于静电逸散。

用电安全守则。①不得私自拉接临时供电线路。②不准使用不合格的电气设备。③正确操作闸刀开关，应使闸刀处于完全合上或完全拉断的状态。④新购的电器使用前必须全面检查。⑤使用烘箱和高温炉时，必须确认自动控温装置可靠。⑥电源或电器的保险丝烧断时，应先查明原因。⑦使用高压电源工作时，要穿绝缘鞋、戴绝缘手套并站在绝缘垫上。⑧擦拭电器设备前应确认电源已全部切断。严禁用潮湿的手接触电器和用湿布擦电门。

（3）做好用气安全。实验室常用的压缩气体，如氢气、氮气、氧气、氩气、乙炔、二氧化碳、氧化亚氮等，都可以通过购置装有压缩气体的钢瓶获得。一些气源，如氢气、氮气、氧气等也可以购置气体发生器来生产。不同气体的气瓶皆有特定的漆色和标志，使用时应仔细辨别。此外，压缩气体钢瓶的存放及安全使用还应注意：①气瓶必须存放在阴凉、干燥、远离热源的独立房间，放置在带检测报警装置的专用气瓶柜里，并且要严禁明火，防暴晒。②搬运气瓶要轻拿轻放，防止摔掷、敲击、滚滑或剧烈震动。③气瓶应按规定定期做技术检验、耐压试验。④易起聚合反应的气体钢瓶，如乙烯、乙炔等，应在储存期限内使用。⑤高压气瓶的减压器要专用，安装时螺扣要上紧，不得漏气。⑥氧气瓶及其专用工具严禁与油类接触，氧气瓶不得有油类存在。⑦氧气瓶、可燃性气瓶与明火距离应不小于10m，不能达到时，应有可靠的隔热防护措施，并不得小于5m。⑧瓶内气体不得全部用尽，一般应保持0.2～1MPa的余压。

（4）正确用火。①实验室人员应了解实验的燃烧、爆炸危险性和预防措施。②实验室内不得乱丢火柴及其他火种，使用易燃液体时，必须取去火源并远离火种。③加热或蒸馏可燃液体时应使用水浴或蒸汽浴，禁止直接火加热。乙醚应避免过多接触空气，防止其过氧化物生成。④禁止把氧化剂与可燃物品一起研磨，不得在纸上称量过氧化物和强氧化剂。⑤使用爆炸性物品[如苦味酸（三硝基酚）、高氯酸及其盐、过氧化氢等]，要避免撞击、强烈振荡和摩擦。散落的易燃易爆物品必须及时清理，含有燃烧、爆炸性物品的废液、废渣应妥善处理，不得随意丢弃。⑥当实验中有高氯酸蒸汽产生时，应避免同时有可燃气体或易燃液体蒸汽存在。⑦进行可能发生爆炸的实验，必须在特殊设计的防爆炸的地方进行，并注意避免发生爆炸时爆物飞出伤人或飞到有危险物品的地方。⑧内部含有可燃物质的仪器，实验完成后，应注意彻底排除。⑨不要使用不知成分的物质。⑩实验室人员均熟悉常用消防器材的使用方法。

3.保持良好的实验室环境

（1）实验室应通风良好，照明（采光）适宜，符合安全防火设计规范，且有安全通道。

（2）根据消防规范配置各种消防设施，定点放置并方便使用，如应急冲淋设备、洗眼机、毒感器、烟感器、灭火剂、灭火沙、灭火毯、沙盘等。

（3）有指定的专人负责洗消设施的日常管理和维护。

（4）安装通风橱，配备手套式操作箱，散发有毒有害气体、烟雾、蒸气的实验应在通风橱中进行，操作过程中涉及剧毒物质或必须在惰性气体中或干燥的空气中处理活性物质时，必须使用密封性好的手套式操作箱。

（5）配备安全眼镜、防护面罩、防毒口罩、防护手套、实验服等个体防护设备。

4.化学试剂使用管理安全

（1）化学试剂使用要求。①使用者应具有化学品安全方面的专业知识，接受过专业培训。②易燃、易爆及剧毒试剂应遵守技术安全规程。③称量应在清洁而干燥的器内进行。④固体试剂根据不同的化学品用不同的材质药勺取用。⑤液体试剂应使用清洁而干燥的吸管吸取。严禁以口吸管取用试剂。⑥试剂应按需要量取出，在取用后，应立即密塞保存。⑦浓强酸及25%的氨水，应贮于磨口玻璃瓶中。⑧易吸水试剂用后，立即塞好塞子用石蜡熔封。⑨使用安瓿中的试剂时，应小心地开启安瓿。⑩取出的试剂如有剩余，不得倒回原来的包装内。

（2）化学试剂安全管理原则。①危险性化学试剂应由经过培训、持有上岗证的专职人员管理。②危险性化学试剂必须存放于专用的危险品仓库，并分类分别存放在阻燃材料制作的柜、架上。③易燃易爆化学试剂应贮存于主建筑外的防火库，并根据贮存危险物品的种类配备相应的灭火和自动报警装置。④爆炸性物品贮存的环境温度不宜超过30℃。⑤易燃液体贮存的环境温度不宜超过28℃，低沸点易燃液体宜于低温下贮存（5℃以下，但禁止存放于有电火花产生的普通家用冰箱中）。⑥爆炸性物品宜另库单独存放，数量很少时，可将瓶子置于装有干砂的开口容器内，并与有干扰的物品隔离或远离。⑦黄磷、金属钠等与空气发生反应的试剂应储存在隔离剂中。⑧挥发性、腐蚀性试剂应密封保存。

⑨爆炸性物品、剧毒性物品和放射性物品应按规定实行“五双”（双人保管、双人收发、双人领用、双本账、双人双锁）制度管理。危险性化学试剂实行“物资性”管理（验收、领用、保管、盘点检查等）。

5.检测样品的安全管理

化学实验室样品种类繁杂，从样品受理、交接、搬运、保管、检测、留样、处理等应遵循程序有序运行。为确保样品的安全，应设有专门的样品保管室，分类保存，特别是性质相抵触的样品更要严格分类存放，并配备必要的储存设备，如冰箱（低温样品）、保险柜（有毒、放射性样品）、通风系统（防潮湿）及干燥器（防潮解）等，以保证样品在处理、检测、贮存过程中不会变质或损坏。易燃易爆、有毒的危险样品应隔离存放，并做出明显标识。

6.废弃物的安全处理

实验室需要排放的废水、废气、废渣称为实验室“三废”。由于各类实验室测定项目不同，产生的“三废”中所含化学物质的毒性不同，数量也有很大差别。因此，实验室所使用的有毒、有害的剩余化学试剂和样品必须分类包装，按其性质妥善保存，集中焚烧处理。所有的废弃物都应根据不同的物质进行分类放置，所用容器应贴上特制的标识，如酸废液缸、有机溶剂桶等，均需加密封盖。废弃物不能随意倒入下水道，按有害废弃物操作规程进行处理，在不具备自己处理废物能力的情况下，通常运送到指定地点交废液处理公司进行废弃处理。

7.养成良好的卫生习惯

（1）化学品主要通过三种途径（吸入、食入、皮肤吸收）进入人体。在工作场所中，化学品主要通过吸入进入人体，其次才是皮肤吸收。

（2）检验人员要养成良好的卫生习惯，这也是消除和降低化学品危害的一种有效方法。当实验室使用有害化学品时，必须使用合适的个体防护用品，如戴手套等。

（3）保持好个人卫生，做好实验勤洗手，就可以防止有害物附着在皮肤上，防止有害物通过皮肤渗入体内。

（4）不在实验室吃东西、喝水等，避免食入化学品。

（5）对一些易燃化学品，关键是控制热源，防止产生火灾或爆炸。

8.建立健全安全管理制度，加强培训，提升实验室人员安全意识，及时消除事故隐患

很多安全事故起源于实验者的安全意识淡薄、思想上麻痹大意、安全知识缺乏、缺乏必要的安全技能、安全管理制度不健全、管理体制不顺、责任没有落实到人、出现管理盲区和死角。因此，必须建立健全安全管理制度，加强培训，提升实验室人员安全意识和责任心，杜绝麻痹大意和侥幸心理、及时排除事故隐患，将实验室日常运转状态驶向100%安全的边缘。

（三）实验室事故预防对策措施

在做好实验室安全管理工作的基础上，还应做好事故预防和应急对策措施，以便发生事故时能够从容应对，减少事故损失，具体预防对策措施如下：

（1）配备安全设施，建立安全报警系统，安装室外事故电话，实验室安装抽风排气系统。

（2）化学实验室应设有急救箱，箱内备有必需的药剂和用品。消毒剂有红药水、紫药水、75%的酒精、3%的碘酒、外伤药、消炎粉、止血粉、止血贴、止血剂氧化铁溶液、烫伤药、烫伤膏、甘油、玉树油、獾油、万花油、松节油、化学灼伤药、5%碳酸氢钠溶液、5%氨水、饱和硼酸溶液、2%醋酸溶液其他药剂、1%硝酸银溶液、5%硫酸铜溶液、医用双氧水、高锰酸钾晶体、氧化镁、肥皂、治疗用品、消毒纱布、消毒棉、创可贴、绷带、胶带、氧化锌橡皮膏、棉花棍、剪刀、镊子。

（3）实验室安全事故急救处理。创伤：伤处不能用手抚摸，也不能用水洗涤。若是玻璃创伤，应用消毒镊子把碎玻璃取出来，在伤口涂上紫药水，撒些消炎粉，用绷带包扎。烫伤：不要用冷水洗涤伤处，伤处皮肤未破时，可涂些饱和碳酸氢钠溶液或烫伤膏；如果皮肤已破，可涂些紫药水或1%高锰酸钾溶液，再涂烫伤药膏。灼伤：磷灼伤，可用1%硝酸银溶液、5%硫酸铜溶液或高锰酸钾溶液洗涤伤口，然后包扎；溴灼伤，用苯或甘油洗濯伤口，再用水洗；酚灼伤，先用大量水冲洗，再用酒精与氯化铁的混合液冲洗。冻伤：将冻伤部位浸泡在40℃温水中或饮适量含酒精的饮料暖身。受碱腐蚀：先用大量水冲洗，再用2%醋酸溶液或饱和硼酸溶液洗，最后用水冲洗；若碱溅入眼内，可用硼酸溶液冲洗。受酸腐蚀：先用大量水冲洗，再用饱和碳酸氢钠溶液或氨水、肥皂水洗，再用水冲洗，涂上甘油；若酸溅入眼内，先用大量水冲洗，然后用碳酸氢钠溶液冲洗，严重者送往医院治疗。误吞毒物：给中毒者服催吐剂，如肥皂水、芥末水、稀硫酸铜溶液，或服鸡蛋白、牛奶和食物油以缓和刺激，随后手指深入喉咙引起呕吐（磷中毒不能喝牛奶，可用1%硫酸铜溶液引起呕吐），送往医院。吸入毒气：把中毒者移到空气新鲜的地方，若吸入溴气可用嗅氨水的方法减缓症状，若吸入氯气、氯化氢可吸入少量酒精和乙醚混合气使之解毒，严重者送往医院。触电：切断电源，立即进行人工呼吸，并送往医院。起火：起火后，要立即一面灭火，一面防止火势蔓延，既要注意人的安全，又要保护财产安全，救护应按照“先人员、后物资；先重点、后一般”的原则进行。小火用湿布或沙子覆盖燃烧物，大火可用水、灭火器灭火；电器起火，可用二氧化碳或四氯化碳灭火器灭火；金属钾、钠等着火，可用干粉灭火器灭火，有机溶剂着火应该用二氧化碳或干粉灭火器灭火；实验人员衣服着火，就地打滚，或赶快脱下衣服或用石棉布覆盖着火处。

参考文献

[1]甘峰.化学计量学[M].北京：科学出版社，2023.

[2]王晓伟.化学计量测试技术[M].郑州：河南人民出版社，2019.

[3]李成，祁绩，刘博.化学计量技术与化工设备管理[M].长春：吉林科学技术出版社，2020.

[4]夏祥华，赵立春.分析化学中的化学计量学方法研究[M].长春：吉林科学技术出版社，2019.

[5]李时鑫，赵贺春，王志鹏.化学仪器计量检测与实验室管理[M].延吉：延边大学出版社，2022.

[6]陆渭林.计量技术与管理工作指南[M].北京：机械工业出版社，2019.

[7]李云红.红外热像精确测温技术及应用[M].西安：西安电子科学技术大学出版社，2023.

[8]张洪彬.现代计量校准技术研究[M].长春：吉林科学技术出版社，2020.

[9]伍惠玲.分析化学中分析方法研究新进展[M].北京：中国原子能出版社，2020.

[10]田博，宋春燕，朱召怀.化工工程技术与计量检测[M].汕头：汕头大学出版社，2022.

[11]马志荣，王智深，赵文峰.燃气计量[M].北京：石油工业出版社，2020.

[12]李祖光，宋广明.燃气计量与智慧燃气[M].北京：中国建筑工业出版社，2021.

[13]郑自健.中国城镇燃气输配与计量分析研究[M].西安：西北工业大学出版社，2019.

[14]闫文灿，谢代梁，王雁冰.管道天然气计量员读本[M].北京：中国石化出版社，2019.

[15]郑宏伟.国家管网高压天然气计量检定技术与实务[M].北京：石油工业出版社，2022.

[16]天然气能量计量50问编委会.天然气能量计量50问[M].北京：石油工业出版社，2022.

[17]中国石油西南油气田公司.天然气质量要求与检测技术[M].北京：石油工业出版社，2023.

[18]石油天然气建设工程检测检验编审委员会，石油天然气建设工程检测检验编著

组.石油天然气建设工程检测检验[M].东营：中国石油大学出版社，2019.

[19]上海市政工程设计研究总院（集团）有限公司.城镇供水和燃气管网泄漏声学检测与评估技术标准[M].上海：同济大学出版社，2023.

[20]李庆林.城镇燃气管道安全运行与维护[M].北京：机械工业出版社，2020.

[21]邢云.液化天然气项目管理[M].北京：石油工业出版社，2020.

[22]阳志亮.燃气供应系统的安全运行与管理[M].北京：中国财富出版社，2020.